# 음식의
# 문화를

# 말하다

# 음식의 문화를 말하다

**石毛直道 食の文化を語る**

이시게 나오미치 지음 | 한복진 옮김

차례

## 머리글

    음식과 관련이 있는 모든 것이 식문화의 연구 대상이 되는데, 식문화론이 다루는 영역은 아주 넓어서 여러 가지 학문을 횡단한다.

    식문화론이라는 새로운 연구 개척에서 필자가 마음에 둔 것은, 음식과 관계된 여러 연구 영역에 문화의 시점을 도입하는 것이었다. 그를 위해 다른 분야의 연구자와 토론하고, 식문화론의 가능성을 탐구했다. 그 과정에서 생겨난 논고를 모은 것이 이 책이다. 이 책에 수록한 논문은 모두 '식문화 심포지엄'과 '식문화 포럼'에서 발표한 것이다.

    1980년, 1981년, 1982년, 세 차례에 걸쳐 아지노모토(味の素) 주식회사 창립 70주년 기념사업의 일환으로 '식문화 심포지엄'이 개최되었다. 그것은 식문화의 시각에서 인류의 식생활과 동아시아 여러 민족의 식문화 특색을 살펴보고, 음식의 미래를 생각해보고자 하는 시도였다. 이 책의 서장 '왜 식문화인가'는 제1회 심포지엄에서 식문화론이라는 새로운 분야의 성립 기반에 관해 논한 것이다. 말하자면 학술적 식문화 연구의 깃발을 올리는 선언이다.

    일본뿐 아니라 세계 각국에서 모인 전문가와 청중 사이에 열띤 토론이

이루어진 심포지엄은 큰 사회적 반향을 불렀고, '식문화(食文化)'라는 말이 사회적으로 인지되는 계기가 되었다. 그 기록은 『인간, 음식, 문화(人間·たべもの·文化)』, 『동아시아의 식문화(東アジアの食の文化)』, 『지구시대의 식문화(地球時代の食の文化)』라는 3부작으로 헤이본샤(平凡社)에서 발간되었다.

이 식문화 심포지엄 시리즈의 기획에 참여한 필자는 1982년에 개최된 제3회 심포지엄 마지막 날에 다음과 같은 말로 마무리했다.

"이 심포지엄을 계속해오는 동안 과거에는 없었던 학문 영역으로서 '음식학(食學)'의 학문을 학제적으로 연구하는 것이 매우 중요한 일임을 통감했습니다. 이 심포지엄을 통해 생긴 '음식학'이라는 관념에 대해, 지금 태동하려는 새로운 분야에 대해, 그리고 그 분야를 키울 장(場)을 반드시 생각해주셨으면 합니다."

'음식학'이란 '음식은 문화이기도 하다'라는 사상에 바탕을 두고, 기존 학문 분야를 넘어선 학술적, 종합적인 음식의 연구를 말한다. 이 제언을 받아 1982년부터 매년 식문화 포럼이 개최되었다. 1989년에는 재단법인 아지노모토 식문화센터가 설립되었고, 이곳에서 포럼을 개최하게 되면서 현재에 이르렀다.

영양학, 조리학, 식품학, 농학, 의학, 고고학, 역사학, 민속학, 문화인류학, 언어학, 사상사, 도구학, 음식 저널니즘 등 야러 분야의 연구자

30~40명이 학술적인 토론을 한다. '음식의 미학' '외식의 문화' '도시화와 음식' 등 매년 토론할 토픽을 정하고, 포럼이 개최되었다.

포럼 구성원은 1년에 세 차례 모여 아침부터 밤까지 토론한다. 매회 3명 정도의 발표자를 정하고 1년에 9회 정도 연구 발표가 이루어지는데, 최종적으로 필자가 총괄강연을 하는 것이 포럼의 관례였다.

이 포럼의 기록은 매년 도메스 출판에서 단행본으로 출판되었고, 현재까지 26권이 간행되었다. 이 책에는 그중 필자가 코디네이터 역할을 한 제 1회부터 16회까지의 총괄강연과 24회에서 발표한 논문, 헤이본샤에서 간행된 식문화 심포지엄 시리즈의 발표 논문, 1989년에 열린 식문화 심포지엄에서 『쇼와의 음식(昭和の食)』(도메스 출판)에 게재된 논문을 모아 편집한 것들을 실었다. 이 중 몇 개의 논문은 본인이 감수한 『강좌 식문화(講座食の文化)』(재단법인 아지노모토 식문화센터)에도 수록되어 있다.

매회 다른 토픽을 다루는 심포지엄과 포럼에 발표한 논고를 수록한 책이기에 식문화의 여러 측면을 다루는 책이 되었다고 생각한다. 이 책을 읽고, 식문화 연구 영역의 폭을 알게 되었으면 한다. 더불어 식문화의 관계와 관련된 논문을 모아서 시미즈코분도쇼보(淸水弘文堂書房)에서 『음식문화논문집(飮食文化論文集)』을 출간했는데, 이 책의 자매편으로 참조하기 바란다.

식문화의 여러 분야에 대해 발표할 기회를 준 아지노모토 주식회사와 재단법인 아지노모토 식문화센터, 그 기록을 간행해준 헤이본샤와 도메스 출판, 이 책의 일본어판 편집을 담당한 나쓰메 사토코(夏目惠子) 씨에게 감사드린다.

2009년 일본어판이 출판되고 어언 10년 가까운 세월이 흘러 한국어 번역판을 출간하게 되었다. 이 책이 한국어판으로 출간할 수 있었던 데에는 식품영양학자 이성우 교수와 음식연구자이자 조선왕조궁중음식 기능보유자인 황혜성 교수와의 만남이 없었다면 어려웠을 것이다.

1981년 개최된 식문화 심포지엄의 주제는 '동아시아의 식문화'였다. 이 자리에는 이성우 교수와 황혜성 교수가 참가했다. 당시는 서양에서도 식문화에 관한 연구집회가 없던 시기였다.

이성우 교수는 식문화 심포지엄에 자극을 받았는지 "한국에서도 이런 학술집회를 열고 싶다"고 말했다. 식문화 심포지엄은 1984년 이성우 교수가 설립한 한국식문화학회('한국식생활문화학회'로 개명)의 설립 배경이 되었다고 생각한다.

황혜성 교수의 삼녀이자 한국과 일본의 식문화에 관해 누구보다 잘 알고 있는 한복진 교수가 이 책의 번역을 맡아주었다. 진심으로 고마움을 전한다. 아무쪼록 이 책이 한국 독자에게 식문화의 기초서 될 수 있기를 바란다.

2017년 10월
이시게 나오미치(石毛直道)

옮기면서

이시게 나오미치 교수는 말한다.

"먹는 것은 '문화'이다. 문화를 지닌 인간과 동물의 다른 점은 언어와 도구를 사용하는 데 있다. 인류의 먹는 행동은 다른 동물에서 발견할 수 없는 면이 바로 '식문화'라고 할 수 있다. 인류 초기까지 올라가 살펴보면 가장 두드러진 특성은 '인간은 요리하는 동물이다' '인간은 함께 먹는 동물이다'라는 두 가지 명제이다. 이것이 식사문화의 연구의 출발점이다."

의식주(衣食住)의 일상적인 행위는 우리 일상에 너무나 익숙해져 있어서 최근까지 연구 대상이라고 생각하지 않았다. 이시게 나오미치 교수는 1980년대 초까지 잡학 정도로 여겨왔던 음식 분야를 문화의 관점에서 보고, 새로운 영역의 학문인 '음식학'을 제창하고, 학문적 성립의 기반을 만든 분이다.

이 책은 '식문화론'이라는 새로운 학문으로 제창해 기성의 학문 영역을 넘어 학제적 성과를 식문화 연구의 넓이와 재미를 말하고 있는 이시게 나오미치 교수의 30년간에 걸친 논고 19편을 집성한 책이다.

　내용을 살펴보면, 1부 '풍토를 바라보다'는 일본과 이웃하고 있는 한국과 중국 세 나라의 식문화를 비교한다. 그 핵심에는 발효문화와 가족관계의 유사성과 차이를 서술하고 있다. 2부 '식문화의 변화를 좇다'는 지난 100년간 일본인의 식생활 변화에 영향을 준 외래의 식문화, 도시화, 외식산업의 발전 등이 식생활에 어떤 변화를 가져왔는지 이해하기 쉽게 세부 연구 자료를 인용해 서술한다. 3부 '음식의 사상을 생각하다'는 음식을 둘러싼 사람들의 행동과 사고에 관해 사회사적 고찰, 예술성, 예절, 금욕, 영양, 금기 등으로 나누어 서술한다.

　이시게 교수와의 인연은 40여 년 전으로 거슬러 올라간다. 한국 식문화 연구차 한국을 방문해 이시게 교수를 어머니 황혜성 교수가 만나면서 교류가 시작되었다. 그는 1970년대부터 특히 장, 술, 김치, 젓갈과 식해 등 발효 음식 연구와 한국의 면요리 조사 등으로 20여 차례 한국을 방문해 어머니와 지속적인 학문적 교류를 나누었다. 어머니 황혜성 교수는 1981년 도쿄에서 개최된 제2회 식문화 심포지엄 '동아시아의 식문화'에서 '한국의 궁중음식'을 주제로 발표하고, 400여 명분의 궁중음식을 만들어 선보였다. 1986년에는 일본 국립민족학박물관에 객원교수로 초청되었고, 1988년에는 이시게 교수와 공동저서로 『한국의 음식(食)』(헤이본샤)을 출간해 한국의 식문화를 일본 사회에 알리는 계기를 마련했다. 어머니가 돌아가시고 2007년, 나는 어머니의 뒤를 이어 일본 오사카

국립민족학박물관의 객원교수로 초청되어 '세계의 식문화박물관'을 주제로 연구하는 기회를 얻었다. 이때 1년간 이시게 교수의 지도를 받을 수 있었다. 이시게 교수는 2003년 정년퇴임 후에 자택 근처에 개인 연구실을 마련해 팔순이 넘은 지금도 매일 연구실로 출근해 저술과 외부 강연 활동을 활발히 하고 계신다.

나에게는 스승이 세 분 있다. 첫 번째 스승은 어머니 황혜성 교수이다. 그는 나에게 한국 식문화와 고조리서를 지도했고, 조선왕조 궁중음식 기능을 전수해주었다. 두 번째 스승은 이성우 교수이다. 한국 식문화의 학문적 기틀을 만든 분으로 한국식생활학회와 동아시아식생활학회를 창립했다. 나는 주말마다 이성우 교수 집에 묵으며 음식 관련 문헌을 정리하면서 식생활사와 식문화 분야의 가르침을 받았다. 안타깝게도 내가 대학원 재학 중이던 1992년 지병으로 세상을 떠났다. 세 번째 스승은 이시게 나오미치 교수이다. 이시게 교수와 어머니, 이성우 교수는 학문적 교류는 물론 그 가족들과도 가깝게 지내며, '세계, 일본, 한국의 식문화'를 주제로 언제나 즐거운 대화를 나누었다.

세월이 흘러 이제 내가 정년 퇴임을 하게 되었다. 내 일생에서 가장 고맙고 존경하는 세 분 스승의 은혜에 보답하는 일을 생각하던 중에 '식문화 연구'의 기초서인 이시게 나오미치 교수의『음식의 문화를 말하다』를 한국어로 번역 출간하게 되었다. 이 책의 한국어판 출간은 아마 스승 세 분 모두 기뻐하실 것이다.

이 한국어판이 나오기까지 수고해주신 컬처그라퍼 김옥철 대표와 편집부에 고마운 인사를 전한다. 이 책이 음식의 문화가 무엇인지를 이해할 수 있고, 음식 문화론을 부감할 수 있는 책이 되길 바란다.

2017년 10월
한복진

1. 본서에서 가리키는 연대는 저자 이시게 나오미치가 『일본의 식문화사(日本の食文化史)』에서 연구 구분한 '일본 식문화의 시대'를 따랐다.

| | |
|---|---|
| 조몬시대(縄文時代) | 기원전 16000년경부터 |
| 야요이시대(弥生時代) | 기원전 900년경부터 |
| 야마토시대·고분시대(大和時代·古墳時代) | 기원전 250년경부터 |
| 아스카시대(飛鳥時代) | 592~710년 |
| 나라시대(奈良時代) | 710~794년 |
| 헤이안시대(平安時代) | 794~1185년 |
| 가마쿠라시대(鎌倉時代) | 1185~1336년 |
| 남북조시대(南北朝時代) | 1336~1392년 |
| 무로마치시대(室町時代) | 1392~1568년 |
| 아즈치 모모야마시대(安土桃山時代) | 1568~1603년 |
| 에도시대(江戸時代) | 1603~1868년 |
| 메이지시대(明治時代) | 1868~1912년 |
| 다이쇼시대(大正時代) | 1912~1926년 |
| 쇼와시대(昭和時代) | 1926~1989년 |

2. 본문은 각주와 미주로 구분해 표기한다.
   각주의 설명은 아라비아 숫자로 표기했고, 미주의 참고문헌은 로마 숫자로 표기했다.

# 왜 식문화인가

## 식문화의 입장

'먹는다'를 문화로서 생각하는 것, 이것이 '식사문화'이자 '식문화'이다. 그림 1의 '식문화 지도'에서 알 수 있듯이 먹는 것과 관련된 학문은 참으로 많다. 그런데 지금까지의 연구는 주로 음식물을 대상으로 하는 농학, 어떻게 가공할지 연구하는 조리학, 그리고 그것들이 인체에 어떻게 흡수되는지 생리작용을 연구하는 영양학에 집중되어 있었다. 다시 말해 '생산' 영역의 기술, 경제와 '생체' 분야에 대한 논의는 많았지만, 먹는 사람의 마음의 문제에까지 생각이 미치지 못했다.

식문화의 본질은 음식물과 식사에 대한 태도를 결정짓는 정신 속에 내재된 것, 곧 음식에 관한 사람들의 관념과 가치 체계에 있다고 할 수 있다. '먹는 일'에 대한 물자와 기술, 인체 메커니즘 등을 하드웨어라고 한다면, 식문화는 소프트웨어에 해당한다.

## 먹는다는 것은 '문화'이다

음식을 먹는다는 것은 '문화'이다. '문화'라는 용어에 대한 정의는 수없이 많지만, 여기서 말하는 문화란 많은 문화인류학자 사이에서 사용되는 공통개념이다. 즉 생물학적 인간에게 유전적으로 짜맞춘 행동이 아니라 인간 집단 안에서 후천적으로 습득하지 않으면 안 되는 행동을 가리킨다. 이 개념에서 보면 인간의 행동 대부분은 문화적 행위라고 할 수 있다.

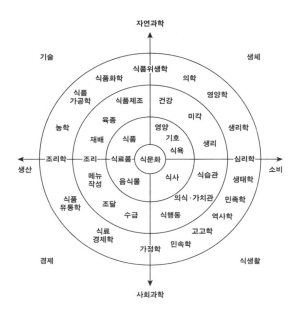

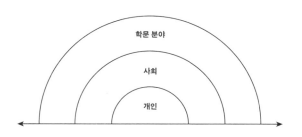

그림 1. 식문화 지도
출처: 이시게 나오미치(편), 『식문화 심포지엄 '80 인간·음식·문화』, 1980, 243쪽 그림 개정

식욕은 수면욕, 성욕과 마찬가지로 인간이 살아가기 위한 기본적이고도 본능적인 욕구이다. 다만 인간의 식사는 동물의 식사와는 다른 측면이 있다. 인간의 '먹는다'는 행위에는 음식물을 생산하고, 가공하거나 먹는 방법을 규정하는 식사예절 등 여러 과정이 포함되어 있다. 식사에 동반되는 기술이나 인간의 식사예절 대부분은 유전적으로 전달되는 본능이 아니라 태어난 뒤 학습하는 문화적 행위이다.

### 인간은 '요리'해서 '함께 먹는' 동물이다

문화를 지닌 인간과 동물의 다른 점은 언어와 도구를 사용하는 데 있다. 언어와 도구는 인간이 만들어낸 문화의 가장 뚜렷한 특징이다. 섭식행동에서 인간이 보여주는 독자적인 행동, 즉 동물의 섭식행동에서는 발견할 수 없는 것을 식문화라고 할 수 있다. 인간의 섭식행동은 변이의 폭이 참으로 넓다. 그중 모든 인간에 공통되고 인류사 초기까지 거슬러 올라가 살펴볼 때 가장 두드러지는 특성은 다음과 같이 두 가지 명제로 제시할 수 있는데, 이는 식사문화 연구의 출발점이 된다.

'인간은 요리하는 동물이다.'

'인간은 함께 먹는 동물이다.'

'요리'로 대표되는 인간의 행위는 자연의 산물인 식료품에 문화를 부가하는, 바꿔 말하면 식품가공이자 음식에 관한 물질적 측면이다. 반면 '함께 먹기'는 '먹는다'는 인간의 본능적 행동에 문화를 보탠 것으로, '음식'의 사회적 측면이라 할 수 있다. 이렇듯 식문화는 '요리'와 '함께 먹기'라는 두 가지 특징적인 문화적 행위를 중심으로 형성되어왔다.

### 요리＝식품가공, 함께 먹기＝식사행동

요리 기술의 중심이 되는 불의 이용은 구석기시대 북경원인 때부터이다. 하지만 음식을 자르고 썰고 껍질을 벗기는 기술을 넓은 의미에서 요리 또는 식품가공이라고 한다면, 인류가 인간다운 행동을 하게 된 단계에서 이미 도구를 이용해왔다. 식품가공은 초기 인류가 석기를 이용해 포획물의 껍질을 벗기거나 불을 이용하면서 시작되었다. 나아가 탈곡 등 1차적 원료처리, 요리, 그릇에 담는 행위에 이르는 일련의 가공 기술의 축적으로, 현대의 식품산업으로까지 이어지고 있다.

개체 단위로 식사를 하는 동물과는 달리 인간의 식사는 다른 사람과 함께 먹는 것이 원칙이다. 세계 각 민족을 살펴봤을 때 식사를 함께하는 집단의 가장 기본적인 단위는 가족이었다. 가족이라는 집단은 성적 결합과 그 사이에서 태어난 자식의 양육을 비롯해 집단 내의 식량 획득과 분배 관계라는 이대원칙을 바탕으로 형성되었다. 함께 먹는다는 것은 한정된 음식을 나누어 가지는 것을 가리키는데, 힘이 센 자가 음식물을 독점하면 식사 장소의 질서는 흐트러진다. 이를 방지하기 위해 음식 분배를 둘러싸고 성립된 규칙이 식사예법의 기원이다. 음식이나 식사에 관한 예법과 음식에 대한 터부, 그릇에 담는 미학에 이르기까지 식사를 둘러싼 가

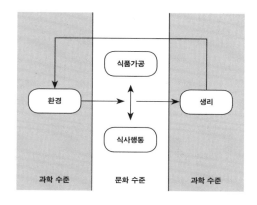

**그림 2. 식품가공과 식사행동**

치와 행동에 관한 정신적인 활동을 포함하는 영역이 식사행동 분야이다.

### 식문화의 형성 — 환경과 생리의 틈새

그림 2는 인간이 음식을 먹는 순서를 정리한 것이다. 우리가 섭취하는 음식은 수렵, 채집, 어로, 목축, 농경 등을 통해 얻는 방법과 생산을 통해 얻는 방법이 있다. 이에 대한 연구는 주로 농학 관련 자연과학에서 이루어져 온 반면, 요리된 음식의 소화와 영양에 대해서는 생리학을 중심으로 한 자연과학에서 연구되어왔다. 이 환경과 생리 사이의 영역에는 요리를 중심으로 하는 식품가공과 함께 먹기를 중심으로 발달해온 식사행동이라는 극히 문화적인 현상이 존재한다.

개체 단위로 식사를 하며 요리를 하지 않는 동물의 식사는 환경과 생리가 직결되어 있지만, 인간의 식문화는 그림 2의 환경과 생리 사이의 틈새 영역을 확대해왔다. 이것이 인간의 식문화 역사이다. 문화는 환경과 생리에 매우 큰 영향을 주고 있다. 환경 속에 자리하고 있는 농작물과 가축은 자연의 산물이 아니라 인간이 기술을 사용해 만들어낸 문화의 산물이다. 식품 생산을 둘러싸고 인간은 지표(地表)의 많은 부분을 변화시켰다. 지표의 경관을 가장 많이 변화시킨 것이 농경인데, 밭이나 논으로 활용되는 토지는 인간이 만들어낸 환경이다.

한편 음식이 입에 들어간 다음의 소화와 영양은 문화와 관계없이 인간의 신체 기관에 맡겨진 생리적 현상으로 생각하기 쉽다. 그러나 생리도 문화와 관계되어 있다. 돼지고기가 금기시된 이슬람교도에게 몰래 돼지고기를 먹인 뒤 그가 먹은 것이 돼지고기라고 알렸더니, 얼굴이 창백해지고 먹은 것을 모두 토해냈을 뿐 아니라 구급차를 부를 정도로 고통스러워했다. 이는 돼지고기를 금기로 하는 문화 현상이 생리에 영향을 미치고 있다는 사실을 증명하고 있다.[1]

---

1. 대부분의 터부는 인과 관계에 대한 합리적인 설명이 되지 않는다. 왜 이와 같은 금기가 발생했는지는 모르지만 '해서는 안 되는 것'으로 남아 있다. 그러므로 개개의 터부 기원을 생각하기는 매우 어렵다. 그러나 대부분의 터부에 공통되는 하나의 역할이 있다. 그것은 터부를 함께하는 동지와 공유함으로써 그 집단이 강화된다는 사실이다. 즉 터부에는 연대감을 형성하는 사회적 효과가 있다.

이렇듯 인간은 음식물을 '물질'로만 섭취하는 것이 아니라 문화로서 '정보'를 먹고 있다. '맛있다, 맛없다'라는 생리적 정보도 문화적 측면으로 받아들일 수 있다. 특정 지방의 식습관이나 질병의 관계 역시 특정 환경에 살고 있는 사람들이 만들어낸 문화가 건강이라는 인체생리와 깊은 관계가 있음을 알 수 있다.

## 사람은 문화를 만들어 환경에 대응한다

생물의 식생활은 몸의 구조로 표현되어 있다. 포유류의 치아 모양으로 그 동물이 초식성인지 육식성인지 알 수 있다. 초식성 동물의 긴 소화관이나 육식성 동물의 강한 이빨과 예리한 발톱처럼, 생물은 살고 있는 환경에서 식생활에 적응하며 몸의 형태를 변화시켰다.

동물이 신체를 특수화함으로써 환경에 적응하는 데 비해 인간은 문화를 만듦으로써 환경에 대응했다. 예를 들어 추운 지방에 사는 사람들은 몸에 털이 자라는 것이 아니라 불을 사용한 난방, 따뜻한 의복 등의 문화를 발달시켜 추운 지방에 정착했다.

이렇게 인간은 문화를 변화시켜서 환경에 대응해왔다. 그 결과 지구 전역에 인간이 분포했고, 지역적 자연 현상에 따라 식문화 역시 다양해졌다. 인간이 이 정도로 다른 환경에 대응할 수 있었던 것은 선조 때부터 이어져 온 음식에 대한 생리학적 몸의 구조와 습성이 기초가 되었다. 인간은 육식성이라거나 초식성이라는 한정된 식성을 가지지 않고 이누이트부터 채식주의자에 이르기까지 폭넓은 식성과 다양한 식생활을 영위할 수 있게 되었다.

### '정보'의 형태로 환경을 받아들이다

'먹는다'는 일은 환경을 체내에 집어넣는 것이다. 환경의 산물인 음식물을 체내에 집어넣을 때 그것이 먹을 수 있는 것인지 아닌지를 식별해야 한다. 다시 말해 먹는다는 것은 환경을 구성하는 요소를 식별하고 선택하는 것에서 시작된다고 할 수 있다. 그 선택 능력은 아메바처럼 극히 작은 원생동물도 갖추고 있다. 동물이 환경 속에서 동종 개체를 식별하고 번식함으로써 종을 존속시키는 능력과, 환경 속에서 음식물을 식별하고 먹음으로써 개체가 살아가는 능력은 환경에 대한 인식작용의 바탕을 이룬다.

자연계에 있는 생명체들은 형태, 색, 냄새, 움직임, 온도 등 여러 가지 신호를 지니고 있다. 동물은 체내에 갖추고 있는 정보처리 능력을 활용해서 그 신호들을 찾아내서 식별하고 선택해서 먹는 행동으로 옮긴다. 동물은 고등할수록 단순한 '자극=반응'의 기계적 메커니즘이 아닌, 부모로부터 '학습'한 내용에 따라 다양한 음식물에 대한 기호를 형성한다.

대뇌가 발달한 인간은 환경에 있는 물질적 존재를 단순한 신호로 식별하지 않고 언어조작 능력을 중심으로 한 무형의 정보 형태로 변환시켜 정보를 축적한다. 그래서 본래 자신이 있던 환경에서 떨어져 나와도 머릿속에 저장해둔 기억을 되살려 그 환경을 재현할 수 있다. 말하자면 사람은 머릿속에 환경을 집어넣는 동물이라 할 수 있다.

## 문화의 본능을 퇴화시키다

인간은 받아들인 정보를 재정리하고 변형해서 다시 외계 환경에 제기해 자연환경을 변혁해왔다. 손은 대뇌에서 재편성된 정보, 즉 창의, 궁리 등을 자연에 내보내려 할 때의 구체적인 행동을 상징한다. 대뇌의 진화와 함께 인간의 신체가 지닌 또 하나의 특징으로 직립보행이 있는데, 두 발로 서게 되면서 인간은 빈손에 도구를 쥐고 자연과 마주하게 되었다. 그리고 도구를 쓰면서 음식물을 만들어왔다. 물로 씻어서 몸에 해로운 물질을 없앤다거나 털이나 껍질을 벗기고 뼈를 발라낸 고기를 얻고, 불로 가열해서 소화할 수 있게 만든 녹말 등 요리를 한 음식은 모두 자연에는 존재하지 않는 변형된 것이다.

그에 따라 식품의 종류와 기호가 다양화되었지만, 자연환경에 있는 음식물에 대한 선택 능력은 퇴화했다고 할 수 있다. 도시 생활자가 자연 그대로의 음식물에 식욕을 느끼는 것은 나무에 열린 잘 익은 과일을 볼 때 정도일 것이다. 통통하게 살찐 동물을 보고 식욕이 동하는 일은 없지만, 접시에 담긴 고기 요리의 사진을 보면 침이 고인다. 즉 우리는 '기술에 의해 변형된 환경'의 정보를 통해 음식을 선택하고 있다. 이는 인간이 본능적으로 영양가 있는 음식물을 찾아내는 능력을 잃어버렸다는 것을 의미한다.

## 식사문화의 중심 — 부엌과 식탁

문화 영역에 자리한 식품가공과 식사행동이 일어나는 무대에 대해 생각해보자. 요리의 중심이 되는 식품가공은 가정의 부엌에서 이루어지고, 함께 먹음으로써 전개되는 식사행동의 기본형은 가정의 식탁에서 관찰된다. 식사문화의 중심은 부엌과 식탁에서 볼 수 있는 일상다반사(日常茶飯事) 문화이다.

하지만 너무 일상적인 행위이다 보니 일상성에 익숙한 나머지, 최근까지도 문화의 연구 대상으로 생각하지 않았다. 이는 식(食)뿐 아니라 의(衣)와 주(住)에서도 마찬가지이다. 옷에 관한 스타일북, 음식에 관한 요리책이 넘쳐나지만, 문화로서의 복장 연구, 식사 연구에 관한 책은 거의 없다. 다시 말해 실용에 관한 정보는 넘쳐나지만, 그 정보를 학문으로는 정리하지 않은 것이다.

우리는 다른 민족의 문화를 비롯해 외국의 유명 음악가, 화가, 조각가, 시인, 소설가 등에 대한 풍부한 지식은 있지만, 그 사람들이 어떤 식사를 했는지는 생각하지 않는다. 우리에게 비교적 친숙한 중국 요리나 서양 요리는 잘 알지만, 중국인이나 유럽인의 일상 속 식생활에 대해서는 모른다. 예를 들어 중국 사람들이 끼니마다 중국 식당에서 팔고 있는 메뉴를 먹지는 않을 것이다. 또 고급 레스토랑에서는 생선과 고기에 쓰는 포크와 나이프를 구별해서 제공하는데, 실제 유럽의 일반 가정에서도 그렇게 구분해서 쓰지는 않는다. 모차르트의 음악이나 문화대혁명에 대해

2

서는 척척 말하는 사람들도 이런 일상적인 생활문화에 관한 질문에는 제대로 답하기 어려울 것이다.

### 일상다반사일수록 알지 못한다

편중된 지식은 어느 누구에게만 한정되지 않는다. 동서를 불문하고 지식인들이 추구해온 '지(知)의 세계'에는 이 같은 편향이 나타나고 있다. 인간의 행위 중에는 '고상한 것'으로 여겨지는 사상, 관념, 미학 등이 논의될 만한 문화라는 암묵적 이해가 있다. 그것은 '고상한 것'을 이해할 수 있는 '문화인'으로서의 자격이다. 마르크스주의 용어를 빌려 쓰자면, 상부 구조에 해당하는 부분은 문화의 정수(精粹)이지만 생활에 밀착한 하부 구조의 문화는 '지의 세계'를 구성하는 것으로 인정받지 못한 채 방치되어왔다.

종이가 귀중품이던 시대에는 일상다반사를 기록하지 않았다. 식생활 기록이 있어도 그것은 궁중의례에 관한 전고나 관직 등을 연구하는 학문의 기록일 뿐 서민의 식생활 역사에 관한 기록은 아니었다.

어떤 책을 편집하면서 세계 여러 민족의 가정에서 나타나는 식사 풍경을 모아보려 한 적이 있다. 정보 수집에서 가장 의지가 되는 것이 현장 조사를 실시한 민족학자들의 연구 자료이다. 그들은 현지 사람들과 함께 생활하면서 그곳 사람들의 사회나 문화를 기록하고 분석한다. 그것이 민족학이라는 학문이다. 하지만 기대한 만큼의 사진을 얻지 못했다. 문화를 기록하는 것이 본업인 민족학자들조차도 식사 기록은 그다지 남기지 않았던 것이다. 민족학에서도 사회 조직이나 종교 등 기존의 방법론이 확립된 분야는 이른바 문화의 상부 구조로, 일상생활에 밀착된 식문화는 미개척 분야로 간주해 관심을 기울이지 않았다. 그래서 식사 풍경 사진은 찍지 않았다. 필자 역시 식사할 때는 먹는 데 열중해서 막상 사진 찍는 것을 잊어버린다. 지금까지 식사란 통상 먹기 위한 것이지, 연구를 위한 것이 아니었다. 또 사생활이라고 생각해서 끼어들기 어려운 점도 있는데, 생활문화를 연구 대상으로 삼기 어려운 원인 중 하나이다.

**식문화는 기존 학문 분야에서 벗어난 이단자**

부엌과 식탁을 대상으로 하는 식문화 연구는 기존 학문 분야에서 벗어난 이단자이다. 모든 학문 분야는 현상을 분석하고 그것을 논리적으로 재구축하는 체계를 전제로 성립되었다. 식문화 연구가 독자적인 논리 체계를 갖게 될지는 아직 명확하지 않다. 원래 생활문화라는 인간행동의 잡다한 면은 거기에서 영위되는 질척질척한 현상에 많은 비논리적 요소가 포함되어 있다. '먹는다'는 것은 인간행동의 매우 넓은 분야와 관련성을 가진다. 그 일련의 넓은 영역 안에서 음식을 둘러싼 인간 활동의 변이가 민족에 따라 다채로운 문화로 존재하게 되었다.

기존 학문 분야에서 식생활과 가장 밀접한 것은 가정학(생활과학)일 것이다. 하지만 가정학에서 다루는 '식'은 문화와 사회과학으로서 일반성을 지니지 않았다. 가정학의 교육 내용을 살펴보면 영양학, 조리학, 음식사(食物史) 등이 개별적 주제들로 다뤄지고 있다. 예를 들어, 조리학에서는 요리가 어떤 행위인지에 대해서는 다루지 않는다. 영양학 역시 바람직한 식단은 있어도 세계의 식생활에서 우리가 주로 섭취하는 식품이나 식단의 특색은 무엇인지, 식사에 대한 어떤 가치관을 지탱해왔는지 등 인간 생활상의 문화적 특성에 대해서는 다루지 않는다. 그보다는 인간의 생리적 메커니즘과 식품의 화학적 조성과 직결된 이론을 다룬다. 마찬가지로 민족학, 민속학, 농학 등에서도 개별 학문의 방법론적 테두리를 넘어 하나의 새로운 분야를 형성하는 데까지는 이르지 못하고 있다.

이러한 현실은 식문화 연구가 기존 학문 방법을 응용하는 데 문제점이 있음을 보여주는 한편, 기존 학문의 분점(分店) 같은 지위에 머물러 있음을 보여준다. 음식의 역사는 식문화 연구에서 하나의 학문 분야로 명색만 얻은 예외적 학문이다. 그나마도 역사학적 방법을 음식에 응용해 역사를 기술하는 정도로, 역사학의 한 테두리 안에 머물러 있을 뿐이다.(그림 3) 다시 말해 음식의 역사는 독자적인 방법론을 개척하지 못한 채 영양학의 화학과 생리학의 방법이라는 두 학문 분야의 응용편으로 머물러 있다.

### 잡학에서 학제적 연구로

음식의 역사가 기존 학문의 응용편에 머물러 있다 하더라도, 식문화가 연구 대상으로 하는 분야에는 독자적인 연구 영역이 있다. 그것은 기

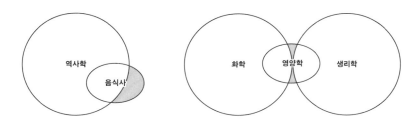

**그림 3. 식문화의 연구와 기존 학문과의 관계**

존의 방법으로는 정리되지 않는다. 그림 3을 보면, 각 학문 영역에서 비어져 나온 부분이 있다. 이 부분을 '잡학'이라고 부르는데, 식문화 연구는 잡학의 영역에 해당한다.

식문화 연구가 잡학으로 널리 다루어지는 데는 긍정적이다. 정리되지 않고 무질서인 채로 있는 어떤 사실에 관한 정보(기록 수준 이상이 나오지 않는 지식)가 잡학이라고 하지만, 사실의 집적(集積)은 학문의 첫걸음이다. 기존 체계에서 정리되지 않은 채로 있는 사실과 현상이 많아질수록 새로운 분야로 통합해야 할 필요성이 두드러진다. 그림 3을 보면 비어져 나온 부분이 해결되지 않은 채로 남아 있고, 음식에 관한 각 분야가 고립되어 있다. 그것을 그림 4와 같이 다시 구성해볼 필요가 있다. 근접 분야에만 관심을 두었던 기존의 전문 분야 테두리에서 벗어나 각 문제에 관련해 공통의 장을 펼치고 학제적인 토론을 해보는 것이다.

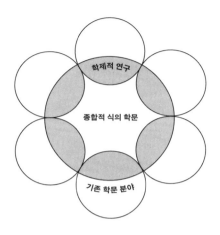

그림 4. 바람직한 학제적 연구

연구 방법이 달라도, 일상다반사를 대상으로 하기에 식문화만큼 공통의 이해를 얻기 쉬운 분야는 없다. 또한 기존 학문에서 정리되지 않은 부분에 다른 방법을 적용해봄으로써 또 다른 새로운 문이 열릴 수도 있다.

식료품 획득에서 입에 들어가기까지, 먹는 일은 하나의 연속된 일이다. 그런데도 각 분야 학자들이 자기 영역을 지키는 한, 식문화는 학문의 암흑대륙으로 남을 것이다. '잡학'에 대한 학제적 연구가 더욱 깊어짐으로써 개별 분야의 학문은 덧셈이 아니라 곱셈의 효과를 가져오게 되고, 식문화 연구도 '종합적 음식학'으로 발전해 새로운 학문으로서 도약할 수 있게 된다.

## 보편적 인간상에서 구체적 인간상으로

문화의 근저에는 민족에 따라 다른 가치관의 체계가 있다. 세계에는 다양한 문화가 있으며, 다양한 사물의 인식과 판단에 기초한 다양한 사람들의 행동 방식 체계가 있다. 일찍이 다양한 문화를 통합해 더욱 보편적인 인간상을 확립하려는 움직임이 있었고, 근대 과학에서도 그 움직임이 두드러졌다. 예를 들어 고전적인 영양학에서는 인체를 신진대사 기구로 보고, 인체라는 메커니즘의 크기와 움직임에 따라 얼마만큼의 영양분이 보급되면 좋을지, 영양분이 부족하면 어떤 고장이 나는지 등을 연구해 왔다. 즉 인간의 몸은 문화와 구별 없이 전부 똑같고, 인류 전체에 공통되는 메커니즘이라는 입장을 취했다. 이는 영양학이 추구하는 보편적인 인간상이라고 할 수 있다.

이 같은 과학적 인간상의 설정이 틀렸다고는 보지 않는다. 인간상 설정을 통해 근대 과학은 논리성을 획득하고 그를 바탕으로 여러 가지 중요한 업적을 쌓아왔다. 하지만 현실에서는 추상적 존재로서의 보편적 인간상은 존재하지 않는다. 더구나 과학적 인간상은 그러한 인간상을 설정한 사람들이 특정 문화의 가치관에서 빠져나오기 어렵다는 문제를 지니고 있다. 이는 과연 보편적이고 객관적인 인간상이 있을 수 있느냐는 문제와도 직결된다. 또한 특정 문화의 영향으로 만들어진 문화적 성격이 강한 인간상을 보편적이고 객관적 인간상으로 혼동해서 강요하는 위험성을 내포하고 있다.

자연과학이나 기술 세계에서도 각 민족문화의 특색이 작용하는 면은 크다. 문화의 여러 양상 가운데서도 일상생활에 밀착된 살림문화에서는 민족 전통의 가치 체계가 강하게 작용한다. 음식의 세계를 생각할 때는 그 기술적 또는 자연과학적 접근에서도 문화를 지닌 존재로서의 인간상, 구체적인 인간상을 받아들이는 것이 매우 중요하다. 따라서 음식의 세계에서도 인체 메커니즘을 기반으로 하지 않는 특정한 문화를 지닌 구체적인 인간상을 설정하는 것이 중요하다.

문화가 중요하다고 인식한 것은 20세기 후반부터이다. 국제화시대라는 말에서 알 수 있듯이 전 세계인의 교류, 특히 직접적인 교류가 많아지고 다른 문화를 구체적으로 체험하는 기회가 늘어나는 시대적 특성과 관계가 있다.

## 문화는 요깃거리가 되지 않는가

세계 인구의 3분의 1은 식량 부족으로 고민하고 있다. 계속되는 인구 증가로 머지않아 세계적인 식량 위기가 올 것으로 예측하는 사람들도 적지 않다.

한편 풍요로운 나라들은 영양 과다로 인한 건강 악화가 사회문제로 나타나고 있다. 비만 역시 마찬가지이다. 게다가 일본을 포함한 일부 나라는 식량 자급률이 극단적으로 낮아져 수입으로 지탱하고 있다. 이는 순간의 허영에 정신이 팔려서 대연회를 즐기고 있는 일시적인 모습으로, 만약 경제가 파탄할 경우 비참한 사태를 맞이하게 될 것이다. 그러므로 지금부터라도 식량의 자급수단을 확보해야 한다고 경고하는 지식인도 많다.

식량 부족이라는 세계적인 현상을 생각할 때, 인류의 생존에 필요한 식량 증산 기술을 비롯해 식량의 분배와 유통 개선을 논할 필요가 있다. 기아에 시달리는 사람들이 많은 지구에서 식량 문제를 무시하고 식문화를 논하는 것은 학문의 '놀이'라는 의견도 있다. 하지만 그것은 본질을 무시한 단순한 논리로, 문화를 이해하지 않고는 기아 현실에 대처하는 일 또한 어렵다.

식량 문제와 관련해서 일본은 세계 각지의 해역에서 벌이는 남획과 방대한 사료용 곡물 수입 때문에 세계적인 비난을 받았다. 이는 생선이 중요한 동물성 단백질 원천인 일본의 전통 식문화에서 구축된 어식문화의 문제이자, 한편으로는 목축문화의 전통이 없는 일본인이 육류를 먹기 시작했다는 전통적 식문화의 변화와도 관련되어 있다. 지금은 곡물 사료를 주로 사용하지만, 원래 목축문화에서는 가축에게 풀을 먹였다. 그 때문에 가축 무리를 방목할 초지를 확보하거나 알파파, 콩 등 사료용 작물을 재배하기 위해 노력해왔다. 초지는 식용 작물을 만들 수 없는 토지나 휴경지를 이용하는 것이 원칙이고, 그것이 식량 생산을 위한 합리적인 토지 이용법이었다. 그런데 목축문화가 없던 일본인이 소고기를 다량으로 먹게 되면서 목축에 필요한 토지를 확보하지 못한 채, 소에게 풀을 먹이는 대신 옥수수나 콩 등의 곡물을 연간 수천만 톤 단위로 수입했다. 이 곡물들은 식량 부족으로 굶주리는 사람들에게 넘겨줄 수 있는 식량이다.

그렇다면 소고기 자체를 수입하는 편이 좋을까? 그러자면 일본의 축산 농가와 소비자는 만족하지 못할 것이다. 일본인의 소고기 요리법은 스키야키가 주류를 이루는데, 스키야키에는 꽃등심이 최상이라는 가치관이 지배적으로 되면서 일본인에게 맛있는 소고기는 일본산이라는 인식이 자리 잡았기 때문이다.

일본인이 소고기를 먹기 시작한 것은 약 1세기 전부터이다. 가나가키 로분(假名垣魯文)의 "소고기 전골(牛鍋)을 먹지 않으면 개화되지 않은 자(開化不進奴)"(『牛店雜談安愚樂鍋』)라는 말에서처럼, 당시 육식은 서구 문명을 받아들여 개화하는 방법이라는 통념이 있었다. 즉 육식은 위장을 통해 새로운 문화를 흡수하는 상징이기도 했는데, 이때 전골이라는 요리문화로 자리 잡은 것이다. 그렇게 만들어진 '스키야키'라는 요리에 대한 기호 또한 문화의 산물이다. 그리고 이 기호가 세계의 식량 문제와 관련한 사태를 빚어낸 것이다.

또 하나의 문화적 차이를 예로 들어보자. 콩의 경우, 캐나다와 미국에서는 생산하는 콩의 대부분은 기름으로 짜거나 가축의 사료로 쓴다. 그에 비해 동아시아에서는 콩을 이용해 두부, 된장, 간장 등의 식품으로 개발한다.

이렇듯 기호는 생리 차원으로 생각될 수 있지만, 각 문화가 키워온 부분이 더 크다. 문화적 기호는 식량 문제와도 관계된다. 어떤 나라에 생긴 일이 그 나라 안에서 멈추지 않고 도미노처럼 연이어 다른 나라에 영향을 미치는 전 지구적 시대에, 식량 문제 역시 각 나라의 문화를 무시하고는 말할 수 없다.

오랜 역사에서 식사는 영양섭취 수단으로, 배만 부르면 된다는 일종의 청교도주의가 대세였다. 하지만 음식을 먹는 일은 단순히 자연의 산물을 먹는 것이 아니라 영양을 포함한 보다 넓은 행위이다. 문화를 무시하고 식량 문제를 생각하면, 음식은 인간의 먹이라는 생각에 빠져 결과적으로 현실 문제에 대처할 수 없다는 우려가 있다.

### '놀이'에서 학문으로

우리가 식문화에 대해 말하게 된 사회적 배경을 자각하는 것이 중요하다. 발전도상국에서는 식문화 연구자가 거의 출현하지 않는다. 식량 생산을 증대시키는 일, 국민의 영양을 향상하는 일만으로도 힘이 부치기 때문이다. 이러한 상황에서는 어떻게 해서든지 굶주린 사람들의 건강을 확보하는 것이 선결문제로, 부족한 지적 인재를 농학이나 영양 전문가로 키우는 데 필사적이다. 즉 실용 학문을 통해 우선 사람들의 요깃거리에 보탬이 되는 연구에 집중하지 않으면 안 된다.

물론 문화는 중요하다. 하지만 문화를 연구하는 것이 현실 문제를 해결하기 위한 즉효 약이 되기는 어렵다. 음식의 문화적 측면에 대한 연구는 유럽이나 미국 등지에서 시작되었고, 식생활사와 관련된 연구 서적 역시

이들 나라에 집중되어 있다. 모두 경제적으로 풍요로워서 기아의 공포가 없는 나라들이다. 식량이 부족하면 식문화를 생각할 여유가 없다. 식문화를 생각하는 것은 일시적인 현상이 아니라 의무라 할 수 있다. 그러므로 한 나라만을 위한 것이 아니라 인류의 공유 재산으로서 식문화 연구가 이루어져야 할 것이다.

식사가 양에서 질의 문제로 전환하면서 요리책이 넘쳐나고 패스트푸드가 유행하면서 외식산업이 번성하는 '식생활의 패션화' 현상이 일어났다. 그러한 세태를 타고 식문화에 대한 관심도 넓어졌음을 자각해야 한다. 그렇지 않으면 식문화 연구는 경제적 사정에 따라 일시적인 붐으로 사라질지도 모른다.

일본 전통문화의 본류에서 보면 어른, 특히 성인 남자가 음식에 대해 큰 소리로 논하는 것을 '상스럽다'고 여겼다. 그 문화적 후유증 때문인지 음식에 관한 발언은 '놀이'로 위장되는 일이 많았다. 농학이나 영양학 등 음식에 관한 실학을 본업으로 하는 연구자와는 달리 철학이나 역사학, 문학이나 문화인류학 등을 본업으로 하는 연구자가 '잡학'으로서 식문화를 논할 때 자기의 본업과는 다른 차원의 '놀이'로서 발언하는 듯한 자세를 취하는 경우가 많다. 하지만 '놀이'로 취급해버리면 발전이 없다. 식문화에 대한 발언도 본업의 일부로 받아들여 당당하게 논하는 것이 이 분야를 발전시키는 길이다.

식문화의 연구는 새로운 분야인 만큼 연구 방법론이 확립되어 있지 않다. 각 연구자가 대상이 되는 과제를 둘러싸고 직접 방법을 개발해야 한다. 인간 행동을 대상으로 하는 문화는 다양성으로 가득 차 있고, 더구나 자연과학과 같은 정연한 방법론은 성립하기 어려운 면이 있다.

그러나 문화를 고찰할 때 유효한 자세가 있다. '비교하는 것'과 '역사를 아는 것'이다. 문화는 비교를 통해 공통성과 다양성을 추출할 수 있다. 또 각 문화는 역사적으로 형성되었고, 형성 과정에서 서로 다른 문화 간의 교류가 생긴다. 음식의 세계화가 진행되고 있는 현재, 식문화가 어떤 방향으로 향하는지 생각하기 위해서는 비교의 관점과 과거를 거슬러 올라가 추적하는 관점이 요구된다.

# 풍토를 바라보다

# 일본의 풍토와 식탁 — 아시아 속에서 1984년

### 식탁에서 환경을 생각하다

풍토(風土)라는 말은 종종 환경이라는 의미 이외의 어감을 지닌 문맥에서 사용된다. 이 책에서는 풍토를 환경이라는 말과 바꿀 수 있는 단어로 사용한다.

식료품의 생산 장소인 자연환경은 토지 조건, 기후, 식물계, 동물계라는 4개의 하위 체계로 구성된다고 볼 수 있다. 이 하위 체계를 순환하는 것이 물질과 에너지이다. 생태학으로 말하면 지구는 물질과 에너지가 상호 교환하면서 순환하는 거대한 장치이다. 그것은 토지 조건과 기후라는 2개의 하위 체계로 구성된 물리적 환경 차원에서뿐만 아니라, 식물계와 동물계라는 생물적 환경에서도 성립된다. 예를 들어 생물은 음식물을 섭취하는 것으로 생명을 유지한다. 음식물은 물질이지만, 생물 체내에서는 에너지로도 변환한다.

물질과 에너지가 상호 변환 가능하다는 것은 물리학적 사실 및 현상이지만, 생물을 주체로 생활환경과의 관계를 생각할 때는 정보라는 매개 사항을 삽입해 정리하는 것이 유효하다. 즉 물질, 에너지, 정보의 3자는 상호 교환한다고 생각할 수 있다.

자연계에 존재하는 모든 것은 모양, 색깔, 움직임, 소리, 온도 등의 정

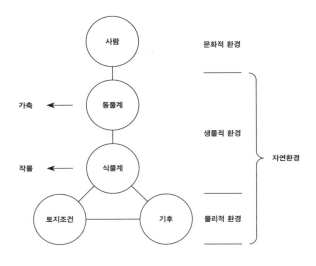

그림 1. 자연환경을 구성하는 하위 체계

보를 내보낸다. 생물은 이러한 정보를 잡아서 자신의 체내에 새겨진 정보 처리 능력에 맞춰 외계를 인식하고 행동하며, 정보 식별에 따라 환경 안에 서 먹을거리를 찾거나 번식 상대를 찾는다. 생물 쪽에서 보면 '정보＝물질 ＝에너지'는 호환성을 갖는다고 해도 무방하다.

가장 뛰어난 정보처리 능력을 지닌 생물이 인간이다. 인간의 문화는 대뇌에서의 우수한 정보처리 능력을 바탕으로 저장된 환경에 관한 정보 의 집적이다. 인간에게 자연환경 이외의 환경이란 그림 1에서 나타나는 정 보의 집적에 따라 구성된 문화적 환경이라 할 수 있다.

환경과 음식물에 관한 지금까지의 농학적 연구에서는 자연환경을 구성하는 4개의 하위 체계와 '물질＝에너지의 매트릭스'로 인식하는 것이 예사였다. 하지만 그것은 환경 결정론의 올가미에 빠지기 쉬운 위험을 내포하고 있다. 인간이 이용하는 '물질＝에너지'는 정보를 바꿔 조작하는데, 이때 정보는 각 문화에 담긴 가치관에 따라 변형되기 쉽다. 즉 자연환경을 생각할 때 문화환경을 무시해서는 안 된다.[i]

인간을 포함한 동물은 자연환경 안에서도 생물적 환경에 존재하는 동식물을 식재로 삼는다. 각 지역에서 생물적 환경의 모습이 그 장소의 토지 조건과 기후라는 2개의 하위 체계에 따라 좌우되는 고전적 생태계 모델이 성립하는 것은 자연 그대로를 모델로 했을 경우이다. 하지만 현실에서 인간이 식료품으로 이용하는 생물의 대부분은 동물계에서는 가축과 가금류이고, 식물계에서는 작물이다. 가축과 작물은 인간이 생물환경에서 만들어낸 것으로, 인간에게는 최대의 문화재이다. 가축과 작물을 키우기 위해 인간은 자연환경이라는 하위 체계를 변혁시켜온 것이다.

문화의 뿌리에 숨어 있는 가치관은 음식물 획득을 둘러싼 환경 이용법에 영향을 미쳤는데, 가치관은 합리주의와 견주는 경제효율과는 일치하지 않는다. 일본의 풍토에서 '식용 소의 사육이 합리적인가' '수입 고기에 의존해야 하는가'의 문제를 생각할 때 소고기에 대한 소비자의 가치관, 즉 고기에 대한 기호를 무시할 수 없다.

가치관은 변화한다. 소고기에 대한 일본인의 기호가 형성된 것은 메이지시대(明治時代, 1868~1912)에 들어서부터이다. 그때까지 일본인들은 표면적으로 육류는 피해야 한다는 가치 기준에 따라 음식물을 선택했다. 좀 더 설명하자면, 일본에서는 역사적으로 육식을 피했고 식용 가축 사육을 하지 않는 대신 생선을 자주 섭취했다. 환경과 문화로 짜인 식사 풍토가 단적으로 드러나는 장소가 식탁이다. 식탁에 차려진 음식의 조합, 조리법, 식재료 등은 역사적으로 형성된 문화적 배경을 말해주는 정보로 받아들일 수 있는데, 그동안 식품을 생산하는 측면에서 논해졌던 식사 풍토를 식탁 측면에서 고찰하는 것이 이제부터의 과제이다.

### 수렵과 채집 시대의 일본

인간의 역사를 거시적으로 바라볼 때, 산업사회 출현 이전의 생활 유형은 사회의 기본적 생업 경제를 기준으로 분류하는 것이 유효하다. 수렵·채집사회, 목축사회, 농업사회로 나누듯이 식료의 주요 획득 방법을 둘러싼 생활양식에 따라 분류하는 것이다. 물론 각 생활양식은 더 세분되어 수렵·채집민 중에서도 북극의 대형 동물 수렵과 어로를 주력으로 하는 민족과 열대에서 식물성 식재를 채집하는 생활을 기반으로 하는 민족 등 환경의 차이에 따라 여러 가지 수렵·채집 유형으로 나뉜다. 목축이나 농업에서도 사육하는 가축의 종류나 작물의 종류에 따라 생활양식이 세분된다.

일본은 조몬시대(縄文時代, BC 16000~BC 900년경) 말기까지 수

렵·채집사회였다. 밭에서 감자류와 잡곡을 경작한 것이 아니냐는 가설도
있지만, 과학적으로 증명하기는 어렵다.

문화인류학자이자 고고학자인 고야마 슈조(小山修三) 등이 기록한
조몬시대 인구동태 시뮬레이션에 따르면, 홋카이도를 제외한 일본열도에
서 인구가 가장 많았던 것은 조몬 중기로, 약 26만 명으로 추정된다. 이들
대부분은 동일본에 집중되었으며, 긴키, 주고쿠, 시코쿠, 규슈 등 서일본
인구는 동일본의 10분의 1에 지나지 않았다.

예를 들어 간토 지방의 인구 밀도가 1m²당 2.98인이었던 데 비해 긴
키 지방은 겨우 0.09인이었다.[ii] 간토 지방의 인구 밀도는 세계의 수렵·채
집민 중에서도 풍부한 자원으로 고밀도 사회를 만든 미국 캘리포니아 원
주민에 맞먹는 반면, 긴키 지방의 인구 밀도는 호주 사막의 원주민 정도
로 낮았다.

이러한 인구 밀도는 동일본 지역이 식료품을 획득하기 쉬운 환경이었
다는 것을 말해준다. 동일본은 도토리, 상수리, 호두, 밤 등 견과류를 공
급하는 낙엽광엽수림대에 속하는 온대림으로, 칡, 고사리 등 근경류의 전
분은 물론 사슴, 멧돼지 등의 숲속 동물과 어로 및 연어, 송어와 같은 회
유어 등이 고밀도의 인구를 지지해주는 식료품이었다. 야요이시대(弥生時
代, BC 900~AD 250년경)에 들어서 본격적으로 논농사가 이루어지자
동일본과 서일본의 인구는 역전되었다. 개발되지 않고 남아 있던 서일본
지역에 농업이라는 새로운 생활양식이 급속하게 전개되면서 인구는 야요

이시대에 약 60만 명, 고분시대(古墳時代, AD 250~AD 592년경)에는 약 540만 명에 이르렀다. 고분시대 간토 지방의 인구 밀도는 29.48명이었고, 긴키 지방은 38.04명이었다. 이러한 인구 증가의 원인은 말할 필요도 없이 농업에 있었다. 토지 조건 중에서는 인구 밀도가 가장 높은 곳이 논농사의 적지인 낮은 지대가 되었고, 이것은 지금까지도 변함없다.

### 아시아 속 일본

수렵·채집이라는 식료 획득법은 자연환경의 생태계에 인간이 적응해 생태계 질서를 파괴하지 않으면서 자연환경과 인간의 생활이 공존함으로써 성립한다. 남획으로 생태계 질서를 파괴하면, 그 영향이 돌고 돌아서 인간의 생존 자체를 어렵게 만든다.

그에 맞춰 농업이나 목축 생활양식을 지탱하는 작물과 가축을 품종 개량하거나 육성 기술 연구를 통해 자연환경에 적응시켰다. 또한 자연환경을 작물이나 가축 육성에 적합하도록 개선해서 어느 정도까지 자연환경의 차이를 극복할 수 있도록 전파했다. 그 결과 벼농사는 동남아시아 열대 지역은 물론 겨울이면 눈으로 뒤덮이는 곳까지 널리 분포되었다.

그림 2는 인도반도의 동쪽인 동아시아의 전통 생활양식과 주요 작물을 기록한 모식도이다. 이것은 개략적인 유형을 보여주는 약식도로, 수렵·채집 유형인 시베리아에도 목축민이 있었고, 벼농사 지역에서도 주요 작물로 잡곡이 있었다. 하지만 그림 2는 그런 부분까지 나타내지 않고 아

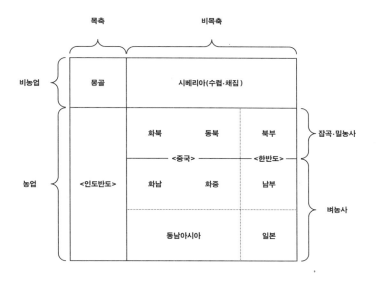

그림 2. 아시아의 전통적 생활양식과 주작물의 유형

시아의 생활상을 거시적으로 바라보았다.

　그림을 살펴보면 비목축/벼농사권에 포함되는 지역은 화중, 화남, 동남아시아, 한반도 남부와 일본이다. 비목축권은 가축의 젖을 식료원으로 이용하지 않는 지역이다.(iii) 그러나 『고고학에서 본 식문화(考古学からみた食文化)』에서 사하라 마코토(佐原眞)가 언급한 것(iv)처럼, 앞서 말한 지역에서도 식용 가축을 사육했다. 중국으로 예를 들면 돼지, 닭, 오리를 키웠다. 그러나 메이지시대 이전의 일본과 원나라 침략 이전의 한반도에서

는 불교의 영향으로 식용 가축을 기르지 않았다는 점도 고려할 필요가 있다.

동아시아, 동남아시아의 벼농사 지역에서 식용 가축을 길러온 곳은 다른 목축권에 비해 식생활에서 육류나 가금류 등 동물성 식품이 차지하는 비중이 매우 낮다. 통계에 따르면 이 중에서 동물성 식품을 가장 자주 먹은 민족은 일본인이었다. 그것은 전후 30여 년 동안 일본 식생활의 급격한 변화로 일어난 현상이다. 언뜻 보면 육류를 자주 먹을 것 같은 중국이나 한반도에서도 국민 전체를 평균하면 일본인만큼 고기를 많이 먹지 않았다. 다무라 신하치로(田村真八郎) 등이 세계 96개 나라의 음식 소비 패턴을 분석한 결과에서도 동아시아와 동남아시아의 벼농사 문화권은 육류 소비가 매우 적었고, 어류 소비가 많았다.[v] 그것은 곡류, 특히 쌀에 의존하는 식생활 패턴이다. 아시아의 비목축 벼농사권의 언어에는 정상적인 식사는 주식과 부식이라는 2개의 카테고리 식품으로 구성되었다는 관념이 발달해, 보편적으로 이 2개의 카테고리를 가리키는 언어가 있다. 이는 비벼농사권인 화북, 중국 동북부, 한반도 북부에까지 퍼져 있다. 주식에서도 가장 중요한 말인 '조리한 쌀'을 나타내는 언어가 종종 식사라는 의미로도 쓰인다. 예를 들면 '밥 됐어요'라는 말이 그렇다.[1]

## 일본인은 쌀 주식 민족인가

일본인의 식생활 역사에서 최대의 사건은 야요이시대에 본격적으로 보급된 벼농사이다. 일본인 모두가 쌀을 먹기 시작한 것은 쌀 배급제도 이후부터이다. 그때까지 일상에서 쌀을 먹지 않는 사람은 산촌에 거주하는 주민이거나, 쌀을 생산해도 연공이나 소작료로 바쳐야 하는 농민이었다.

쌀을 일상의 주식으로 이용했는지는 지역 차이, 산촌–어촌–도시의 생활양식 차이, 빈부 차이에 따라 다른 양상이 나타났다. 예를 들어 에도시대(江戸時代, 1603~1868)에는 벼농사를 짓는 시골에서도 잡곡을 섞은 밥을 먹었지만, 도회지에서는 빈곤층도 쌀밥을 먹었다.

쌀을 먹을 수 없는 사람들이 있었던 것도 사실이지만, 이를 너무 강조해서 일본인의 식생활이 쌀을 기반으로 하지 않았다고 받아들여서는 안 된다. 앞에서 말한 고야마 슈조의 연구에서 19세기 히다 지역의 생활상을 담은 『히다고후도키(斐太後風土記)』를 분석해보면, 벼농사가 어려운 산간 지방인데도 전체 식품에서 공급된 에너지양의 55%가 쌀에서 얻은 것이라는 결과를 보여준다.[vi] 또한 『메이지 10년 전국 농산표(明治十年全国農産表)』를 분석한 결과에서도 당시 일본 내 주식 작물 가운데 쌀

1.  화북에서 대운하를 통해 다량의 쌀을 운반한 데서 보듯, 동아시아의 비벼농사권에서도 쌀을 먹을 수 있었다. 쌀은 주식의 왕좌로서 다루어져 왔다. 주식과 부식에 대해 자세한 내용은 다음 문헌을 참조하기 바란다.
이시게 나오미치(石毛直道), 「벼농사사회의 식사문화(稲作社会の食事文化)」, 사사키 고메이(佐々木高明)(편), 『일본 농경문화의 기원(日本農耕文化の源流)』, 일본방송출판협회(日本放送出版協会), 1993

이 차지하는 에너지가 65%에 달하는 것으로 나타났다.[vii]

국제 통계에서 1인당 에너지의 50% 이상을 쌀에서 얻는 나라들은 방글라데시, 미얀마, 인도네시아, 캄보디아, 라오스, 베트남, 태국 등 세계에서도 손꼽히는 벼농사권 나라들뿐이다. 이들 나라에도 벼농사 이외의 작물에 의존하는 지역이 있는 것으로 보아, 거시적으로 보면 일본인은 쌀을 주식으로 하는 민족이라고 해도 무방하다.

벼농사가 주를 이룬 동남아시아 농업문화의 역사를 재구성하면, 가장 오래된 것이 수렵·채집의 식료품 획득법이다. 그다음으로 타로, 얌, 바나나 등 영양번식을 하는 작물을 대상으로 한 근재 농업이 있었고, 이어서 잡곡 농업, 마지막으로 벼농사가 있었다. 실제로 인도네시아 동북부에 있는 할마헤라섬의 식생활 조사를 통해 그 지역에 농업문화의 복원을 시험한 적이 있다.[viii] 할마헤라섬에서는 이 가설이 들어맞았지만, 일본에서도 같은 순서로 농업이 진보한 것인지는 의문스럽다. 일본에서 본격적 농업은 벼농사에서 시작한 것으로 생각된다.

『쇼쿠니혼기(續日本紀)』의 715년 기사에 "이 나라의 백성은 논농사에만 힘을 기울이고 밭농사의 이용을 모른다. 밀이나 조를 남자 1인당 2반보(反步)씩 짓게 하자. 쌀 대신에 조를 전조(田租)로 납입하는 것을 허가한다"라는 내용이 나온다. 이후 나라시대(奈良時代, 710~794) 때도 조농사를 장려했다. 나라시대 문헌에도 당시 조는 쌀보다 비싼 작물로 여겨졌지만, 기장은 논의 잡초 정도로 하급 작물로 취급되었다. 이후 인구 증가로 논농사를 지을 수 없는 곳으로 이주하는 사람이 많아지고 정부나 영주에 의한 쌀 수탈이 강화됨에 따라 잡곡 농경이 활발해진 것으로 짐작된다. 이 짐작이 맞는지 어떤지는, 인구와 쌀의 수량 또는 논 면적 관계의 역사적 연구가 필요하다.

토란과 마는 일본 농업의 역사를 생각할 때 중요한 작물이다. 민속학자 쓰보이 히로후미(坪井洋文)는 토란 연구를 비롯한 일련의 노작으로 일본 민속학의 새로운 시야를 열었다.[ix] 벼농사 중심의 역사관이나 민속학에 맞서 감자류의 중요성을 설득한 그의 연구에 경의를 표하지만, 일본인의 주식을 생각할 때 한 해 절반 이상 토란과 마를 주식으로 하는 곳이 있었는지는 알 수 없다. 오히려 역사적으로 감자류가 주식의 주요한 위치를 차지한 것은 에도시대 중기부터 보급된 고구마이다. 규슈, 세토나이, 도카이 등 바다에 면한 온난한 기후이면서 벼농사에 적합하지 않은 지역에 고구마가 전해짐으로써 인구 지지력이 높아졌음을 잊어서는 안 된다. 이 같은 지역에서는 고구마와 생선이라는 조합이 식사로 성립되었다.

### 반찬을 둘러싸고

중국의 논농사 지대인 장난이나 광둥성의 주장 삼각주는 '어미(魚米, 농촌과 어촌의 수확)의 고향'이라는 별명이 있고, 베트남에는 "쌀밥과 생선은 모자(母子)와 같이 끊을 수 없는 것"이라는 속담이 있다. 앞서 설명했듯이 동아시아, 동남아시아 벼농사권에서의 주요 동물성 식료품은 육류가 아니라 생선이었다.

중국과 동남아시아의 내륙에서는 예부터 바닷물고기보다는 민물고기를 많이 섭취했다. 중국의 해안선은 짧아 동남아시아의 통킹만 삼각주 외의 해안 지대에서 논농사가 개발된 것은 19세기 후반으로, 그 이전에는 인구 대부분이 내륙에 살고 있었다. 중국, 동남아시아의 민물 지대에서는 일찍이 양어(養魚) 기술이 발달했다. 동남아시아의 내륙에서는 계절풍을 이용해 우기에는 논에 물을 댔다가 물을 뺄 때 다량의 생선을 얻을 수 있었다. 젓갈이나 소금에 절인 생선을 쌀밥과 함께 재워서 유산발효를 시킨 식해(食醢)는 논농사와 함께 전해졌을 가능성이 높다. 반면 말레이시아, 인도네시아, 필리핀, 한반도, 일본에서는 바닷물고기가 양적으로나 질적으로 더 중요해졌다.

세계에서 두 번째로 긴 해안선을 지닌 일본에서는 조몬시대부터 어패류 이용이 활발했다. 바다로 둘러싸인 필리핀에서는 해조를 식료로 했지만, 일본만큼 해조를 자주 먹지 않았다. 특히 채소류가 적었던 고대에는 음식물에서 차지하는 해조의 양이 현재보다도 많았던 것으로 추정된다. 헤이안시대(平安時代, 794~1185) 중기의 법령 시행 세칙을 모은 법전『엔기시키(延喜式)』에 기록된 여러 지방의 공납품에도 다양한 종류의 해조가 나온다.

일본 재래 채소의 수는 아주 적은데, 그 종류 대부분은 야요이시대 이후에 전해진 것이다. 지금은 산나물이 고급 식품이 되었지만, 원래는 경지 면적이 제한되어 밭에 채소까지 심을 여유가 없어서 겨울이면 눈으로 덮이는 산촌에서 연한 나무순이나 버섯 등의 야생식물을 채집해 소금에 절이거나 말려서 보존 식품으로 만들었다. 채소가 얻기 어려워서 산나물을 먹었던 것이 지금은 유통 변화에 의해 가치 역전 현상이 일어나 고급화된 것이다.

쌀과 생선의 조합은 이상적이다. 하지만 현실적으로는 바닷가 주민들이나 대도시의 부유층으로 제한되어 있었다. 서민의 식탁에 된장국 다음으로 가장 많이 오르는 반찬은 채소절임과 채소조림이었다. 1981년도 「식료수급표」에서 세계 19개국 국민 1인당 1일 채소 소비량을 비교하면, 1위 이탈리아 430g, 2위 프랑스 320g이며, 일본이 309g으로 그다음이다. 즉 일본인은 세계적으로 채소를 많이 먹는 민족이다.

콩은 그대로 익히기 어렵고 소화하기도 어렵다. 특히 동아시아에서 발달한 콩 가공법으로는 발효 식품으로 가공하는 것과 으깬 두부와 튀긴 두부로 가공하는 방법이 있다. 중국에서 처음 만들어진 두부는 동아시아 일대로, 그리고 근세에는 화교들에 의해 동남아시아 전역으로 퍼져나갔다. 대두를 발효시켜 만든 된장과 간장은 동아시아의 맛이라 할 수 있으며, 동남아시아에서는 생선이나 잔새우를 발효시킨 젓갈 계통의 조미료가 발달했다. 동물성, 식물성이라는 원료 차이는 있으나 모두 감칠맛을 추구하는 조미료이다.

## 일본 요리의 다양성

목축사회에서는 전통적으로 가축에서 얻은 육류를 요리의 주재료로 사용해왔다. 동물의 고기나 내장은 부위에 따라 맛이나 씹히는 식감이 달라서 부위별로 다른 요리 기술을 적용하기도 하는데, 가축이나 가금의 종류는 한정되어 있고 유제품의 종류도 그리 많지 않다. 그에 비해 일본 요리는 종류가 풍부해 보이는데, 결론부터 말하면 전통 일본 요리는 조리 기술이 다양한 것이 아니라 재료가 다양해서 풍부해 보이는 것이다. 기본적으로 된장, 간장 같은 조미료를 활용해 비슷한 맛을 내면서 가지조림, 고구마조림 등 식재료의 변화를 통해 다채로운 요리가 만들어진다.

일본의 국토는 남북으로 길다. 한류와 난류의 회유어가 찾아오고, 사계절에 따라 다양한 산나물과 채소가 자란다. 어쩌면 세계 문명권의 일상 식탁에 나오는 생선과 채소, 산나물 종류를 세어보면, 일본인이 가장 많은 종류를 이용하고 있을지도 모른다. 그런 점에서 일본 요리가 계절성을 중요하게 여기고, 재료가 지닌 맛을 살리는 조리법이 발달한 것은 당연하다고 볼 수 있다. 메이지시대에 외국 쌀이 수입되기 전까지 일본은 자급자족 경제를 유지했다. 세계 시장경제가 출현하기까지 어느 나라에서나 식료품은 그 자연환경에서 생산된 것을 소비하는 것이 원칙이었지만, 일본처럼 완벽하게 자급자족 체제를 갖춘 나라는 드물었다.

일본은 율령제(律令制) 붕괴 이후, 국가에서 식량을 모은 후 재분배하는 시스템이 아니라 지방마다 식량을 자급자족하는 것을 원칙으로 했다. 에도시대 후반에는 제후가 다스리는 영지인 번(藩)에서 생산한 산물을 전국 시장에 상품으로 유통하기도 했지만, 군부 정권의 막부(幕府) 체제에서는 영토 내부에서 완결된 식량 공급 시스템을 이상으로 여겼다.

각 번은 해안, 평야, 산지 등 저마다 다른 자연환경을 지니고 있어, 거기에 항구, 도시, 농촌, 어촌, 산촌 등의 문화적 환경을 형성한 하나의 완결된 풍토 단위였다. 따라서 현재로 이어진 일본인 식생활의 지방성을 고찰할 때 에도시대의 번 단위로 검토하는 것이 효과적이다.

번을 중심으로 성립된 지방 요리의 일부분을 명물화한 것이 지금의 향토 요리이다. 현대 일본 사회에서는 음식을 둘러싼 문화의 지역성이 사라지고 있어서 향토 요리가 더욱 인기를 끌고 있다. 에도시대에는 교토, 오사카, 에도(도쿄)의 3개 도읍 요리 이외에는 모두 향토 요리, 즉 시골의 맛이었다. 그것이 현대에 와서는 도읍 요리, 즉 도시형 식생활이 되었다.

도시란 자연에는 존재하지 않는 인공적인 환경을 인간이 만들어낸 곳이다. 식료품 생산의 장소가 아니며, 식료품은 도시 외부로부터 공급된다. 그리고 여러 가지 물질과 정보 유통의 장소이기도 하다. 수많은 미디어가 공급하는 정보를 바탕으로 식탁을 구성하는 음식물과 요리법의 평균화 현상이 일어나고 있다. 그런 점에서 볼 때 꽤 많은 식료품을 외국에 의존하는 일본이라는 나라 자체가 하나의 거대한 도시와 같다고도 할 수 있다. 그렇다고 해서 일본인의 식생활이 풍토와 거리가 멀다고는 할 수 없다. 식료품 공급 면에서는 풍토를 떠나 있지만, 먹는 문화에는 여전히 전통이 살아 있기 때문이다. 먼바다에서 잡은 물고기라도 첫물의 가다랑어를 맛볼 수 있고, 음식물의 계절감이 없어졌다고 해도 가을이 되면, 중국, 한국, 모로코, 캐나다 등지에서 수입한 송이버섯을 맛볼 수 있다.

　문명국 중에서 1950년대 이후 일본인만큼 급격하게 식생활 변화를 겪은 국민은 드물다. 고기와 유지를 자주 먹게 되었고, 양식과 중식 요리가 일상의 식탁에 올라오게 되었다. 그러나 그 때문에 일본인의 식사가 양식화되었다고는 할 수 없다. 오히려 서양 요리나 중국 요리가 일본화했다고 말할 수 있다. 메이지시대에 공개적으로 고기를 먹게 되면서 일본인은 천천히 외국 요리를 받아들이고, 이를 일본화할 준비를 갖추었다. 저변에 잠재했던 것이 경제 성장과 함께 단번에 표면화된 것이다.

　일본인의 식생활은 풍요로워졌지만, 그 이유가 유럽과 미국, 중국의 식생활 모델에 가까워지면서 풍요로워진 것은 아니다. 그보다는 일본적 식사 패턴의 구성을 지키면서 전통적 식사패턴에서 부족했던 식품을 추가하고, 일본의 전통 요리 기술에 없었던 요리법을 새롭게 받아들였기 때문이다. 예를 들면, 일본어 문장 중에는 가타카나로 쓰인 외래어가 많다. 그럼에도 가타카나가 일본어임에는 변함이 없다. 가타카나로 쓴 외래어는 원어 그대로의 발음이 아니고 일본어의 음운 체계로 변형되어 표기된다. 즉 일본어가 외국어화한 것이 아니라 외래어가 일본어 속으로 들어가 일본화했다고 할 수 있다. 똑같은 현상이 음식과 요리에도 일어났다고 생각한다. 그렇게 '일본형 식생활'이 성립한 것이다.

(i) 이시게 나오미치(石毛直道), 「환경관의 일반 모델(環境観の一般モデル)」, 이시게 나오미치(편), 『환경과 문화—인류학적 고찰(環境と文化-人類学的考察)』, 일본방송출판협회(日本放送出版協会), 1978

(ii) 고야마 슈조(小山修三)·스기토 시게노부(杉藤重信), 「조몬인구 시뮬레이션(縄文人口シミュレーション)」, 『국립민족학박물관 연구보고(国立民族博物館研究報告)』 9-1, 1984

(iii) 다니 유타카(谷泰), 「목축의 음식(牧畜の食)」, 이시게 나오미치(편), 『인간·음식·문화(人間·たべもの·文化)』, 헤이본샤(平凡社), 1980

(iv) 사하라 마코도(佐原眞), 「고고학에서 본 식문화(考古学からみた食文化)」, 이시게 나오미치·다무라 신하치로(田村眞八郎)(편), 『일본의 풍토와 음식(日本の風土と食)』, 도메스출판(ドメス出版), 1984

(v) 다무라 신하치로(田村眞八郎), 구리하라 유미코(栗原由美子), 「식량소비 패턴의 수량적 연구(제4보) 유형 분석에 따른 96개국의 분류(食糧消費パターンの数量的研究(第四報) クラスター分析による九六ヶ国の分類)」, 『식품종합연구서보고(食品総合研究所報告)』 28, 1973

(vi) 고야마 슈조, 마쓰야마 도시오(松山利夫) 외, 「『히다고후도키』에 의한 식량자원의 계량적 연구(『斐太後風土記』による食糧資源の計量的研究)」, 『국립민족학박물관 연구보고』 6-3, 1981

(vii) 고야마 슈조·고토 요시코(五島淑子), 「일본인의 주식 역사(日本人の主食の歴史)」, 이시게 나오미치(편), 『동아시아의 식사문화(論集 東アジアの食事文化)』, 헤이본샤, 1985

(viii) Naomichi ISHIGE, 'The Preparation and Origin of Galela Food', "The Galela of Halmahra; A Preliminary Survey", Naomichi ISHIGE (ed), Senri Ethnological Studies No.7, 1980

(ix) 쓰보이 히로후미(坪井洋文), 『토란과 일본인—민속문화론의 과제(イモと日本人—民俗文化論の課題)』, 미라이샤(未来社), 1970

# 동아시아의 식문화

1981년

## 동아시아의 공통성과 독자성을 아는 의의

일본인은 아시아 대륙의 끝에 살고 있다. 서양 문명이 들어오기까지 수천 년 동안 유라시아 대륙에서 형성된 문명 세계의 동쪽 끝, 동서 문명이 끝나는 지점에 있었다.

도다이지(東大寺) 대불전에 있는 창고 쇼소인(正倉院)의 소장품 중에 페르시아의 유물이 있는 것으로 보아 유라시아 대륙의 문명이 예전부터 일본에 전해졌음을 알 수 있다. 그것들은 중국이나 한반도를 거쳐 우여곡절 끝에 일본에 다다랐을 것이다. 오랜 역사를 통해 중국과 한반도는 일본에 있어서는 문명 원천의 땅이었다.

일본인의 식문화를 구성하는 여러 요소의 기원을 찾아가다 보면 중국과 한반도에서 유래된 것이 아주 많다. 그렇지만 그 모든 요소가 중국이나 한반도에서만 형성된 것은 아니다. 예를 들어 포도나 밀은 서구로부터 중국에 전해진 작물이다. 이것만 보아도 식문화는 매우 오래전부터 세계적인 교류가 이루어졌다는 사실을 알 수 있다.

중국이나 한반도의 식문화를 배움으로써 일본 식문화 뿌리의 많은 부분을 알 수 있다. 동아시아 여러 민족은 세계 속에서 어떤 위치에 있는지, 동아시아의 식생활은 어떤 특성을 보이는지, 그것은 인류의 식생활에서 어떤 의미를 가졌는지, 또 어떤 가능성을 지녔는지 등을 논의해야 한다. 그를 위해서는 동아시아 여러 민족의 식문화를 각 민족의 독자성만이 아니라 공통성이라는 부분에서도 생각할 필요가 있다.

### 민족에 따라 주식 작물이 다르다

그림 1은 세계의 전통 주식과 식사법을 나타낸 지도이다. 이 지도는 콜럼버스가 아메리카 대륙을 발견하기 직전인 약 15세기경 지역별 고립성이 유지되던 시대의 식생활을 복원한 것이다.

콜럼버스가 신대륙을 발견한 뒤 옥수수와 감자, 고구마, 마니오크 등 신대륙 원산 작물이 구세계 각지에 전해지면서 세계의 식생활은 엄청난 변화를 맞이했다. 이 그림은 변화 직전인 15세기 당시의 농업 지대를 나타내고 있는데, 그림 2와 그림 3의 지도를 겹쳐서 보면 당시 사람들의 식생활을 한눈에 알 수 있다.

그림 1에서 오스트레일리아 대륙과 북미, 시베리아 등은 흰색으로 표현되는데, 수렵 채집민(오스트레일리아–아메리카 대륙 북부), 목축을 생업으로 하는 유목민(아시아 대륙 북부), 순록을 대상으로 하는 수렵·채집민(시베리아)의 세계였다.

엄밀하게 말하면 유목민이 가축의 젖이나 고기만 먹고 살아가지 않았다는 것이다. 농경민이 재배한 농산물과 교환해서 먹기도 했지만, 그림 1에는 나타나지 않았다. 그림 1은 각 지역의 주요 주식 작물을 한 종류씩

골라 그것을 먹는 방법을 나타냈다. 하지만 실제로는 주식 작물로 한 종류만 먹는 식생활은 없다. 예를 들어 이 그림에서 일본은 쌀을 먹는 지대로 표시되어 있지만, 밀, 보리, 조, 기장 등 쌀 이외의 곡물도 먹고 있다.

**동서의 주식 작물 비교**

유라시아 대륙으로 한정해 동서의 식문화를 비교해보자.

## 맥류를 주작물로 하는 지역

그림 1을 보면, 북서유럽부터 서아시아, 나아가 중국 북부에 걸쳐 밀, 보리, 호밀, 귀리 등 맥류를 주요 작물로 하는 지역이 동서로 길게 띠 모양으로 펼쳐져 있다. 기후가 한랭한 북유럽부터 러시아에서는 호밀, 귀리, 밀을 재배하는데, 이곳에서는 곡류를 가루로 빻아서 빵만 굽는 것이 아니라 죽으로도 가공한다. 죽은 곡물을 활용하는 방식에 따라 크게 옹근죽, 원미죽, 무리죽으로 나눌 수 있다.[1]

유럽의 중남부에서 인도에 걸쳐 나타나는 띠는 밀 지대이다. 여기서

1. '죽' 하면 물기가 많은 음식을 떠올리지만 꼭 그렇지는 않다. 고대에는 찐 밥을 '밥'이라 하고, 물을 넣고 지은 밥을 '죽'이라 했다. 옹근죽은 알곡 상태의 곡물에 물을 넣고 끓이거나 찐 죽을 가리킨다. 원미죽은 곡물을 굵게 간 죽이고, 무리죽은 곡류를 가루로 빻아 물을 넣어 반죽한 죽이다. 고대 로마에서는 무리죽을 자주 먹었다. 이탈리아 요리 중 폴렌타(polenta)도 그중 하나로, 지금은 옥수수가루를 사용한다. 같은 음식이 동아프리카와 서아프리카에도 있다.

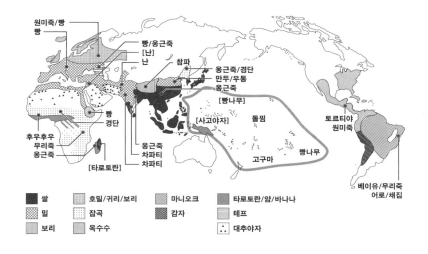

농작물 위주의 주식 지도이다. 단, 유목민 등이 농경민에게서 입수해 먹는 경우는 생략한다.
그림은 신대륙 발견 이전, 15세기를 기준으로 나타낸 분포도이다.

**그림 1. 세계의 주작물과 먹는 방법**
출처 : 이시게 나오미치(편), 『세계의 식사문화』, 도메스 출판, 1973

는 오븐을 사용해서 빵을 굽거나 아랍식 빵 혹은 '난(naan)'이라 불리는
얇은 빵을 만든다. 인도에서는 난과 함께 가루를 반죽해서 발효시키지 않
고 전병 모양으로 구운 '차파티(chapati)'로 만드는 경우도 많다. 인도 북
쪽의 티베트고원은 표고가 높아서 기후적으로 밀 재배가 어려워 보리를
재배한다. 이곳에서는 보리를 볶아 가루로 만든 '참파(rtsam-pa)'가 주식
이다. 중국 화북에서는 밀가루가 만두와 우동으로 가공된다. 우동으로
대표되는 면류는 동아시아가 만들어낸 매우 특징적인 음식이다.

### 잡곡을 주작물로 하는 지역

화북에서 중국 동북 지방, 한반도 북부에 걸친 지역은 잡곡 지대이다. 현재 화북은 밀 지대이지만, 예전에는 조와 기장을 먹었다. 화북의 동쪽인 동북 지방에서는 잡곡, 특히 수수(고량)를 많이 재배했다. 중국 신석기시대 화북 지역의 주요 작물은 조와 기장 등의 잡곡이었고, 밀이 보급된 것은 석기시대가 끝난 뒤부터이다. 한반도 북부까지 이어진 잡곡 농업 지역에서는 지금도 조나 기장을 먹고 있다. 인도아 대륙의 전통 잡곡은 사탕수수, 수수, 피(향모)로, 현대에 이르러 옥수수가 더해졌다. 잡곡은 인도에서 가루 음식으로 많이 먹는 한편, 차파티나 발효해서 구운 빵인 로티(roti)로 가공하거나 경단을 빚어 국에 넣어 먹기도 했다. 앞에서 말한 대로 밀문화에서는 보통 맥류를 가루로 만들어 먹는다. 세계 대부분 지역에서는 밀 이외의 잡곡류도 가루로 만들어 먹는데, 일부에서는 원미죽을 만들어 먹기도 한다.

### 찌는 기술은 동아시아의 특징

인도아 대륙의 동부에서 동남아시아, 중국의 화남, 화중 지역, 한국, 그리고 홋카이도를 제외한 일본은 벼농사 지대이다. 쌀을 먹는 지역에서는 밀 지대와 달리, 알곡을 그대로 먹는 입식(粒食)이 특색이다. 알곡을 그대로 쪄서 먹거나 삶아서 먹는 요리법이 있다. 잡곡류를 빻아 먹는 다른 지대와 달리 동아시아에서는 잡곡류를 찌거나 삶아서 먹는 풍습이 이어져 왔다.

음식물을 물과 함께 삶는다는 것은 토기를 사용한 지역에서는 금속 냄비가 생기기 전부터 보편적인 요리법이었다. 식품을 찐다는 것은 동아시아에서 볼 수 있는 특징적인 요리법이다. 유럽 부엌에는 '찜기'가 없었고, 요리법에서도 '찌기'는 일반적이지 않았다. 동아시아 이외의 지역에 찌는 기술이 있는 곳은 리비아, 튀니지, 알제리, 모로코 등 아프리카 북서부 일대를 합한 지역을 일컫는 마그레브(maghreb)로, 경질 밀가루를 비벼서 좁쌀 모양으로 만들어 채소나 고기 스튜를 곁들여 먹는 전통 요리 쿠스쿠스(cous cous)[2]가 있다. 이를 제외하면, 찌는 요리법이 일상적으로 쓰이고 있는 곳은 동아시아 정도이다. 지금은 동남아시아에서도 '찌기' 요리법을 볼 수 있는데, 아마도 동아시아의 영향일 것이다. 그러나 찹쌀 요리법을 보면 동남아시아에도 오래전부터 찌는 기술이 있었을 가능성도 있다.

세계를 동(東)과 서(西)로 대조해 생각해보자. 서쪽의 빵을 먹는 지역은 오븐 요리가 발달했다. 오븐은 곡물 주식뿐만 아니라 고기 요리에도 응용되었다. 그에 비해 동쪽의 입식 지역에서는 '찌기' 요리법이 발달했다.

---

**2.** 쿠스쿠스의 가장 기본적인 조리법은 경질 밀가루에 물을 조금 넣고 비벼서 작은 알갱이(쿠스쿠스)로 만드는 것이다. 조리 도구로는 일종의 찜기와 비슷한 이중냄비를 사용한다. 바닥에 작은 구멍이 송송 뚫린 윗냄비에 쿠스쿠스를 담고, 아랫냄비 위에 얹는다. 아랫냄비에는 스튜를 끓이는데, 거기서 올라오는 김으로 쿠스쿠스를 찐다. 다 찌면 쿠스쿠스를 그릇에 담고 스튜를 끼얹는다.

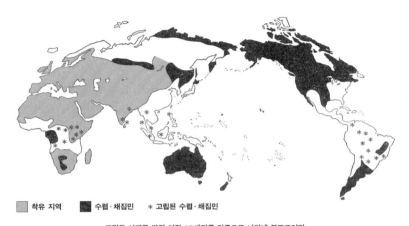

착유 지역　　■ 수렵·채집민　　＊ 고립된 수렵·채집민

그림은 신대륙 발견 이전 **15세기**를 기준으로 나타낸 분포도이다.

**그림 2. 착유 분포와 수렵 및 채집민**

최근 중국을 비롯해 한반도와 일본에서는 찜기가 없어진 가정도 많지만, 한 세대 전에는 대부분 농가에 커다란 찜통이 있었다.

### 가축을 키우는 것은 목축과는 다르다

　　다음은 가축 이야기이다. 여기서 주의해야 할 것은 가축을 키운다는 것과 그것을 식료품으로 사용하는 것과는 다르다는 점이다. 예를 들어 유라시아 대륙의 거의 전 지역에서 말을 키우고 있다. 하지만 그림 3을 보면 말이라고 쓰인 곳은 중앙아시아부터 몽골에 걸친 지역뿐이다. 이는 말의 젖을 짜서 마유주(馬乳酒)로 가공하는 풍습이 있는 지대, 즉 유용 가축으로서 말을 키우는 장소에 한정되었기 때문이다.

목축이라는 것은 단순히 가축을 키우는 것이 아니라 발굽 동물(有蹄類), 즉 무리 지어 사는 초식 동물의 생산물에 전폭적으로 의지하는 생활 양식을 말한다. 가축의 젖과 고기를 먹을 뿐 아니라 가축의 가죽과 털로 옷을 만든다. 그래서 돼지와 닭은 목축용 가축이라고 말하지 않는다. 또한 외양간에서 소나 말을 한두 마리 키우는 정도를 목축이라고 하지 않는다. 수백 마리의 가축을 관리하고, 그 가축의 젖이나 고기를 적극적으로 식생활에 사용하는 것이 목축이다. 목축인에게는 고기보다는 젖이 중요한 식료품이었다. 그림 2에서 나타난 착유 지역은 목축이라는 생활양식의 분포권으로 생각해도 좋다.

**동아시아는 비목축 세계**

그림 2 아시아의 착유권 분포도를 보면, 인도와 미얀마 국경의 아라칸산맥을 경계로 서쪽이 착유 지역이다. 중국에서 보면 만리장성은 젖을 짜는 지역과 그렇지 않은 지역의 경계이다. 원래 만리장성은 북방의 목축민 기마군단이 남쪽 농경 지대를 침입하는 것을 막기 위해 건설된 것으로, 만리장성이 목축 세계와 비목축 세계의 경계선이 되는 것은 당연하다고 할 수 있다.

동아시아는 전통적으로 가축의 젖을 식료품으로 쓴 적이 거의 없다. 그것은 동남아시아 역시 마찬가지이다. 현재의 동남아시아 지역에서 이슬람 세계(말레이시아, 인도네시아)는 종교적인 이유로 돼지고기를 먹지 않는다. 하지만 이슬람교가 전파되기 이전의 동남아시아는 동아시아와 마찬가지로 돼지와 오리, 개 등이 기본적인 식용 가축이었다.

돼지, 닭, 개를 식용 가축으로 쓰는 곳은 태평양 섬들도 마찬가지였다. 중국 남부에서 동남아시아로 이어지는 지역의 문화는 오래전부터 전해져왔는데, 그렇다 보니 태평양의 여러 섬과 동남아시아의 식문화에 공통점이 생기게 된 것이다.

하지만 일본은 좀 다르다. 오키나와를 제외한 일본 전역에서는 나라시대부터 국가 불교의 영향으로 포유류 가축을 먹는 것이 원칙적으로 금지되어 있었다. 메이지시대까지 일본인은 공개적으로 포유류 가축을 먹지 않았다. 이는 인도의 채식주의와 함께 매우 특이한 식생활을 가졌다고 볼 수 있다.(그림 3)

### 고기 대신에 콩과 생선

중국과 한반도에서 고기 요리가 발달했지만, 역사적으로 볼 때 서민 모두가 다양한 고기 요리를 먹었던 것은 아니다. 역사를 살펴보면, 문명이 발달한 지역 요리는 지방 차이, 계층 차이, 일상과 행사 음식의 차이라는 세 가지 요소를 갖는다. 단, 자급자족이고 사회계층 분화가 진행되지 않아서 빈부 차이가 없는 생활양식을 지내온 부족사회는 별도로 한다.

먼저 같은 민족이라 해도 지방에 따른 차이가 있다. 예를 들어 중국

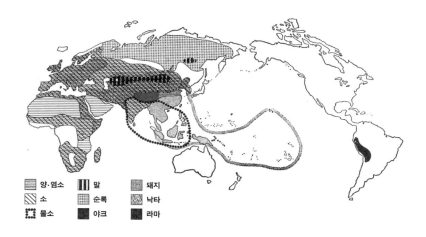

| | | | |
|---|---|---|---|
| 양·염소 | 말 | 돼지 | |
| 소 | 순록 | 낙타 | |
| 물소 | 야크 | 라마 | |

그림은 주요 식용, 유용 가축의 분포도이다. 단 개와 가금류는 번잡해지므로 생략했다.
그림은 신대륙 발견 이전, 15세기를 기준으로 나타낸 분포도이다.

**그림 3. 세계의 식용 및 유용 가축**

에서는 쓰촨 요리, 광둥 요리 식으로 지방마다 다른 요리가 있고, 그 차이도 크다. 그러나 역사적으로 서민 음식과 부자들이 먹는 음식의 차이, 또 서민 음식 중에도 일상 음식과 행사 음식의 차이는 지방 요리에서 나타나는 차이보다 훨씬 더 컸다.

그 관점에서 보면 현재 일본의 중국 음식점이나 한국 음식점에서 볼 수 있는 다양한 고기 요리를 중국이나 한반도의 서민들이 역사적으로 계속 먹어 왔다는 생각은 잘못되었다. 목축이라는 생활양식을 갖고 있는 민족은 서민이라도 고기를 먹을 기회가 비교적 많고, 버터, 치즈, 요구르트 등 가축의 젖으로 만든 유제품은 매일 먹었다. 그러나 비목축계 동아시아 인들에게 고기는 평소에는 먹지 못하는 귀한 식료품이었다. 즉 중국과 한반도에서도 고기가 들어가지 않은 음식이 더 많았다.

동아시아인들에게 단백질 공급원은 따로 있었다. '밭의 소고기'라고 불리는 콩이다. 그들은 두부 등 콩으로 만든 식품에서 단백질을 얻었다. 또 다른 단백질원은 생선이었다. 유목민 가운데는 생선을 거부하는 민족이 많았지만, 농업을 하면서 목축도 하는 유럽 민족들은 생선을 고기 대용으로 여기는 관념이 강했다. 하지만 동아시아에서는 달랐다. 고기를 먹어본 적이 없던 일본인들은 생선을 최고의 음식으로 여겼다. 동아시아 각지의 연안에서 어업이 성행했고, 예전부터 중국에서 동남아시아에 걸쳐 민물고기 양식이 있었다. 이는 세계의 식품 생산에서 동아시아, 동남아시아의 특색 중 하나이다.

## 공통점이 많은 동아시아와 동남아시아

지금까지 살펴본 바에 따르면, 목축이나 착유의 전통을 갖지 않으면서 식량을 생산하는 것과 대부분 지역에서 쌀을 주식으로 하는 것, 이 두 가지가 동남아시아와 동아시아에 나타나는 식문화의 공통성이다.

동남아시아는 역사적으로 북쪽의 중국 문명과 서쪽의 인도 문명이라는 2개의 거대한 문명 사이에 낀 지역으로, 양쪽 문명의 영향을 받아왔다. 예를 들어, 동남아시아의 부엌살림 중에는 거대 문명을 대표하는 도구로 돌절구와 큰 냄비가 있다. 소형 맷돌과 돌절구는 동남아시아의 어느 부엌에서나 볼 수 있었는데, 그것들을 이용해 향초나 향신료를 으깼다. 인도에서는 커리 등의 향신료를 만들 때 맷돌이나 돌절구를 사용해 여러 종류의 향신료를 섞어서 으깨거나 갈았다. 동남아시아 부엌의 맷돌과 돌절구는 인도와의 연관성을 보여주며, 커다란 냄비는 근세에 동남아시아로 진출한 화교들에 의해 보급되었을 것으로 보인다.

그뿐만 아니라 동남아시아의 각 민족은 독자적 식문화를 형성해왔다. 인도차이나반도에는 남방상좌불교가 전해졌고, 말레이시아부터 인도네시아에 걸쳐서는 이슬람교가 들어왔다. 각 종교가 지닌 여러 가지 관념은 식문화에 영향을 주었다. 나아가 동남아시아의 대부분 지역은 근세에 유럽 식민지의 역사를 갖고 있다. 식민 종주국의 음식이 들어오면서 동남아시아의 식문화는 복잡한 양상으로 나타났다.

### 빵은 고기·우유와 함께 성립된다

오늘날 동아시아와 동남아시아의 식문화는 어디가 같은지 의아할 정도로 각기 다르다. 그러나 기본적인 원리에는 쌀을 중심으로 하는 식생활이라는 공통점이 있다.

중국 화북의 분식 지대를 살펴보자. 빵을 먹는 지대, 맥류를 주식으로 하는 지대의 식생활은 목축과 세트로 되어 있다. 즉 빵과 유제품이 합쳐져 일상의 식단이 된다. 성인이 빵만으로 인체를 유지하는 데 필요한 단백질을 얻으려면 하루에 2kg 이상을 먹어야 한다. 그 부피를 생각해보면, 위장에 들어갈 수 없는 양이다. 그래서 빵을 먹는 지대에서는 유제품과 육류에서 단백질을 얻는 식생활을 영위했는데, 여기에는 '주식'이라는 개념이 발달하지 않았다.

예를 들어 유럽에서는 '주식'에 해당하는 말이 없다. 빵은 식탁에 놓이는 여러 음식 중 하나에 불과하다. 프랑스인의 식생활에서 빵으로 얻는 열량은 식사 전체의 30% 이하이다. 빵을 먹는 유럽에서도 곡물에 꽤 많이 의존했는데, 16~17세기 프랑스 농민과 노동자의 영양을 분석한 문헌을 보면 지금보다 훨씬 더 많은 빵을 먹었다. 빵에 가장 많이 의존하는 식생활을 하는 가난한 사람들의 경우 하루 빵 1.0kg~1.4kg의 소비량이 기록되어 있다. 빵만 먹은 게 아니고 우유나 치즈로 단백질을 섭취한 것이다.

**쌀문화의 공통성**

쌀 의존형의 일본인

일본인의 전통 식생활은 쌀 의존형이다. 물론 쌀만 먹는 것은 아니다. 쌀을 먹을 수 없었던 사람들도 있었다. 특히 에도시대에 소작미 수탈이 심해지면서 농민은 쌀을 생산하면서도 쌀은 제대로 먹을 수 없었다. 극단적으로 말하면 일본인이 쌀을 먹기 시작한 것은 배급제도가 생기고 나서부터이다. 그러나 일본 전체를 역사적으로 살펴보면 식용 곡물의 반 이상은 쌀이다. 다양한 개념의 기본을 이루는 것도 쌀이었다. 몇만 석 영지(領

地)라는 식으로 토지를 쌀로 평가했고, 몇 명을 부지(扶持)하는가, 몇 석하는 무사인가 등 급여를 쌀로 평가한 것이다.

무사 급여의 기본인 '1인 부지'는 1인당 1일 쌀 5홉을 배급하는 단위이다. 이는 문자 그대로 쌀을 주식으로 인체를 유지할 수 있는 양이다. 된장국이나 두부와 같은 반찬을 먹지 않아도 쌀밥 1되를 먹으면, 위는 팽창하겠지만 인체 유지에 필요한 단백질을 얻을 수 있다.

### 식사의 기본형은 밥과 반찬

쌀에 의존하는 식생활은 동남아시아에서도 마찬가지였다. 동남아시아의 식당들은 여러 가지 고기 요리, 생선 요리를 제공하지만, 서민의 식생활은 결코 그렇지 않았다. 농민에게 고기나 생선 반찬은 특별한 식사이고, 평상시에는 소금이나 고추로 맛을 낸 채소 반찬과 젓갈을 곁들여서 대량의 쌀밥을 위장에 밀어 넣는 것이 전통적인 식사 패턴이었다.

동남아시아에서는 "쌀만 있으면 그것으로 충분하다. 다른 것은 식욕 증진제로써 반찬이면 된다"는 관념이 매우 강했다. 이는 일본에서도 마찬가지였다. 일본인에게 식사라는 것은 '고항(ご飯)'과 '오카즈(おかず)', 또는 '메시(めし)'와 '오카즈(おかず)'로 구성된 관념이다. '메시'는 종종 식사 전체를 가리키는 말로 쓰이기도 했다.

똑같은 관념이 동아시아에도 있었다. 중국어에서 '판(飯)' '차이(菜)'라는 말이 있는데, '판'은 식사를 의미하고 '차이'는 반찬에 해당한다. 한

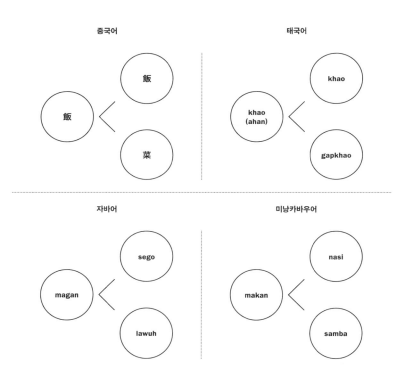

중국어

태국어

자바어

미낭카바우어

태국어에서 식사는 'ahan'으로도 표현하지만, 쌀밥을 가리키는 'kaho'가 일반적으로는 식사와 동어어이다. 식사는 'khao'와 밥의 부속물이라는 뜻을 지닌 'gapkhao'로 구성된다. 오스트로네시아 언어계의 예를 들면, 자바어의 식사 'magan'는 밥 'sego'와 반찬에 해당하는 'lawuh'로 구성된다. 수마트라의 미낭카바우에서는 식사 'makan'은 쌀밥을 나타내는 'nasi'와 반찬 'samba'로 구성된다. 이와 유사한 원리는 타갈로그어 등 동남아시아의 오스트로네시아 언어계 민족의 언어에 자주 나타난다.

그림 4. 주식과 반찬을 가리키는 말
출처: 이시게 나오미치, 「벼농사사회의 식사문화」, 사사키 다카아키(편), 『일본 농경문화의 원류』, 일본방송출판회, 1983

국어에서도 밥과 반찬이라고 말하듯이 같은 원리가 나타난다. 이처럼 동아시아의 여러 나라에서 식사는 주식과 부식이라는 두 종류의 식품으로 구성되었다. 쌀을 먹는 나라의 식사 방법을 보면 짠맛과 매운맛을 내는 소량의 반찬으로 대량의 밥을 먹었다. 쌀은 문자 그대로 주식으로서 자리를 차지했다.(그림 4)

### 식해와 스시

동남아시아와 동아시아의 식생활에는 공통점이 많이 있다. 양쪽 모두 벼농사 지대로, 벼농사를 축으로 하는 생활 방식을 갖는다. 그 좋은 예로 식해가 있다. 식해는 일찍이 중국의 한족도 만들었는데, 지금은 만들지 않는다. 하지만 중국 서남부에서는 지금도 식해를 만드는 소수 민족이 있다. 이 사실로 미루어 보아, 중국에는 동남아시아 쪽의 민족으로부터 전래되었을 가능성이 있다. 식해 계통의 식품은 한반도에서도 볼 수 있다.

지금의 스시는 신선한 생선살을 초로 맛낸 밥 위에 얹어 그 자리에서 내주는 즉석 요리이다. 그러나 원래는 생선절임 식품의 보존식이었다. 밥과 소금에 절인 생선을 교대로 항아리나 나무통에 담고, 위에 무거운 돌로 눌러둔다. 그렇게 몇 개월 지나면 삭아서 질척질척해지는데, 이렇게 생선을 보존한 것이 스시이다.[3]

---

3.  88쪽 '나레즈시 분포도'를 참조하기 바란다.

중국 하면 흔히 한족을 떠올리지만, 동아시아와 동남아시아의 식생활 관계를 고찰할 때는 중국 소수민족과의 관계를 확인하는 것이 중요하다. 그러면 동남아시아와 동아시아가 이어져 있는 사실을 알 수 있다. 이를 바탕으로 살펴봤을 때 어장(魚醬)과 식해는 논농사와 함께 동남아시아에서 동아시아로 전파된 식품일 가능성이 높다.

어장과 식해는 민물고기 보존 기술로 발생했을 것으로 추정된다. 논은 벼를 재배하는 곳일 뿐 아니라 부식으로 물고기를 잡는 수전(水田) 어업이었다. 이러한 생활양식은 동남아시아에서 일본에 이르는 일련의 지대에 분포되어 있다. 이외에 메로 쳐서 만드는 도병(搗餠)의 분포도 동남아시아와 동아시아의 연속성을 보여준다.[4]

### 동아시아와 동남아시아의 만능 조미료

조미료에 대해 생각해보자. 동아시아에서는 된장과 간장 같은 발효성 조미료가 만능 조미료로 사용되고 있다. 서양에는 소금 이외에는 어떤 요리에나 쓰이는 만능 조미료라는 것이 없다. 미국에서 산업화한 토마토 케첩이 있지만, 이것의 역사는 아주 짧고, 된장과 간장 정도의 만능성은 찾을 수 없다.

동아시아와 동남아시아의 식문화에 나타나는 공통점은 연속적 요소를 가지면서도 다른 점이 있다. 현재 동남아시아에서는 된장과 비슷한 대두 발효 조미료, 간장 또는 더우츠(豆豉) 등이 있는데, 이들은 대부분 동

그림에 나온 조미료·양념은 주로 부식용으로, 각 지역을 특징짓는 것을 나열했다. 젖갈 이외의 동물성 조미료는 모두 생략했다. 소금, 감귤류, 식초, 술, 감미료 등 널리 분포하고 있는 것도 제외했다. 그림은 신대륙 발견 이전, 15세기를 기준으로 나타낸 분포도이다.

**그림 5. 세계 주요 조미료와 양념**

4. 찹쌀을 쪄서 만든 찰밥을 절구에서 치는 도병과 같은 것이 중국 서남부 소수민족이나 인도차이나반도의 산악 지역에 분포한다. 그에 비해 한족은 도병을 만들지 않는다. 중국어에서 빙(餠)이란 글자는 밀가루를 원료로 한 식품을 말한다. 설날에 중국 남부에서는 찹쌀떡과 비슷한 식품인 가오(糕)를 먹는 풍습이 있지만, 그것은 쌀가루 반죽을 쪄서 만든다는 점에서 도병과 다르다.

한반도의 떡은 가오의 계통과 도병이 있다. 이 같은 분포를 검토하면, 중국의 벼농사 지대라도 옛날에 도병을 만들었는지, 회전식 맷돌을 사용한 중국 북부의 영향으로, 도병이 가오로 변한 것이 아닐까 하는 가설이 성립된다. 식해와 도병은 벼농사의 전파를 생각할 때 주목해야 할 식품이다.

남아시아에 살고 있던 중국인들이 현지에 전파한 것이다. 동남아시아에는 어장이라는 게 있다. 어장은 어패류를 소금에 절여 발효시킨 젓갈, 또는 젓갈 국물인 어간장이다. 젓갈류는 아미노산의 감칠맛과 소금의 짠맛을 포함하고 있어, 조미료로 이용된다. 베트남의 뇨크맘(nouc-mam), 타이의 남플라(nam-pla), 미얀마의 나가피(ngapi), 필리핀의 파티스(patis)가 그런 어장들이다.

어장은 어떻게 만들까? 작은 생선이나 잔새우에 대량의 소금을 뿌려 저장한다. 그러면 어육과 내장이 발효되어 젓갈이 되며, 맑은 액체는 위로 뜨고 건더기는 가라앉는다. 이 액체가 뇨크맘이나 남플라 같은 어장이 된다. 자바의 테라시(terasi), 필리핀의 바고옹(bagoong), 말레이시아의 발라찬(balachan) 등 젓갈 위쪽의 액체가 아닌 젓갈을 페이스트 상태로 건조한 잔새우로 만든 고형상의 조미료도 있다.[5] 중국에는 후젠성과 광둥성에 위루(魚露)라고 부르는 어장이 있다. 산둥반도에는 새우젓을 페이스트 상태로 만든 샤아장(蝦醬)이 있고, 젓갈 위쪽의 맑은 액체를 따로 떠낸 샤아유오(蝦油)가 있다. 동남아시아에서 이 젓갈 조미료는 동아시아의 된장과 간장 같은 만능 조미료로 쓰인다. 특히 액상 조미료는 찍어 먹거나 뿌려 먹는 용도로 쓰기도 하고, 조림 요리의 맛내기에도 쓰인다.

에도시대 문헌을 보면, 생선으로 만든 조미료를 간장 대신으로 썼다는 내용이 있다. 중국 고대에는 어장이나 고기를 원료로 만든 육장(肉醬)을 사용했다. 거기에 누룩(麴)을 첨가하면서 생선이나 고기 대신에 콩이

나 곡물을 원료로 사용하게 되었고, 지금의 된장과 간장이 탄생했다.[i]

### 차는 동아시아에서 세계로

동아시아에서 전 세계로 퍼진 중요한 음료가 차(茶)이다. 차는 중국 서남부 및 그곳 국경에 접하는 동남아시아 산악 지역이 원산지라는 설이 가장 유력하다. 그런데 차 나무의 원산지로 생각되는 지역에서는 찻잎을 절임으로 만들어 먹었지, 음료로 마시지는 않았다.

중국 문명권이 들어서면서 차는 처음으로 음료가 되었고, 중국 주변의 한반도, 일본, 몽골, 티베트에서도 음료로 마셨다. 17세기에 유럽 사람들이 와서 차라는 음료를 처음 알게 된 뒤, 유럽식으로 변형된 홍차의 형태로 전 세계에 퍼져나갔다. 그전까지 차는 동아시아를 중심으로 한 지역 음료였다.

### 젓가락과 공기의 문화

젓가락을 사용하는 사람들의 식문화에 관해 이야기해보자. 먼저 식기에 관해 설명하자면, 유럽에서는 평평한 접시를 식기로 쓰며 수프도 접시에 담아서 낸다. 접시와 비교되는 동아시아의 그릇이 공기(椀)이다. 공기는 손잡이가 없는 깊은 그릇으로, 개인적으로 음식을 담아 먹는 데 사

---

5. 91쪽 '동아시아·동남아시아의 생선과 잔새우 발효 식품의 명칭'을 참조하기 바란다.

용된다. 중국, 한반도, 일본, 그리고 역사적으로 중국의 영향을 많이 받아
온 베트남은 젓가락과 공기를 사용하는 지대였다.

　동아시아에서 젓가락과 숟가락은 한 세트였지만, 중세 이후 점차 젓
가락만 사용하는 것으로 변화해 젓가락과 공기가 기본 식기가 되었다. 일
본에서는 수, 당의 유행을 받아들인 고대 귀족들이 수저를 썼지만 그 후
숟가락을 쓰지 않게 되었고, 중국에서는 명시대 이전에는 젓가락과 숟가
락 두 가지를 사용해 식사했지만 명시대에 들어서면서 숟가락이 사라졌
다. 명 왕조는 남방 사람 중심으로 만들어졌으며, 젓가락만으로 식사하
는 풍습은 중국 남쪽에서 왔다는 것이 중국문학자 아오키 마사루(靑木正
児)의 생각이다.⁶ 일본과 중국에서는 숟가락이 사라지고 젓가락 문화가
형성되었지만, 한반도에서는 여전히 숟가락과 젓가락을 사용하는 문화를
유지하고 있다. 식품영양학자 이성우(李盛雨)에 따르면 이 문화는 조선의
숭유주의, 즉 복고주의를 바탕으로 주(周)시대에 나라 때 쓰던 숟가락을
버리지 않았기 때문이라고 한다.(ii)

---

6.　장강 하류에서 끈기가 있는 자포니카종의 쌀을 상식으로 한 사람들은 숟가락 없이 젓
　　가락으로 밥을 먹었다. 이 풍습이 명대에 이르러 중국 각지에 보급되었다는 것이 '아오
　　키(靑木)설'이다.
　　아오키 마사루(靑木正児), 『아오키 마사루 전집 제9권(靑木正児全集第九券)』, 슌주샤
　　(春秋社), 1970
7.　중국 본초학의 고전인 명대의 『본초강목(本草綱目)』에는 1,892종의 동식물, 광물이 기
　　재되어 있고, 각 인체에 미치는 영향에 관련된 내용이 쓰여 있다.

개인용으로 바닥에 놓는 식탁을 '젠(膳)'이라 하고 한반도에서는 '소반'이라고 하는데, 이는 일본과 한국에서 발달했다. 중국에서는 식탁이 의자와 함께 사용되면서 소반이 사라졌다. 이러한 현상의 역사적 맥락은 '동아시아의 가족과 식탁'에서 자세히 다루고자 한다.

### 달력을 공유하는 민족

식문화는 음식의 재료가 되는 식품, 가공방법, 먹는 방법 이외에 식사의 배경이 되는 사상과 철학의 문제까지 포함한다. 중국에서는 '의식동원(醫食同源)' '약식일여(藥食一如)'라고 하여 '의(醫)'와 '약(藥)'과 '식(食)'은 근원이 같다고 보았다. 즉 배불리 먹으면 음식이고, 병을 치료하기 위해 입에 넣으면 약으로, 음식과 약은 아주 가까운 거리에 있거나 같은 것이었다. 중국의 식문화는 음양오행설(陰陽五行說)과 일종의 약물학이자 박물학인 본초학(本草學)과도 통한다. 본초학에 나타나는 중국의 약학 체계는 한반도와 일본의 식생활에 영향을 주었다.[7]

사상과는 다르더라도 연중행사는 먹는 일과 깊은 관계를 맺는다. 문명이란 달력을 동일하게 사용하는 것으로 생각할 수 있다. 하나의 문명이 퍼지면 달력을 공유하는 지역이 된다. 예를 들어 기독교 세계에서는 그레고리력이라는 달력을 사용해왔다. 또 이슬람교도는 지금도 이슬람 달력을 사용해 전 세계의 신도들이 같은 날 같은 종교행사를 치른다.

태양력의 도입 이전에 동아시아는 하나의 달력을 사용했다. 중국, 한

**표 1. 음식과 관련된 연중행사**

| | 일본 | 중국 | 한반도 |
|---|---|---|---|
| 1월 | 1일 정월 초하루. 도소주를 마시고 오조니(雜煮), 오세치 요리를 먹음<br>7일 정월 초이렛날. 칠초죽(七草粥)을 먹음 *참고: 오절구(五節句) 정월 초이렛날(1월7일) 삼짇날(3월3일) 단오(5월5일) 칠석(7월7일) 중양절(9월9일)<br>11일 가가미모치 깨기, 떡국, 팥죽을 먹음<br>15일 상원 대보름날. 팥죽을 먹음 | 1일 정월 초하루. 니엔가오(湯年糕), 쟈오츠(餃子), 만두 등을 먹음, 쌀밥을 먹으면 병에 걸린다고 하여 정월 초하루부터 닷새 간은 밥을 짓지 않음 *참고: 쌀밥은 해롭고, 밤과 잉어는 이로움과 이별, 생선과 감자류는 부귀로 통함<br>7일 정월 초이렛날. 7종 채소국을 먹음 *참고: 1일 닭, 2일 개, 3일 돼지, 4일 양, 5일 소, 6일 말, 7일 사람, 8일 곡물, 9일 과일, 10일 차<br>15일 상원. 경단을 먹음 *참고: 상원-복신 천관의 생일(1월 15일), 중원-지관의 생일(7월 15일), 하원-수관의 생일(10월 15일) 중국의 3대 명절 식품-원소병, 종(粽), 월병<br>25일 곳간 신의 축제. 진수성찬을 먹음 | 1일 세수, 정월 초하루. 선조에게 차례를 지냄, 세찬, 세주, 가래떡으로 떡국을 먹음<br>5일 시루떡을 먹고 가내 평안을 빔<br>15일 상원. 귀밝이술을 마시고 오곡밥(쌀, 보리, 콩, 팥, 조)과 약식을 먹음, 아침에 견과(밤, 호두, 잣, 은행 등)를 깨물면서 치아 건강을 기원함, 이날에 국수를 먹으면 장수한다고 함 |
| 2월 | 3일경 입춘 전날. 콩을 뿌리고 볶은 콩을 먹음<br>4일경 입춘 | 1일 중화절. 밀가루 경단을 먹음<br>3일 입춘, 춘병, 무를 먹음 | 1일 중화절. 풍신제, 노비일 쑥떡, 송편 등을 먹음 |
| 3월 | 3일 삼짇날. 백주를 마시고 쑥떡을 먹음<br>21일경 춘분 | 3일 삼짇날. 용린병을 먹으며, 바느질을 하지 않음 | 3일 삼짇날. 화채를 마시고 화전, 화면, 국수 등을 먹음<br>31일 전춘. 봄철놀이를 함 |
| 4월 | 8일 관불회. 감차를 마심 | 5일경 청명절<br>8일 관불회. 연등병, 아미밥을 먹음 | 6일경 한식. 동지에서 105일째, 과일, 술, 떡 등을 마련해 성묘, 찬밥을 먹음<br>8일 석가탄신일. 느티떡, 도미찜, 닭요리를 먹음 |

| 일본 | | 중국 | | 한반도 | |
|---|---|---|---|---|---|
| 5월 | 5일 | 단오. 창포를 장식하고 댓잎이나 떡갈나무 잎으로 싸서 찐 떡을 먹음 | 5일 | 단오, 천중절. 창포를 장식하고 댓잎 등으로 싸서 찐 떡을 먹음, 창포주를 마시고 오독병, 매괴병을 먹음 *참고: 굴원(屈原)의 고사. 오독-뱀, 두꺼비, 지네, 전갈, 도마뱀 | 5일 | 단오절. 쑥떡, 증편을 먹음 |
| 6월 | 1일 | 사빙(賜氷)절. 치아를 튼튼하게 한다는 해서 쌀강정을 먹음 | 6일 | 국수를 먹으면 좋은 일이 생김 | 15일 | 유두(6월 보름날). 유두면, 연병 등을 먹음, 국수를 먹으면 장수한다고 함 |
| | 21일경 하지 | | | | | |
| 7월 | 7일 | 칠석. 칠석 장식을 하고 소면을 먹음, 뱀장어를 먹음 | 1일 | 개귀문(開鬼門). 고기, 생선, 닭, 오리, 채소를 담은 5그릇을 문전에 올림 | 7일 | 칠석 |
| | 15일 | 중원 백중날. 우란분회(盂蘭盆會) | 7일 | 칠석 외. 과일, 술 등을 정원에 놓고 하늘을 보면서 먹음 | 15일 | 중원 백중날. 우란분회, 고깃국을 먹고 더위를 이겨냄 |
| | | | 15일 | 백중날. 성묘를 하고 만두, 고기, 생선요리를 먹음 | | |
| | | | 30일 | 개귀문 | | |
| 8월 | 15일 | 중추, 명월. 경단과 토란을 먹음 | 15일 | 중원절. 수박과 월병 등을 올리고, 원만을 기도함 | 15일 | 추석. 햅쌀로 빚은 술을 마시고 송편, 육포, 닭찜, 토란탕, 과일을 먹음 |
| | 23일경 추분 | | | | | |
| 9월 | 9일 | 중양절. 국화주를 마시고 국화밥을 먹음 | 9일 | 중양절. 가족이 산에 올라 국화주를 마시고 중양떡을 먹음 | 9일 | 중양절. 국화주를 마시고 국화전, 시루떡을 먹음 |
| 10월 | 돼지날 | 10월 첫째 해일. 돼지축제를 하고 돼지떡(콩, 팥, 깨, 밤, 엿 등으로 만듦)을 먹음 | | | 3일 | 개천절. 탁주를 막시고 콩떡, 소머리 또는 돼지머리 편육을 먹음 |
| 11월 | 15일 | 천세 엿 | | | | |
| 12월 | 22일경 | 동지. 호박을 먹음 | 8일 | 납팔절. 납팔죽(8가지 곡식이 들어간 죽)을 만들어 지인에게 보냄 | 22일 | 동지. 새알심을 넣은 팥죽을 먹음 |
| | 31일 | 섣달 그믐날. 해넘이메밀국수를 먹고 밤을 지샘 | 22일경 | 동지. 완탕을 먹음 *참고: 중국 남방에서는 찹쌀 경단을 먹음 | 30일 | 제석 |
| | | | 23일 | 송조(送竈). 조왕신에게 엿을 차려 올림 | 31일 | 제야. 김밥, 비빔밥을 먹음 |
| | | | 31일 | 제야. 수세주를 마심, 밤샘을 하면서 연반(年飯)을 먹음 | | |

반도, 일본은 그 달력과 동반되는 연중행사에서 공통점이 많았다. 표 1의 음식과 관련된 연중행사표를 보면, 행사를 함께하는 것은 음식을 함께하는 것이었다. 연중행사에 따르는 음식에는 이런 때는 이런 음식을 먹는다는 공통점이 있다. 이 표를 만든 중국 식문화연구가 다나카 세이치(田中靜一)는 일본, 중국, 한반도의 풍습은 연중행사에서 닮은 점이 많은데, 이는 중국에서 기원한 연중행사라고 해설한다.[iii] 중국에서는 사라진 것이 일본이나 한반도에는 남아 있는 경우도 있다. 예를 들어 설날에 도소주(屠蘇酒)를 마시는 풍습은 후한(後漢) 말기의 의사 화타(華佗)가 시작했는데, 지금은 남아 있지 않다.

### 식문화 연구 방향

동아시아의 여러 민족은 역사적으로 한족을 중심으로 형성된 중국문명의 강한 영향을 받았다. 그렇다고 해서 동아시아에서 한족 이외의 민족문화가 한족문화의 아류라는 뜻은 아니다. 동아시아의 여러 민족은 한족문화의 영향을 받았지만, 그것을 통째로 삼킨 것이 아니라 자기의 문화로 선택하고 받아들이고 변형시켜 독자적인 것으로 만들었다.

한자(漢字)가 지나온 길을 훑어보면 그 흐름을 확인할 수 있다. 문자는 문명의 매우 큰 요소 중 하나이다. 한자는 중국에서 발명되었다. 중국어와 한국어, 일본어는 전혀 다른 계통의 말이지만, 그것을 표현하는 방법으로 한자를 쓰고 있다. 문명의 원리로서 한자라는 것을 채용한 데 멈추지 않고, 자신들의 말을 더 잘 표현하는 방법으로 채택했다. 한자문화를 공유하면서 한반도에는 한글이 생겼고, 일본에서는 가나가 생겼다. 거대한 한자 문명권의 확산 가운데 각자 독자적 문화가 형성된 것이다. 식문화도 마찬가지이다. 동아시아의 식문화는 전통과 풍토를 바탕으로 구축된 민족의 역사적 유산이다. 그것은 동아시아만이 아니라 인류 전체에 공헌할 가능성을 지닌 문화이다.

　필자는 1980년경 미국의 식생활을 조사할 기회가 있었다. 당시 간장과 두부 등이 미국인들 사이에 점점 확산되고 있었다. 그때까지 미국인들은 콩을 가축 먹이로만 생각했는데, 건강에 좋은 두부와 간장을 만드는 재료로 재인식되면서 동아시아의 지혜가 미국에서 새로운 식문화를 만들었다. 식문화에 관한 연구는 인류가 공유하는 과거의 일을 주로 다루는 것 같지만, 인류의 미래에도 도움이 될 것이라는 가능성을 담고 있다.

(i)  이시게 나오미치(石毛直道)·케네스 러들(K. Ruddle), 『어장과 식해의 연구─몬순 아시아의 식사문화(魚醬とナレズシの研究─モンスーン·アジアの食事文化)』, 이와나미쇼텐(岩波書店), 1990

(ii)  이시게 나오미치(편), 『동아시아의 식문화(東アジアの食の文化)』, 헤이본샤(平凡社), 1981, 233~234쪽

(iii)  (ii)의 문헌, 215~217쪽

# 발효문화권

1986년

### 발효는 문화적 개념이다

발효와 부패 모두 미생물의 작용으로 유기물이 분해하는 현상이다. 일반적으로 그 작용이 인간에게 유용한 경우를 '발효'라고 부르고, 유해한 경우는 '부패'라고 부른다.

어떤 식품을 발효한 것과 부패한 것으로 분류하는지는 문화에 따라 다르다. 16세기 일본에 들어온 예수회 선교사는 일본인의 식생활을 두고 "아주 시커먼 쌀 소량에 짠 생선 약간, 그리고 된장국을 먹는다. 된장은 부패한 쌀과 삶은 밀과 소금으로 만드는데, 상당히 부패했을 때 이것을 먹는다"고 기록했다.[1] 또한 젓갈에 관해 일본과 포르투갈의 풍속을 비교해 "우리는 생선의 부패한 내장을 절대 먹지 않는데, 일본인은 그것을 술 안주로 삼아 먹는다"고 썼다.[i]

---

1. 원전을 찾을 수 없어서 다음의 문헌을 인용했다. 인용문의 '부패'는 원어로 어떻게 쓰여 있는지는 확실하지 않다. 하지만 엄밀히 '부패'에 해당하는 원어를 검색하지 않아도 번역했을 때 이 같은 표현이 된다는 인식 차이를 나타낸 것이다.
   모리모토 요시아키(森本義彰)·기쿠치 유지로(菊地勇次郎), 『개고 쇼쿠모쓰시(改稿 食物史)』, 다이이치 출판(第一出版), 1965

일본인에게는 발효 식품이지만 유럽인에게는 부패물로 여겨진 것이다. 발효 식품은 냄새, 질감 등이 강해서 이문화 식품 중에서도 저항감이 매우 강한 식품이다. 메이지시대 이후 일본이 서양 유제품을 받아들일 때도 치즈가 가장 나중에 보급되었는데, 냄새가 약한 프로세스치즈부터 먹기 시작했다.

**자연 발효**

음식을 방치해두면 발효를 촉진하는 미생물 스타터를 넣지 않아도 약간의 발효와 부패가 진행된다. 세계 각지에는 이 현상에 착안해 스타터를 넣지 않고 자연에 있는 미생물이 활동하기 쉬운 환경을 만들어서 전통 발효 식품을 제조하는 기술이 있다.

나카오 사스케(中尾佐助)가 말한 '매토발효(埋土醱酵) 식품[ii]이 그 좋은 예이다. 당분이 많은 과실, 수액을 이용한 전통 주조, 치즈 숙성, 절임류, 어장이나 식해 제조도 이 유형에 넣을 수 있다.

<u>절임</u>

독일식 김치인 자우어크라우트(sauerkraut)처럼 유산 발효시킨 채소 절임이 있기는 하지만, 유라시아 대륙의 인도 서쪽에서는 채소 자체를 발효시키는 것이 아니라 피클이나 아차르 같은 초절임이 일반적이다. 아차르라는 명칭은 서아시아, 인도 쪽에 기원이 있다.

네팔, 아삼 지역에서 인도차이나반도를 거쳐 중국, 한반도, 일본에 이르는 지대에는 채소 자체를 유산 발효시키는 절임류가 분포한다. 이는 곰팡이를 스타터로 술을 빚는 문화권과 거의 일치한다. 단, 동남아시아의 채소절임은 근세에 이르러 화교들이 전한 것으로, 중국 식문화 계통이 많다는 점을 유의할 필요가 있다.

절임을 잘 먹는 곳은 동남아시아이다. 중국에서는 쓰촨성의 파오차이(泡菜)처럼 저염으로 유산 발효시킨 절임류와 채소 자체를 발효시키지 않고 발효 조미료의 맛을 채소에 옮긴 쟝차이(醬菜)를 많이 만드는 것이 특징이다. 한반도를 대표하는 김치는 새삼 말할 필요가 없다. 일본에서는 헤이안시대 중기에 이미 현재의 소금절임, 장절임, 술지게미절임, 쌀 또는 콩가루와 소금을 섞어 절인 쌀겨절임(糠漬) 등이 있었다.

일본의 절임 식품은 별도의 절임용 국물을 준비하지 않고 바로 채소에 소금을 섞은 소금절임이 많고, 쌀겨절임처럼 미생물이 자라도록 해서 재료를 절일 때 사용하는 지상(漬床)을 이용하는 절임이 발달했다는 것이 특징이다. 곰팡이 스타터인 누룩을 이용하는 절임도 있지만, 이 경우 채소 자체를 발효시킨다기보다는 독특한 풍미를 내기 위한 것이다.

## 나레즈시

나레즈시(なれずし)는 생선 발효 식품이다. 소금에 절인 어패류에 익힌 곡물(보통은 쌀밥이나 조밥)을 섞어서 유산 발효시킨 보존 식품으로

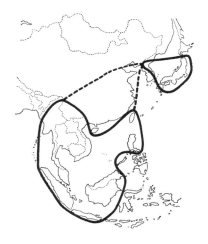

점선은 일찍이 식해가 존재했지만 지금은 사라진 지역을 가리킨다.

그림 1. 나레즈시 분포도

한반도와 중국에서는 식해라고 한다. 고기를 원료로 한 나레즈시도 있다.

한 가지 견해로, 태국 동북부 혹은 라오스의 메콩 강 근처의 고대 경작민이 나레즈시를 만들었을 가능성이 높다. 한(漢)시대에는 장강 하류지대까지 퍼졌지만, 물고기를 먹는 습관이 없는 몽골인이 지배한 원나라 때부터 나레즈시는 점차 사라져 현재는 중국 서남부의 소수민족 음식으로 남아 있다.

나레즈시가 문헌에 처음 등장하는 것은 『대보율령(大寶律令)』과 아스카시대(飛鳥時代, 592~710) 말기 야마토의 아스카에 있었던 도읍 후지

와라쿄에서 출토된 목간(木簡)이다. 쌀밥과의 결합 관계가 중시한다는 점에서 보면 야요이시대에 논농사와 함께 전해진 식품일 가능성도 있다. 무로마치시대(室町時代, 1392~1568)부터 독자적으로 스시의 진화가 시작되어 현재 즉석 식품인 니기리즈시(にぎりずし)가 되었고, 보존 식품이었던 나레즈시는 후나즈시(鮒ずし, 붕어초밥)가 남아 있는 정도이다.

한반도에는 벼농사를 짓지 않는 북부 동해안 지대에 조밥, 맥아, 양념을 섞은 식해가 있다. 하지만 전통적인 벼농사 지대인 남부 지방에는 식해가 존재하지 않는다. 다시 말해 한반도의 식해는 중국의 화북 지역에서 한반도의 화전 경작 지역으로 전해진 것으로 보인다.

그림 1에서 보듯이 나레즈시는 대만, 인도차이나반도, 말레이시아, 인도네시아, 필리핀의 일부에도 분포한다. 한반도와 대만 고산족(高山族)에서는 조밥을 이용한 나레즈시가 있고, 보르네오(칼리만탄)의 화전 농경민이 만드는 나레즈시를 제외하면 나레즈시의 분포는 전통적인 논농사 지대와 일치한다.[iii]

### 각종 어장

어장은 효소의 단백질 분해작용으로 만들어진 식품이지만, 넓은 의미에서 발효 식품이라고 할 수 있다. 어장이라는 말은 젓갈을 가리키기도 하고, 어간장을 가리키기도 하는데, 여기서는 어패류나 잔새우에 소금을 섞어 부패를 방지하면서 원료에 포함된 효소의 작용에 따라 근육 일부가

용해해 구성 요소인 아미노산류로 분해시키는 의도를 갖고 제조된 식품을 총칭한다.(iv)

　아시아의 어장을 크게 나누면 표 1과 같이 젓갈, 젓갈 페이스트, 잔새우젓 페이스트, 어간장, 잔새우 간장으로 다섯 가지 종류가 있다. 젓갈 페이스트는 어육을 으깨서 젓갈로 가공한 것인데, 쉽게 풀어져서 조미료로 이용하기 쉽다. 장기간 발효 숙성된 어육은 대부분 분해되어 액체 상태가 되는데, 젓갈 위에 모인 맑은 액체를 모아 거르면 투명한 갈색을 띤 액체 조미료가 나온다. 이것이 어간장이다. 일본에서는 아키타현 숏쓰루(ショッツル), 노토반도의 이시리(いしり)가 유명하고, 동남아시아에서는 베트남의 뇨크맘이 유명하다. 표 2와 같이 어간장은 중국이나 동남아시아 여러 나라에 있다. 잔새우를 젓갈 식품으로 가공하면 진하고 독특한 맛이 난다. 동남아시아 해안에서는 잔새우젓 페이스트가 중요한 조미료로 이용되며, 어간장처럼 제조한 새우 간장도 있다.

　현재 일본에서는 젓갈이 기호 식품화되어 소비량이 국민 1인당 연간 200g 정도로 줄었다. 하지만 예전에는 해안 지역에서 중요한 보존 식품이었다.(v) 한반도에서는 일상 식사에 빠지지 않는 김치를 통해 간접적으로 섭취하는 젓갈의 양도 많다.

　중국에서 어장은 산둥반도, 후젠성과 광둥성의 일부, 대만에 한정된 식품이다. 그러나 과거에는 누룩을 넣어 만드는 어장이 발달했다는 사실이 주목된다. 이와 관련해서는 뒤에 자세히 설명하겠다. 동남아시아에서

표 2. 동아시아, 동남아시아의 생선과 잔새우 발효 식품의 명칭

| 지역/제품 | 젓갈 | 젓갈 페이스트 | 잔새우젓 페이스트 | 어간장 | 잔새우 간장 | 나레즈시 | 기타 | 보충 |
|---|---|---|---|---|---|---|---|---|
| 일본 | しおから | | | ショッツル イシリ イカナゴ醤油 | | すし* | | *현재는 다른 스시가 발달했으므로 구분을 위해 나레즈시라고 함 |
| 한반도 | 젓갈 | | | | | | | |
| 중국 | 鰕醬* 鹹魚** 魚醬*** 鹹鮭***** | | 蝦醬 | 魚露 鮑油 魚醬油 | 蝦油 | 鮓 | 魚醬**** | * 생선내장젓갈 전장의 명칭 ** 산둥의 명칭 *** 산둥반도의 명칭 **** 몐난의 명칭 ***** 누룩을 넣은 고전적 어장 |
| 베트남 | mam chua | | mam rouc mam tom | nuoc mam | nuac man tom chat | mamtom chat* | Mam chua** | |
| 캄보디아 | | pra hoc | kapi | tuk trey | | phaak | | |
| 라오스 | | pa deak | | | | sompa | mam | |
| 태국 | pla dra pla ra tai pla* | | kapi | nam pla bu du | nam kapi | pla ra pla som | pla jao** | *생선의 내장 젓갈 **붉은쌀 스타터를 이용 |
| 미얀마 | ngapi-goung | ngapi-seine-za | busun-na-gapi (hming-nagapi) | nganbyaye | bazun-nganbyaye | ngaching | | |
| 방글라데시 | | | naapi | | | | | |
| 말레이시아 | | | belacan | budu | | perkasam ikan masin | cincalok* | *잔새우 나레즈시에 누룩을 넣음 |
| 인도네시아 | | terasi ikan | terasi udang | kecapikan | | | | |
| 필리핀 | bagoone | | dinailan ginamos | patis | | burong isda | | |

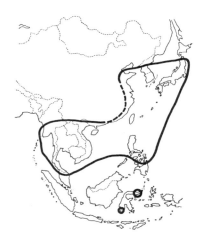

**그림 2. 젓갈의 분포도**

는 인도네시아에 분포하고 있으며, 필리핀 북부와 중부의 여러 섬이 젓갈 지대이다.(그림 2)

　　가축의 젖을 이용하지 않았던 동남아시아와 동아시아의 농경 지대에서는 사람들의 일상 식사에서 고기가 차지하는 비중이 작다. 단백질도 주식인 쌀에 의존하는 식사 패턴이다. 필요한 에너지뿐 아니라 단백질도 필수 아미노산의 균형이 좋은 쌀에 의지하는 경향이 강한 식사 패턴에서 부식물은 짭짤하거나 고추 등의 향신료로 맛을 낸 음식이 소량만 있으면 충분했다. 이 소량의 식욕증진제로는 보존성이 높은 데다 별도의 조리가 필요 없는 젓갈이 적합하다.

젓갈 페이스트는 인도차이나반도의 민물고기 지대인 캄보디아, 라오스, 미얀마에 분포한다. 캄보디아와 라오스는 크메르문화의 영향이 강한 곳이다. 한편 미얀마족은 원주민인 몽족에게 젓갈을 이어받았을 가능성이 높다. 그렇다면 젓갈 페이스트는 몬크메르어족이라고 하는 오스트로아시아어족이 기원일지도 모른다. 인도네시아에 테라시이칸이라는 젓갈 페이스트가 있는데, 이는 계통이 다르다. 테라시라는 잔새우젓 페이스트에 새우 대신에 생선을 원료로 만든 것이다.

어간장은 젓갈의 국물을 조미료로 이용하면서 부산물이 아니라 조미용 액체 채취를 목적으로 기술이 개선되면서 만들어진 식품이다. 현재 동남아시아에서는 인도차이나반도 전역과 필리핀, 인도네시아에 일부에 분포하지만, 대부분은 20세기 이후 상업적으로 제조했다. 그 이전에 어간장 전통이 확립된 곳은 베트남뿐이었다. 중국에서는 광둥성, 후젠성, 산둥성 해안에서 만들어졌지만, 예전에는 해안 지역 전역에 분포했을지 모른다.

일본에서는 어간장이 벽지에서 간장과 된장의 대용품으로 쓰였다고 에도시대에 펴낸『혼초숏칸(本朝食鑑)』의「멸치, 정어리」항목에 쓰여 있다. 메이지시대에는 혼슈, 시코쿠 각지에서 만들어졌지만, 간장의 보급과 함께 사라졌다. 일본, 중국, 베트남의 전통적 어간장은 각각 독립적으로 발생했지만, 세 곳의 어간장이 어떤 연관성이 있는지 밝혀주는 자료는 발견되지 않았다.(그림 3)

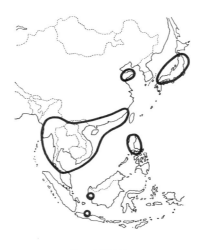

그림 3. 어간장의 분포도

잔새우로 만든 어장은 중국과 베트남, 태국, 미얀마에서 발견되는데, 이들은 각기 다른 독특한 풍미를 갖고 있다. 잔새우를 원료로 하는 젓갈 페이스트는 만드는 법에 따라 두 종류가 있다. 하장은 중국 연안 지역에서 나오는 것으로, 새우젓처럼 장기간 발효되면서 새우 형태가 뭉그러지고 젓국이 많은 페이스트 상태가 된다. 이와 달리 동남아시아의 잔새우젓 페이스트는 원료인 잔새우를 약간 말린 뒤 소금을 섞어 으깨서 페이스트 상태로 만든 다음에 발효시킨 것으로, 하장에 비해 굳기가 되직한 편이다.

동남아시아의 어장은 인도차이나반도의 연안 지역, 방글라데시의 버마족 거주 지역, 말레이반도, 수마트라, 자바 일대에 분포하고, 필리핀, 보

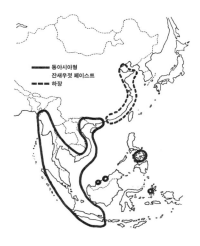

**그림 4. 동아시아형 잔새우젓 페이스트와 하장의 분포**

르네오, 테르나데섬에 부분적으로 분포해 있다.(그림 4) 과거 인도차이나 반도 연안 지대에 분포되어 있던 오스트로네시아계의 참족과 오스트로아시아계의 몬족이 기원에 관여되었을 가능성이 있다.

잔새우젓 페이스트는 젓갈처럼 부식으로 사용되기보다는 주로 조미료로 쓰인다. 특히 다른 어장이 발달하지 않은 말레이반도 남부에서 자바에 이르는 지역에서 중요한 조미료로 활용된다.

고대 로마에 가룸(garum) 또는 리쿠아멘(liquamen)이라는 어간장이 있었지만, 로마제국의 멸망과 함께 사라졌다. 현재 유럽에서 어장의 잔재로 안초비(anchovy) 젓갈과 안초비 소스가 남아 있는 정도이다. 유럽과 동남아시아 사이의 지역에는 어장이 존재하지 않는 것으로 보아 동남아시아, 동아시아의 어장은 고대 로마의 어장과는 무관하게 발달한 것으로 볼 수 있다.

### 동서의 술 만들기

술의 알코올 성분은 당류가 효모 작용으로 발효되어 만들어진다. 그림 5는 세계의 전통술을 유형화한 것이다. 꿀, 과실, 수액, 젖을 원료로 하는 술을 '당분술'이라 부르는데, 스타터를 넣지 않고도 원료 속 당분이 자연계에 존재하는 효모의 작용으로 알코올을 만들어낸다.

그러나 전분을 원료로 술을 만들 때는 전분을 당분으로 변화시키는 작업이 필요하다. 이때 사용되는 스타터가 타액, 맥아, 곰팡이 등이며, 스타터의 효모 작용으로 전분을 분해한다. 타액을 스타터로 하는 술은 일찍이 중남미에 널리 퍼져 있었다. 동아시아에서는 일본 고대에 미나미큐슈에 있었고, 13세기에는 캄보디아, 오키나와, 아이누 사람들, 중국 변경 지대, 대만 고산족 지대에도 있었다.[vi]

구세계에서 전분을 원료로 하는 술 만들기는 맥아 또는 곰팡이를 이용하는 기술이 주류를 이룬다. 유럽, 아프리카 등 구세계의 서쪽은 곡물의 발아 때 생기는 당화효소를 이용한 술 만들기가 이루어지고 있다. 그 대표가 맥주이다.

동아시아에서는 곡물이 발아할 때 당화작용이 일어나는 것을 알고

| | 원료 | | 당화법 | 양조주 | 증류주 | 주요 분포지대 |
|---|---|---|---|---|---|---|
| 당분술 | 벌꿀 | | | 벌꿀술 | | 동유럽, 사하라사막 이남의 아프리카, 중남미 |
| | 과일 | 포도 | | 와인 | 브랜디 | 지중해 |
| | 수액 | 야자류 | | 야자주 | 아락 | 아프리카, 인도, 동남아시아 |
| | | 용설란 | | 풀케 | 데킬라 | 중남미 일부, 멕시코 |
| | 젖 | | | 쿠미즈 아이락 | 아르히 | 몽골, 시베리아, 중앙아시아 |
| 전분술 | 곡류 감자류 | 옥수수 마니오크 | 타액 | 치차 | | 중남미 |
| | | 보리 | 엿기름 | 맥주 | 위스키 | 북서유럽 |
| | | 잡곡 | 엿기름 | 품프 | | 사하라사막 이남의 아프리카 |
| | | 쌀 | 곰팡이 | 황주(중국) 청주(일본) | 백주(중국) 소주(일본) | 동아시아, 동남아시아 |

**그림 5. 세계 전통술의 유형**

있었다. 한반도에는 발아를 이용한 전통 식품이 여럿 있다. 고대 중국이나 일본에도 맥아를 이용한 주조법이 문헌 기록으로 남아 있고, 인도의 나갈랜드와 아삼 지방에서 벼의 싹을 이용한 주조가 현존하고 있다. 그러나 네팔 동쪽, 히말라야 남쪽 기슭 지역부터 동남아시아, 동아시아에 이르는 지역에서는 술을 만들 때 대부분 곰팡이, 다시 말하면 누룩을 이용한다. 누룩은 곡류에 곰팡이를 생기게 한 것으로, 곰팡이를 발생시키기 위한 여러 가지 기술이 있다. 일본에는 누룩곰팡이의 포자를 채취해 종국으로 이용하는 고도의 기술이 있으며, 대만이나 히말라야 지역에서는 식

물의 잎이나 나무껍질, 꽃 등에서 곰팡이를 이식하기도 한다.[vii]

하지만 술을 만들 때마다 자연 상태에 있는 곰팡이를 이식한 것은 아니다. 일본은 누룩가게에서 곡류에 곰팡이를 피운 누룩을 판매했는데, 양조장이나 가정에서 이것을 스타터로 이용했다.

이와 같은 제품으로 막누룩(餅麴)과 흩임누룩(撒麴)이 있다. 곡류 가루나 곡식을 부순 것을 뭉친 뒤 거미줄곰팡이, 털곰팡이에서 생긴 막누룩은 중국 화북 분식 지대에서 만들어졌다. 화교가 진출한 동남아시아와 한반도에서는 막누룩이 일반적이다. 그에 비해 일본은 쌀알에 누룩곰팡이를 넣어 생긴 흩임누룩을 만들어 사용했다.[2]

술 만들기의 연장선에 있는 것이 양조식초 만들기이다. 유럽의 과실주 지대에서 포도식초나 사과식초를 쓰고, 맥주 지대에서는 오래전부터 맥아식초를 썼다. 북아프리카에서 서아시아, 인도에 이르는 지역과 이슬람이 우세한 말레이시아, 인도네시아에서는 종교상의 이유로 술을 만들지 않는 경우가 많았다. 따라서 양조식초 제조는 발달하지 않았고, 감귤이나 콩과의 타마린드(tamarind)를 산미료로 사용한다. 필리핀에서 사탕수

**2.** 일본 독자의 누룩이 만들어진 내용에 관해서는 이전부터 발효연구자 사이에서 논의되어왔지만, 아직 뚜렷한 결론이 나지 않고 있다. 이에 대한 논의는 다음 책을 참고하기 바란다.
고자키 미치오(小崎道雄)·이시게 나오미치(石毛直道)(편), 『발효와 식문화(醱酵と食の文化)』, 도메스 출판(ドメス出版), 1986, 123~125쪽

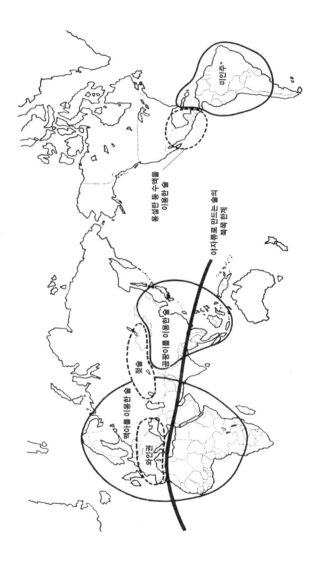

*미인주 : 여인들이 쌀과 같은 곡물이나, 잎이줄기 채소, 나무열매 등을 입에 넣고 씹고 씹은 뒤 그것을 토해서 모은 것을 방치해서 만드는 술

그림 6. 전통술 만들기의 분포 모식도

수나 니파야자, 코코야자로 식초를 만드는 것을 제외하면, 다른 동남아시아 나라에서도 화교들이 만든 양조식초가 팔리기 전에는 감귤류와 타마린드가 산미료였다. 누룩술 만드는 기술보다 한층 위인 식초 제조 기술을 지닌 것은 동아시아의 중국, 한반도, 일본에 한정된다.

### 낫토류 발효법

콩류와 곡물을 원료로 발효 식품을 만드는 것은 누룩술 주조문화권의 특색이다. 말할 필요도 없이, 이들 발효 식품의 원료로 가장 중요한 것은 대두이다. 보통 대두는 말려 볶거나 삶는 방법으로 조리한다. 말린 콩은 단단해 바로 먹기가 힘들어서 부드럽게 될 때까지 시간과 연료가 필요하다. 그래서 볶아서 콩가루로 만들거나 싹을 틔워서 콩나물을 만들고, 두부, 튀긴 두부 등으로 가공 방법을 연구했다. 이는 양질의 아미노산을 함유하고 있을 뿐 아니라 발효에 따라 감칠맛이 생기는 대두의 특성을 잘 살린 우수한 식품가공법이다.

가장 단순한 대두 발효법은 가열한 다음 발효를 위한 스타터를 넣고 그냥 두는 것이다. 그다음은 자연에 맡겨두면 된다. 이때 소금을 넣지 않고 대두를 발효시킨 식품이 낫토(納豆)이다.

일찍이 식품학자 나카오 사스케(中尾佐助)는 일본의 낫토, 히말라야의 키네마(kinema), 자바의 템페(tempeh)를 정점으로 하는 '낫토 삼각형' 가설을 제창하고, 이 삼각형 안에 특징적인 식품을 몇 가지를 기술했

**그림 7. 낫토류와 곡장의 분포도**

다.(viii) 나카오가 말한 3개의 대두 발효 식품 외에도 다양한 무염발효 대두 식품이 누룩술 지대에 분포하고 있다.

한반도의 청국장은 일본의 낫토처럼 삶은 콩을 볏짚으로 싸서 만든 것으로 낫토와 마찬가지로 끈적한 실이 나온다. 태국 북부에서 미얀마의 산고원에 걸친 지역에는 삶은 콩을 여러 날 발효시켜 으깬 다음 얇은 원반 모양으로 만든 투아나오(tua-nao)가 있다. 중국 윈난성의 타이족, 푸란족의 더우시(豆豉, 더우츠와 같은 어원일 것이다) 가운데는 투아나오와 형태가 같은 것도 있다. 동부 네팔과 시킴의 키네마, 인도와 미얀마 국경 나가 지방의 아그니(agni), 미얀마 샨주의 페보(pe-bout) 등도 대두 발효 식품이다. 키네마와 아그니는 삶은 대두를 큰 잎으로 싸서 만든다. 인도 나갈랜드에서는 삶은 대두를 스타터 없이 그냥 두어 자연 발효시키기도 한다.

인도 아삼에서 태국 북부에 이르는 지역에서는 씹는차를 가열한 찻잎을 특별한 스타터 없이 저장해 발효시키는데, 무염발효 대두 분포 지대와 중복하는 것이 주목된다. 술, 식초, 대두 제품 이외에 소금을 넣지 않고 발효시키는 식품은 많지 않은데, 채소류 절임은 네팔과 일본 등 곳곳에 있고, 죽순을 소금 없이 발효시킨 식품이 나갈랜드, 동남아시아, 중국 서남부에 있다. 아삼 지방에서 인도네시아 북부를 지나 중국 서남부에 이르기까지 무염발효 식품의 센터라고 생각할 수 있겠다.

자바섬을 중심으로 하는 템페는 삶은 대두를 산삼 잎, 티크 잎 또는 바나나 잎으로 싸놓는다. 실을 내는 낫토나 키네마는 박테리아(낫토균의 일종), 템페는 곰팡이(거미줄곰팡이)가 작용하는 등 미생물의 차이는 있지만, 볏짚과 잎 등이 미생물의 이식 및 미생물의 환경을 안정시키기 위한 스타터로 이용된다는 공통점이 발견된다. 이것은 누룩술 만들기의 원시적 기술이 응용된 식품일 것이다.[ix]

볏짚과 잎을 활용한 미생물의 이식은 중국에서 6세기 전반에 나온 『제민요술(齊民要術)』의 메주 만드는 방법에서도 찾아볼 수 있다. 삶은 대두를 방 안에서 발효시키는데, 조나 기장 짚 또는 삘기의 생풀을 스타터로 이용했다. 이보다 앞서 나온 『식경(食經)』[3]에 쓰인 방법을 인용해 삘기를 스타터로 하여 대두에 곰팡이를 심은 후, 찹쌀누룩, 소금, 대두 삶은 물을 섞어 다시 발효시키는 제조법이 있다. 이는 간장 만들기의 원형이라고 할 수 있다.

현재 중국에서는 무염 대두 발효 식품은 사라지고, 삶은 대두를 누룩방에 넣고, 곰팡이실이 나온 다음에 소금, 밀가루 또는 쌀을 물에 섞어서 숙성시킨 발효 식품이 있다. 옛날에는 이것을 염시(塩豉) 또는 함시(鹹豉)라 불렀고, 지금은 더우츠라 부른다. 염시라는 명칭이 처음으로 나온 것은 중국 후한의 문헌에서이다.

동남아시아 각지에서 이와 같은 종류의 제품이 있는데, 그 대부분이 근세에 화교들이 가지고 온 것이다. 인도네시아에서는 '타오초(taoco)'라고 부른다. 이것은 더우츠의 중국 남방식 발음이 인도네시아어화한 것으로, 더우츠가 인도네시아 요리에 쓰인 것은 화교가 많은 도시 지역에서 시작되었다. 대두 발효 식품 중에서도 더우츠 계통 식품의 기원은 대두의 기원지와 관련이 있는데, 대두의 기원이 중국 동북 지역설과 중국 남부라는 설이 있다.[4] 그러나 하나의 기원지가 아니라 여러 기원지에서 전해졌을 가

---

3.   현재는 문헌이 없어졌지만 『제민요술』을 인용하고 있는 『최호식경(崔浩食經)』이라는 책에 있었다고 한다.
4.   문화인류학자 요시다 슈지(吉田集而)는 중국 남부 기원설을 주장했다. 동북 기원설은 다음 문헌을 참고하기 바란다.
     이성우, 「한국의 음식사회사(4)」, 『아시아공론』 8월호, 1979

능성도 있다.

소금이나 누룩을 넣는지 어떤지 그 원초적 단계는 그다지 문제 되지 않을지도 모른다. 투아나오를 제조할 때 소금을 넣는 것도 있다. 미얀마 북부의 페나피(pe-ngapi)라고 부르는 식품은 삶은 콩에 소금을 넣어 발효시킨 뒤 으깬 것이다. 부탄에는 삶은 대두에 막누룩을 스타터로 섞어 소금을 넣지 않고 대나무통에 넣어 발효시킨 스리도데(sheuli dode)라는 식품이 있다. 윈난에서 히말라야에 걸친 지대에는 이 같은 종류의 다양한 식품이 존재한다. 주목할 점은 앞에 말한 어장과 대두 발효 식품이 종종 호환성을 보인다는 것이다. 예를 들어 페나피는 '콩의 나피'라는 뜻인데, 나피는 젓갈 페이스트를 가리킨다. 미얀마 남부에서는 민물고기로 만든 젓갈 페이스트가 아주 중요한 부식물 겸 조미료이지만, 생선이 적은 미얀마 북부에서는 대두로 만든 페나피가 그 역할을 하고 있다. 태국에서는 동북부보다 북부의 어장 소비량이 적은데, 그 이유는 투아나오를 사용하기 때문이다. 동물성과 식물성이라는 차이가 있지만, 이들 지역에서는 양쪽 모두 기본적인 단백질 공급원일 뿐만 아니라 감칠맛을 지닌 식품이다.

## 감칠맛 문화권

대두에 균을 이식해 만드는 낫토에 소금을 넣은 것이 더우시이다. 대두에 직접 곰팡이를 생기게 하는 콩 누룩을 원료로 만든 일본의 마메미소(豆味噌), 다마리쇼유(溜醬油), 한반도의 된장과 간장이 이 계열의 식품이다. 한편 고대 중국에서는 이미 장 계열의 발효 식품이 존재했다. 여기서 장이란 곡류의 누룩을 스타터로 사용해 만든 가염 발효 식품을 말한다.[5] 일본에는 밀 누룩이나 쌀 누룩을 사용해서 만든 된장, 간장 종류가 있었고, 중국에도 다양한 종류의 장이 있었다.

중국의 장은 육장과 '어장'을 기원으로 한다(생선과 소금으로 만드는 어장과 중국 고전에 기록된 누룩을 사용한 것과 구별하기 위해 작은따옴표를 붙여서 쓰기로 한다).

전국시대 말에 성립되었다는 『주례(周礼)』의 해인(醢人)에 2세기 말 정현(鄭玄)이 붙인 주(註)에 따르면, "해(醢)나 니(臡)를 만들 때는 우선 고기를 판에 붙여서 말린 다음 이를 두들겨서, 정제한 조 누룩과 소금을 섞고, 좋은 술에 빚어 항아리에 넣어서 진흙으로 입구를 밀봉하고 백일 지나면 된다"고 했다. 이때 뼈가 붙은 고기로 만든 것이 '니'이고, 뼈가 없는 고기로 만든 것이 '해'이다. 『주례』에는 어해(魚醢)라는 문자도 나오는데, 해(醢)는 육장, 어해는 '어장'이라고 했다.

곡장(穀醬)이 처음 기록된 것은 후한시대 이후이다. 공자는 "그 장(醬)을 얻지 못하면, 먹을 수 없다"라고 했는데, 이때의 장은 육장이나 '어

---

5. 현대 중국에서는 장이라는 말은 넓게 페이스트상의 식품을 나타낸다. 따라서 발효 식품 이외의 果子醬(잼), 芝麻醬(깨 페이스트), 花生醬(땅콩 페이스트) 등 '醬(장)'이라는 글자를 붙인 것이 있다.

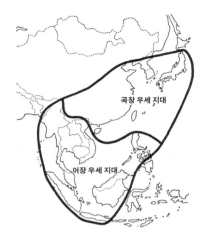

그림 8. 동아시아, 동남아시아의 조미료 문화권

장'을 가리킨다. 해 또는 육장, '어장'의 주재료인 고기, 생선이 나중에 콩류나 곡류로 바뀌는데, 이를 곡장이라고 한다. 『제민요술』에는 콩을 원료로 한 거르지 않은 상태의 식품을 '장'이라 기재했다. 육장과 '어장' 제조법도 쓰여 있으며, '어장' 국물을 조미료로 쓴 다섯 가지 요리법도 나온다. 진미 식품으로 여겨진 '어장'은 명(明)시대 『준생팔전(遵生八牋)』까지는 만드는 방법이 쓰여 있었지만, 그 이후에는 잊힌 식품이 되었다.[6]

　보통 곡장 또는 두장(豆醬)이라고 불리는 것은 제조 기술의 계통론으로 보면 앞에서 다룬 더우시 계열과 장 계열에 포함되어 있다. 그러나 두 계통이 식품의 형태나 이용법에서 공통된 점이 많으므로 앞으로는 모두 곡장으로 표기하겠다.

한반도에서는 생선 젓갈이 부식 및 김치 재료로 대량 소비된다. 하지만 큰 흐름으로 보아 동아시아는 곡장이 탁월한 지대라고 말하는 편이 좋다. 특히 조미료로서 중요한 곡장은 동아시아의 맛을 특징짓는다. 한편 동남아시아에서는 같은 누룩술 지대에서도 낫토계 식품 외의 식물성 발효 식품은 발달하지 않았다. 동남아시아의 맛의 특징은 어장에 있다. 즉 누룩술 지대 음식의 맛을 곡장 탁월 지대와 어장 탁월 지대로 나눌 수 있다.(그림 8)

곡장의 감칠맛은 주성분이 아미노산이지만, 어장에 대한 단편적인 아미노산 분석이 소수 발표된 정도이다. 필자는 동아시아와 동남아시아의 다양한 어장 표본 300점 가운데 대표적인 표본 38점을 분석했다. (아지노모토주식회사 중앙연구소)

어장의 아미노산 조성을 분석한 결과, 어장 대부분에 가장 많이 함유된 것은 글루탐산(glutamic acid)으로 밝혀졌다. 원료 생선의 아미노산 조성과 최종 제품을 비교해보면, 어종과 제조법의 차이에도 불구하고 발효 후의 아미노산 조성은 거의 동일했고 글루탐산이 가장 많이 생성된 것으로 증명되었다.

6.  대만의 둥스의 민족 커자족(客家)이 '산주쿠이(山猪鮭)'라는 육장을 만드는 예가 있을 정도이다.

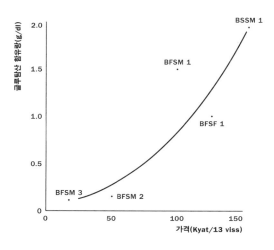

**그림 9. 어간장의 판매가와 글루탐산 함유량의 관계**
출처: 이시게 나오미치·케네스 러들, 「어장의 화학분석과 감칠맛의 문화권—생선 발효 식품의 연구(6)」,
『민족학박물관 연구보고』, 제12권 제3호, 1978, 801~864쪽

일본산 간장과 각지에서 수집한 어간장의 분석치 평균을 비교했을 때, 염분은 어간장이 평균 26%, 간장이 17%로, 어간장이 짜다. 아미노산의 양은 평균 5%로 간장과 거의 같다. 그중 글루탐산은 평균 5%로, 역시 간장과 거의 같다. 간장은 pH 4.8 전후인 데 비해 어간장은 pH 6.0 전후로, 유기산이 거의 소금 형태로 존재한다. 이것은 간장이 산미료로서 기능을 지니고 있다는 점에서 어간장과 다르다. 또한 간장에 포함된 당분과 알코올 성분은 어간장에는 결여되어 있다.

페이스트 식품인 된장과 잔새우젓 페이스트를 비교하면, 된장은 평

균 염분이 11%이고 잔새우젓 페이스트는 평균 20%이다. 아미노산은 잔새우젓 페이스트가 된장의 약 2배인 12%이고, 글루탐산은 평균 1.6%로 이것도 된장의 약 2배이다. 그러나 산미료와 감미료로서 기능을 갖지 않는 것은 어간장과 마찬가지이다.

어장류의 특징 중 하나는 독특한 냄새이다. 맛으로 말하자면 짠맛과 감칠맛을 단순화하는 조미 기능이 있다. 그래서 동아시아에서는 향이 독특하지 않으면서 복잡미묘한 맛을 지닌 곡장으로 대신했을 것이다. 하지만 감칠맛이 기본이라는 점은 어장과 곡장 모두 동일하다. 어장의 감칠맛은 경험적으로 동남아시아 사람들에게 인식되어 있다. 그림 9는 미얀마의 양곤 시장에서 파는 각종 어간장의 가격과 글루탐산 함유량을 그래프로 나타낸 것이다. 어간장은 1차로 짠 것과 2차로 짠 것이 있고, 물을 탄 정도에 따라 등급이 달라지는데, 그것이 가격에 반영되었다. 이 그래프는 감칠맛의 원천이 되는 글루탐산의 양과 가격의 비례를 나타내고 있다.

글루탐산이 함유된 조미료는 동아시아와 동남아시아 지역에 널리 보급되어 있다. 유난히 이 두 지역에서 일상 조미료로 사용되는 이유는 원래 이 지역에는 전통적으로 감칠맛 식품이 존재하고 있었기 때문일 것이다.

(i)  마쓰다 기이치(松田毅一)·E. 요리센(Engelbert Jorissen), 『프로이스의 일본 각서(フロイ
    スの日本覚書)』, 주코신쇼(中公新書), 1983

(ii)  나카오 사스케(中尾佐助), 「매토발효 가공법(埋土醸酵加工法)」, 고자키 미치오(小崎道
    雄)·이시게 나오미치(石毛直道)(편), 『발효와 식문화(醸酵と食の文化)』, 도메스 출판(ド
    メス出版), 1986

(iii)  이시게 나오미치(石毛直道)·케네스 러들(K.Ruddle), 『어장과 식해의 연구—몬순 아시
    아의 식사문화(魚醬とナレズシの研究—モンスーン·アジアの食事文化)』이와나미쇼텐(岩
    波書店), 1990

(iv)  주 (iii)의 문헌 참조

(v)  후지이 다케오(藤井建夫), 「시오카라(塩辛)」, 미와 가쓰토시(三輪勝利)(감수), 『수산가
    공 총람(水産加工品総覧)』, 젠린(光琳), 1983
    이시게 나오미치·케네스 러들, 『어장과 식해의 연구—몬순 아시아의 식사문화』 이와나
    미쇼텐, 1990, 107~108쪽, 115~116쪽

(vi)  링춘셍(凌純声), 「중국여동아적 교주문화(中国与東亜的嚼酒文化)」, 『중앙연구원 민족
    한연구소 집간(中央研究院民族学研究所 集刊)』, 제4기, 1957

(vii)  요시다 슈지(吉田集而), 『동방아시아 술의 기원(東方アジアの酒の起源)』, 도메스 출판(ド
    メス出版), 1993

(viii)  나카오 사스케(中尾佐助), 『요리의 기원(料理の起源)』, 일본방송출판협회(日本放送出版
    協会), 1972

(ix)  요시다 슈지, 「민족학에서 본 무염발효 대두와 그 주변(民族学からみた無塩発酵大豆と
    その周辺)」, 아시아 무염발효 대두 회의 '85 강연(アジア無塩発酵大豆会議'85における講
    演), 1985

(x)  다나카 세이치(田中静一), 「중국의 발효 조미료(中国の醸酵調味料)」, 고자키 미치오(小
    崎道雄)·이시게 나오미치(편), 전게서, 1986

# 동아시아의 가족과 식탁

1989년

## 시작

사람들은 음식을 함께 먹으면서 연대감을 강화한다. 그러면서 여러 가지 사회적 행사에 참여하는 기회가 만들어진다. 마을 등 지역사회의 연대를 깊게 만드는 것이 연회 식사이다. 대부분의 기업은 신년회, 송년회, 그리고 사원여행에 반드시 연회를 끼워 넣고, 사업에서도 식사를 함께하면서 인간관계가 형성되므로 접대비 항목을 공식적으로 인정한다. 예전부터 군주는 신하에게 음식을 베푸는 행사를 통해 왕권을 확인했다. 가톨릭에서는 미사 때 그리스도의 육체를 상징하는 빵과 피를 상징하는 와인을 함께 먹었다. 하나의 형식에 지나지 않지만, 이를 통해 신앙을 깊게 한다는 의미를 내포하고 있다. 이처럼 사회적 행사에서는 음식을 커뮤니케이션 매체로 이용하고 있다.

가정에서 이루어지는 평소의 식사도 가족이라는 최소 단위 사회집단을 통합하는 미디어로 기능한다. 식사는 단순한 신진대사 수단이 아니라 가족이라는 집단을 유지하기 위한 역할을 하는 셈이다. 가정에서는 관혼상제 및 생일 등 여러 가지 행사가 있고, 또 거기에 따르는 특별한 식사가 있다. 이 식사에는 각 행사에 관련된 식사의 의미가 명확하게 들어 있다. 예를 들어 생일상의 주역은 그 날에 태어난 사람이다.

여기에서는 가정에서 이루어지는 일상적인 식사를 대상으로 식사 장소와 가족 관계에 대해 고찰해보겠다. 평상시의 식사로 가족 집단 안에서의 식사 역할을 파악하기는 어렵다. 행사의 식사처럼 뚜렷한 의미가 나타나 있지 않기 때문이다. 그러나 각 문화 속 일상의 식사에서 한 식탁을 둘러싸는 사람들의 범위와 식사 질서가 어떻게 정해지는지 등을 비교함에 따라 가족이라는 집단의 변화를 그려낼 수 있다. 그 시도의 하나로, 역사적으로 문명을 공유해온 동아시아 사회를 비교하면서 오늘날 가정 식사의 특징과 그 변천을 살펴보자. 이 소론은 가족과 식탁의 관계를 고찰하기 위한 약식이라고 할 수 있다.[1]

### 중국과 한반도

일본의 전통적 식사 형태를 살펴보기 위해서는 같은 동아시아 문명에 속하는 중국과 한반도에 대해 검토할 필요가 있다. 동아시아 문명권에서는 식품과 요리법의 공통성이 있다. 먼저 식사 방식에서는 사발 형태의 그릇과 젓가락을 사용한다. 또 유교를 중심으로 하는 중국 철학 이데올로기의 영향으로 '예(禮)'의 관념이 식사 때 가족의 행동에 작용한다는 사회적 공통점이 있다.

### 중국

중국 한족의 식사는 의자와 탁자를 사용한다. 밥그릇, 국그릇, 젓가락, 숟가락을 개인별로 나누어주고 밥과 국은 각 개인에게 담아주지만, 그 밖의 부식은 큰 접시와 대접에 담는다. 개인은 각자의 젓가락을 사용해 음식을 덜어 먹는다. 그렇다면 예전의 식탁은 어땠을까? 이를 알기 위한 자료는 역사 문헌에 기록된 글과 고분 벽화 등으로 남아 있는 그림 정도로, 상류 계급의 연회에 나타나는 식탁만을 언급할 수밖에 없다.

다나카 아와시(田中淡)가 원(元)시대 이전 중국의 식사문화에 관한 그림 자료를 집성한 노작 「고대 중국 그림에 나타난 요리와 음식(古代中國

1. 국립민족박물관의 특별 연구 「현대 일본문화의 전통과 변용」의 일환으로, 필자를 연구 대표자로, 이노우에 다다시(井上忠司), 구마쿠라 이사오(熊倉功夫), 요시이 다카오(芳井敬郎), 구루마 마사히로(車政弘), 우에다 히로시(植田啓司), 야마구치 마사토모(山口昌伴)를 공동 연구자로 '가정과 식탁'을 공동 연구했다. 이 공동 연구의 성과로서 지금까지 발표된 문헌은 다음과 같다. 특히 국립민족학박물관 보고별책 16호는 이 공동 연구의 공동 보고서로, 연구의 전모에 대해 참고하기 바란다.
   이노우에 다다시, 「차노마 문화론(茶の間文化論)」, 소후에 다카오(祖父江孝男)·스기타 시게하루(杉田繁治)(편), 『현대 일본문화의 전통과 변용1―생활의 미의식(現代日本文化における伝統と変容1暮らしの美意識)』, 도메스 출판(ドメス出版), 1984
   이노우에 다다시, 「식탁의 가정사(食卓の家庭史)」, 이노우에 다다시, 『가정이라는 풍경 사회심리학 노트(家庭」という風景 社会心理学ノート)』, NHK북스, 1988
   이시게 나오미치(石毛直道), 「식탁의 변화(食卓の変化)」, 소후에 다카오·스기타 시게하루(편), 전게서, 1984
   이시게 나오미치·이노우에 다다시(편), 『현대 일본의 가정과 식탁―각상에서 자부다이로(現代日本における家庭と食卓―銘 膳からチャブ台へ)』, 국립민족학박물관 보고 별책 16호, 국립민족학박물관, 1991

그림 1. 랴오닝 요양진대자 1호 묘벽화·포주도(후한)
출처: 다나카 아와시, 「고대 중국 화상의 할팽과 음식」, 이시게 나오미치(편), 『논집 동아시아의 식사문화』,
헤이본사, 1985

畵像の割烹と飮食)」을 살펴보면, 후한, 위진(魏晉)시대의 연회도에서 먹고
마시는 인물은 토방 바닥의 깔개 위에 궤좌로 앉았다.[i] 그 앞의 작은 깔
개 위에는 식기를 나란히 놓았다.

그림 1에서 보이는 상은 반(盤)과 안(案)이다. 쟁반(盆) 모양으로 다
리가 없는 상이 '반'이고, 다리가 붙어 있는 책상 모양의 상을 '안'이라고
한다. 후한시대 랴오닝(遼寧)의 요양봉대자(遼陽棒台子) 1호 묘벽화의 포
주도(庖廚圖)에는 다리가 4개 달린 네모 안 4개와 4개의 다리가 달린 둥
근 안 5개를 쌓아 올린 그림이 있다. 부엌에서 안에 음식을 차려서 식사
장소로 옮겼던 것으로 보인다. 『사기(史記)』의 장이전(張耳傳)에는 "장
(張)이 손수 안을 들었다"고 하여, 주인이 손님에게 안을 들어다 주었음

그림 2. 쓰촨성도 평황산에서 출토된 화상전 <연음도>(후한)
출처: 그림 1과 동일

을 알 수 있다. 『후한서(後漢書)』 양홍전(梁鴻傳)에는 "부인이 안을 눈썹까지 들어 올렸다"라고 쓰여 있는데, 눈높이까지 상을 올려 드는 예법이 있었음을 알 수 있다.[ii]

147년에 건조한 후한 산둥 자샹(山東嘉祥)의 무씨사(武氏祠) 화상석(畫像石)과 연음도(宴飮圖)에는 깔개 위에 정좌하고 있는 사람 앞에 음식을 담은 원형 반이 놓여 있고, 후한 후기 산둥 자샹의 량타이 화상묘(凉台畫像墓) 연음도에는 원반에 식기를 얹어 나르는 시종이 그려져 있다. 이 그림들을 보면 작은 상인 사각 안과 둥근 쟁반 모양의 반 위에 그

룻을 얹어서 부엌에서 잔치 장소까지 운반해 개인용 상으로 사용했음을 알 수 있다.

1인씩 차려내는 상만이 있는 것은 아니었다. 후한 쓰촨성도 펑황산(鳳凰山)에서 출토한 화상전(畵像塼) 연음도에는 좁고 긴 깔개 위에 두 사람씩 나란히 마주 앉고, 그 가운데 네 다리가 달린 좁고 긴 상이 놓여 있다. 즉 4인이 하나의 상을 둘러싸고 있다.(그림 2)

한편 후한에서 위진시대의 연음도 중에는 토방의 깔개 위에 앉지 않고, 평상과 같이 등이 낮은 네모진 장방형 의자 겸 침대인 상(牀)에 정좌하고 그 앞에 음식을 늘어놓은 궤(机)가 있는 그림도 여럿 있다. 몇 사람이 하나의 상을 앞에 두고 있는 그림도 있는데, 이 경우 상에 음식을 올려 옮긴 것이 아니라 처음부터 연회장에 설치된 상 위에 음식을 놓았다.

의자 등에 앉아 탁자에서 식사하게 된 것은 의자, 탁자, 침대를 사용하게 된 북송시대 이후부터이다. 단, 다나카 아와시의 연음도에 의한 고증에서는 당대, 오대(五代)부터 이미 식탁에서 식사한 정경이 그려져 있다. 엉덩이를 걸터앉은 사람들이 높은 식탁을 둘러싸고 식사하는 형식이 일반화되면서 1인상의 배선법은 사라지고, 현재와 같은 식사양식으로 바뀐 것으로 보인다.

1949년 해방 이후 중국에서는 보통 가족이 동시에 한 식탁에 둘러앉아 함께 밥을 먹었다. 그러나 남녀유별을 중시하는 대가족에서는 남자와 여자로 구별해 식사를 했다. 아마노 모토노스케(天野元之助)에 따르면, 2차 세계대전 이전 허베이 취양의 한 대가족 남성은 결혼한 지 15년이 되도록 아내와 아이들과 함께 밥을 먹은 적이 없다고 한다. 대만에서도 예전에는 주부가 집안의 노인이나 남자들과 같은 식탁에서 밥을 먹는 것은 1년에 섣달 그믐밤 한 번뿐이었다.[iii] 산둥성 지난의 교외 농촌의 부잣집에서는 해방 전에 남자와 여자가 같은 식탁에서 함께 먹는 일이 없었고, 여자들은 남자들이 식사를 끝내고 남긴 것으로 식사를 했다. 그러나 빈곤한 농가에서는 가족이 같은 식탁에서 식사했다.

### 한반도

조선시대 이전 한반도의 식탁에 대해서는 불분명한 부분이 많다. 한국의 이성우 교수[2]에 따르면, 삼국시대에는 다리가 없는 1인용 상, 안(案) 모양의 상, 고구려 벽화에서 나오는 엉덩이를 걸친 탁자형 식탁 등 세 가지가 존재했다.

바닥에 앉아서 먹는 식사 방법이 확립된 기반으로 온돌 보급을 무시할 수 없다. 한반도 북부의 고구려에는 고대 시대에 이미 (중국 동북지구와 기원을 같이 한다고 생각되는) 구들(炕)이 있었지만, 남부의 백제와 신라에는 아직 전파되지 않았다. 온돌이 한반도 남부까지 전해진 것은 고려시대가 되어서였고, 제주도에는 근세에 이르러 전파되었다.[iv]

---

**2.** 1928~1992, 한국 한양대학교 교수. 한국식문화학회를 설립하고, 초대회장을 지냈다.

한반도의 전통적 식사 방식에 크게 영향을 준 또 하나의 요인으로 남여장유(男女長幼)의 구별을 강조하는 유교사상이 있었다. 16세기 중종시대부터 『주자가례(朱子家禮)』가 일반인에게도 널리 퍼졌다. 현대로 이어지는 식사 방식이 그 시대에 성립되었다는 것이 이성우 교수의 의견이다. 온돌 바닥을 생활 평면으로 하는 좌식과 유교사상을 기본으로 한 질서를 지탱한 한반도의 식사 방식이 한국전쟁 이전까지 유지되었다.

다음은 필자가 조선왕조 궁중음식 전승자인 황혜성(黃慧性) 교수[3]와 함께 1988년도에 펴낸 『한국의 음식(韓国の食)』의 내용을 요약한 것이다.[v] 한반도에서는 식탁을 상(床) 또는 반(盤)이라고 한다. 바닥에 책상다리로 앉거나 한쪽 무릎을 세우고 앉으며, 상다리가 높은 편이다. 장방형, 12각형, 원형 등 여러 가지 형태의 밥상이 있다.

정식은 독좌상(獨座床), 줄여서 독상(獨床)이라 불리는 1인용 상으로 대접한다. 겸상은 두 사람이 마주 앉아서 사용하는 상으로, 보통 장방형이다. 두레반은 같은 항렬의 가족이 둘러앉는 상이다. 교자상(交子床)은 큰 식탁인데, 원래는 손님용으로 여러 사람이 둘러앉아서 사용한다. 사용하는 상의 종류, 식사 장소, 식사 순서를 규정하는 것은 유교사상을 바탕으로 하며, 가족 분류의 원리가 된다. 가족 구성에 따라 함께 식사하는 사

---

3.  1920~2006, 한국 궁중음식 연구가, 1973년 한국 국가무형문화재(조선왕조궁중음식) 기능보유자로 지정되었다.

사진 1. 독상으로 차린 서울 시내 여관의 아침 식사

람들의 사이가 다르다. 비교적 단순한 가족 구성을 지닌 조선시대의 3세대 양반 가족을 예로 들어보면 식사에 관한 사람들의 분류는 다음과 같이 나뉜다.

①조부모 ②가장(家長) ③아들들 ④딸들 ⑤주부 ⑥하인

식사에 관련된 공간 구별을 살펴보자. 양반집의 거주 공간은 남녀 격리의 원칙에 따라 나뉘어 있다. 즉 사랑(舍廊)이라 불리는 남성 거주 공간과 내당(內堂)이라는 여성 거주 공간은 동(棟)이 구분되어 있다. 조부모는 별당(別堂)이라는 별채에 거주한다. 또 성인 이전의 아들(총각)은 사랑 옆 별채에 거주하고, 하인들은 행랑채에 거주한다.

식사 때는 별채 부엌에서 조리한 음식을 상에 올려서, 각각 거실로 옮기는데, 여기에도 순서가 정해져 있다. 우선 주부는 별채의 조부모와 남편인 가장이 있는 사랑채에 상을 들고 간다. 가장은 각상차림의 독상에서 먹는다. 조부모가 계신 가정에서는 마주 앉도록 겸상을 차리는데, 이때 조부가 드시기 쉽도록 배선한다. 조부모와 가장의 상에 가장 좋은 반찬을 올리지만, 그것을 모두 먹지 않고 약간 남겨두는 것이 예법이다. 윗사람이 먹고 난 뒤 남은 음식으로 아랫사람 상을 차리는데, 이는 음식을 '하사'하는 풍습에서 비롯되었다. 조부모가 손자와 함께 먹을 때도 있는데, 2세대 위는 가능하지만 1세대 위는 같은 상에서 먹는 것을 삼가는 것이 원칙이다. 따라서 양반집의 전통적인 식사법으로는 조부와 아버지가 함께 식사하는 일은 있을 수 없다.

부계 대가족에서 며느리는 며느리들끼리, 자녀 세대인 딸은 딸들끼리, 미성년 남자아이는 남자아이들끼리 식사를 한다. 아직 혼자 식사할 수 없는 어린아이들은 1세대 위인 어머니와 식사하고, 모녀는 약식으로 상을 함께하기도 한다.

조부모와 가장의 식사가 끝나면 별채에 있는 남자아이들에게 식사를 가져다준다. 이때 인원 수에 맞게 겸상이나 두레반을 사용한다. 남자아이들의 식사가 끝나면, 안채에서 딸들이 식사를 한다. 가족 식사가 다 끝난 다음이 주부의 순서인데, 이때 안채가 아니고 부엌에서 먹는 경우도 있다.

행랑의 하인들은 가족과 따로 식사를 하는데, 독상을 사용하지 않고 적어도 둘 이상이 겸상을 한다.

일반 서민들의 전통적인 식사는 세대 차이는 무시하지만, 남녀 차이는 지키고 있다. 즉 남자는 사랑방이라는 남자의 방, 여자는 안방이라는 여자의 방에서 각각 큰 두레반을 둘러싸고 식사를 한다. 하지만 며느리와 시어머니가 같은 상에서 먹을 때 며느리는 자기 그릇을 상아래 내려놓고 먹는다. 혹은 며느리 혼자 부엌에서 먹기도 한다. 따뜻한 데다 시어머니를 신경 쓰지 않고 먹을 수 있어서 좋아하는 며느리도 있었다고 한다.

남녀유별은 물론 세대 간 격리원칙, 고부간 긴장 관계가 있던 한반도의 전통적 식사 방식은 현대 사회에 와서 크게 변화했다. 한국전쟁이 끝난 뒤 '가정 민주화'에 의해 가족 전원이 같은 식탁에서 함께 먹는 방향으로 변했다. 전원이 의자에 앉아서 식탁에서 식사하는 가정이 많아졌다. 또 온돌 바닥에서 큰 두레반에 가족 전원이 둘러앉아서 식사하는 가정도 많아졌다. 아직 남녀가 각기 다른 상에서 밥을 먹는 풍습이 남아 있기는 하지만, 며느리가 시어머니와 겸상하지 않고 식기를 상 아래에 두는 일은 이제는 찾아보기 어렵다.

여럿이서 한 상에서 먹을 때의 상차림은 밥과 국은 각각 개인 그릇에 담고, 그 밖의 반찬은 공통 식기에 담는다. 반찬은 각자 개인 젓가락으로 덜어서 입으로 옮긴다. 스테인리스 숟가락은 국물만이 아니라 밥을 떠서 먹을 때도 쓰인다. 밥과 국을 담는 그릇과 수저는 개인별로 정해져 있다.

## 일본 식탁의 변천

### 개인용 식탁

고분시대 이전에는 개인 식기를 사용하지 않고 공통 식기에서 젓가락이 아닌 손을 사용해 식사했다고 생각된다. 나라시대 일본의 수도였던 헤이조쿄의 발굴 결과를 통해 나라시대에 들어서 그릇을 사용했다는 사실을 알 수 있다. 관리자나 사경 담당자는 밥그릇, 국이나 나물을 담는 그릇, 소금이나 그 밖의 양념을 담는 3종의 종지와 젓가락을 기본으로 사용했는데, 지위가 높아질수록 식사 내용이 좋아지고 그에 맞는 접시와 그릇이 늘어났다. 나무로 만든 개인용 목판도 출토되었다.

그릇에 사용자 이름이나 다른 사람이 사용하는 것을 금지하는 문구가 쓰여 있는 것이 출토된 것으로 보아, 개인 전용 식기가 있었다는 것을 알 수 있다.[vi] 나라시대에는 단체급식이 이루어지고 있었지만, 식사할 때 개인별로 상차림을 하고, 개인용 그릇을 사용하는 등 각상 식사 방식이 이미 성립되어 있었다. 앞에서 설명했듯이, 이와 같은 상차림은 일본이 독자적으로 만든 것이 아니라 중국과 한반도에서도 개인별로 상을 차리는 방식에서 유래되었다. 고분시대 또는 그 이후에 젓가락을 사용해 먹는 풍습과 함께 동아시아 문명의 식사 방식이 일본에 도입된 것으로 보인다.

율령시대 귀족의 공식 식탁에는 젓가락뿐 아니라 숟가락도 놓여 있었다. 이는 당시 문명의 식사 도구로서 의의를 지녔을 테지만, 숟가락을 사용하는 풍습이 서민생활에 침투한 흔적은 없다. 나무 국그릇(木椀)이 발달해

**그림 3. 목판에 담긴 식사**
출처: 국보 『야마이소시』(교토국립박물관 소장)

국물을 직접 입에 대고 마실 수 있었던 것과 관련이 있었을 것이다.

혜이안시대의 귀족 연회에는 네 다리가 달린 직사각형의 큰 상 다이반(臺盤)을 사용하고, 스툴 같은 의자에 걸터앉아서 식사를 했다. 귀족들이 동석하는 자리에서는 길이 2m 정도의 큰 상에 몇 명씩 마주 앉아 먹기도 했는데, 식기는 공용하지 않고 개인별로 사용했다. 즉 커다란 식탁은 눈에 보이지 않는 각상차림 구성을 하고 있었다. 당대의 두루마리 그림 등을 보면, 귀족이 집에서 식사할 때도 굽이 높은 그릇 다카쓰키(高坏)와 가케반(懸盤)이라는 다리가 붙은 개인상을 사용했음을 알 수 있다.

헤이안시대의 『야마이소시(病草子)』는 서민의 식사 풍경을 그린 그림이다.(그림 3) 식사하는 사람 앞에 목판이 놓여 있고, 그 위에는 고봉으로 담은 밥과 국그릇, 반찬을 담은 작은 접시 3개가 놓인 가장 기본적인 상차림인 1즙3채(一汁三菜)의 식사이다.

여러 형식의 상차림이 발달했지만, 대부분은 잔칫상이나 손님상으로 보인다. 부잣집에서는 행사용 상과 그릇을 반드시 가지고 있었다. 또한 상류층의 일상 식사에는 고양이 다리 모양처럼 생긴 상 네코아시젠(猫足膳)이나 다카젠(高膳)을 사용했다.

일반 서민이 쓰는 상은 조악한 칠을 한 네모난 쟁반이나 낮은 다리가 달린 소반이었다. 『모리사다만코(守貞漫稿)』[4]에 따르면, 식기를 수납하는 상자의 뚜껑을 뒤집어 상자 위에 놓고 사용하는 상자 모양의 하코젠(箱膳)은 막부시대 말기 교토와 오사카의 일반 서민이 쓰던 것인데, 에도에서는 이를 오리스케젠(折助膳)이라고 했다. 이는 선승이나 무사의 하인들을 '오리스케'라 하는데, 이들이 사용하면서 붙은 명칭이다.

각상차림 식사는 '집(家)제도'를 반영한다. 한 예로, 고용인을 둔 상인 집의 식사 풍경을 상상해보자. 주인 부부를 위한 상은 가족 식사 장소인 방 안쪽 상석에 차려진다. 밥상은 가족 구성원의 연령, 성별에 따라 상석에서 하석 순서로 배치한다. 피고용인 중 가장 지위가 높은 하인의 밥상은 방의 끝자리에 놓이지만, 남자 하인과 여자 하인의 식사는 마루 옆방에 놓인다. 상의 종류도 가장은 다리가 긴 다카아시젠(高足膳)을, 부인은 다리가 약간 낮은 상을, 그 밖의 가족은 하코젠, 피고용인은 더 격이 낮은 하코젠이나 호두를 반으로 쪼갠 것 같은 모양의 다리가 달린 막잡이상 구루미아시젠(胡桃足膳)을 사용했다. 즉 신분에 따라 상의 높이가 달랐다.

식사를 마치면 주인 부부는 하인이 시중 드는 대로 가만히 앉아 있었지만, 다른 사람들은 그릇을 뜨거운 물로 헹궈서 상을 보관하는 선반에 수납했다. 개인용 젓가락과 식기는 정해져 있었고, 공용 식기를 사용하는 것은 절임 반찬을 담는 사발 정도였다. 이때 공용 식기에 담긴 음식을 먹을 때는 개인 젓가락을 사용하지 않고 기다란 젓가락인 사이바시(菜箸)를 사용해 음식을 덜어 먹었다. 개인 젓가락이나 식기에는 사용자의 인격이 투영되어 있어서 젓가락이 뒤섞이면 '부정'이 전염된다는 의미에서 사이바시는 청결감을 나타낸다. 그러나 식기는 매일 닦지 않고 매월 정해진 날 본격적으로 닦았다.

가족과 피고용인은 밥통을 따로 사용할 뿐 아니라 반찬도 따로 만들어서 식사를 했다. 또한 주인과 저녁 반주가 허용된 남성에게는 특별한 음식을 내기도 했는데, 보리밥을 먹는 농촌에서는 보리가 적은 부분을 밥그릇에 담았다.

---

4.  기타가와 모리사다(喜田川守貞)가 1837~1853년에 지은 에도시대 막부 말 에도, 교토, 오사카를 비교해 기술한 풍속지이다. 『근세풍속지』라고 한다.

식사 전에는 신불(神仏)에게 형식적인 식사를 올리기도 했고, 가족 중 부재자를 위한 음선(陰膳)을 차리기도 했다. 즉 식사는 선조나 타향에 있는 가족과 함께 먹는 장소이기도 했다. 그것은 가정생활에서 성스러운 소규모 행사로서의 성격을 띠었고, 그래서 식사 때 말을 하는 것은 비난 받을 행동이며 묵묵히 먹는 것을 식사예법으로 여겼다.

이렇게 보면, 각상차림의 식사에서 상의 배치가 가리키는 자리 순서, 상의 종류, 상에 차려진 음식, 대접 방법이나 뒷정리에 이르기까지, 일본 의 일상 식탁은 가장을 정점으로 하는 가족과 피고용인의 순위 질서인 '집제도'가 그대로 투영되어 있음을 알 수 있다. 음식을 개인 단위로 분배 하고, 가계의 질서에 따라 상을 놓는 식사 자리는 식사에 참여한 사람들 간의 상호 간섭을 최소한으로 낮추는 효과를 낳는다.

## 자부다이

자부다이(チャブ台)의 기원은 확실히 알 수 없다. 의자나 스툴을 사용 하는 중국의 식탁이 변형되어 다다미방에 앉아 사용하는 원형의 싯포쿠 다이(卓袱台)가 1860년경(에도 막부시대 말기)에 있었지만, 자부다이를 그 계보에 넣기에는 모호하다. 에도 막부시대 말기인 1850년대의 연회를 담은 그림에는 상다리에 장식이 있는 원형의 식탁에 여럿이 둘러앉아 있 는 것들이 있다. 이 원형의 식탁이 싯포쿠다이의 영향으로 만들어진 식탁 인지, 요릿집의 식탁이 소형화, 간략화되어 가정에서 사용하게 된 것이 자부다이의 기원인지는 불분명하다.

자부다이라는 이름에서 살펴보면, 1870년대에는 가벼운 서양 요리를 파는 선술집에서 의자식 식탁을 '자부차부다이' 또는 '자부다이'라고 불렀다. 이 테이블이 어떻게 다다미 위에 놓고 사용하는 식탁으로 변했는지에 대한 자료는 아직 없다.[5]

오이타(大分)현의 어떤 사람이 1891년 특허신청을 한 탁자(다리 접이)가 접이식 다리를 지닌 자부다이의 첫 관련 자료이다. 이것은 원형 상판에 서양 가구의 계보를 연상시키는 녹로(갈이틀)를 돌려 만들어 다리를 접을 수 있게 되어 있다. 그 다리는 짧아서 상좌(坐床)로 사용한다. 그 후 자부다이에 관한 여러 개의 특허신청이 출원되었지만, 대부분이 접는 다리에 관한 기술적 내용이다.[6]

1890년대 대도시에서 자부다이를 사용하기 시작한 듯하나, 자부다이의 보급은 지역마다 차이가 있고, 같은 지역에서도 임금 노동자 가정에서 빨리 보급된 것으로 보인다. 피고용인이 많은 장삿집에서는 각상차림이 식사를 배분하기 좋다는 이유로 자부다이 보급이 늦어지는 등 직업에 따른 차이도 나타났다. 1945년까지 하코젠을 사용하는 가정이 많아서 한

---

5. 국립민족학박물관 보고서 『현대 일본의 가정과 식탁』을 참조하기 바란다.
6. 식품학자 야마구치 마사토모(山口昌伴)가 발표한 「가정의 식사 공간」에 관한 교시에 따른다.

마디로 정리할 수는 없지만, 자부다이는 대략 1920년대에서 1940년경에 전국적으로 사용하게 되었다.

자부다이의 보급에는 여러 가지 이유가 있다. 한 조사에서 각상을 자부다이로 바꾼 이유로 '위생적'이라는 답이 나왔다. 그릇을 매일 씻지 않는 각상에 비해 자부다이의 식사는 주부가 매일 그릇을 씻기 때문이다. 한편 '가족구성이 달라졌다' '가족 수가 적어졌다' '피고용인이 없어졌다' 등의 이유로 자부다이를 사용했고, 결혼 등으로 가족이 바뀔 때를 계기로 자부다이를 사용하는 경우도 많았다. 소규모 핵가족 구성이 도시 가정생활에 많아지기 시작하면서 자부다이의 보급으로 이어졌을 것으로 짐작한다.

각상(독상) 식사에서 자부다이를 둘러싼 식사로의 변화는 한때 일본인의 일반적인 식사 방식으로 이어질 거로 예상했다. 그러나 일본인의 식사 형태는 다시 식탁에서의 식사 형태로 바뀌었다. 즉 자부다이를 사용한 식사는 '정착하지 않은 국민문화'라고 말할 수 있다.

사회문화 심리학자 이노우에 다다시(井上忠司)의 논문에서처럼 자부다이를 둘러싼 식사 방법은 '단란의 사상'이라고도 말할 수 있는 가정 내 민주주의 이데올로기와 결합한 것이다.[vii] 그러나 이노우에가 지적한 것처럼, 현실에서는 식탁에서 식사하는 단계에 이르러서야 비로소 단란함이 실현되었다.

### 다이닝 테이블

1956년 일본주택공단은 주방과 식당을 겸한 부엌을 갖춘 집합주택 건설을 시작했다. 그때까지 의자와 테이블에서의 식사는 일부 상류 계급 가정에 한정되어 있었다. 공단주택의 한정된 주거 공간에서 식당과 침실을 분리한 '침식분리(寢食分離)'를 실현하기 위한 고육지책으로 부엌과 식사 장소에 작은 테이블을 들여왔다. 그 후 의자와 식탁에서 식사하는 가정이 늘어났고, 지금은 전국 세대의 과반수가 식탁을 사용한다. 그 보급률에 도시와 농촌의 차이는 없다.

#### 가족 의례로서의 식사

각상차림을 사용하던 무렵과 마찬가지로 개인 상차림이 철저했던 곳은 인도이다. 금속 쟁반에 주식인 쌀밥, 차파티, 난 등을 담고, 부식을 담은 작은 금속으로 된 그릇도 쟁반 위에 담았다. 쌀밥에는 커리 요리를 얹었다. 이렇게 1인분씩 차린 쟁반을 상 위에 놓고 먹었는데, 여러 사람이 함께 먹는 경우, 쟁반 대신 바나나 잎을 사용하기도 했다.

인도 문명에서는 '정(淨)'과 '부정(不淨)'을 식별하는 관념이 발달했다. 카스트제도에는 정과 부정관념과 깊이 연결되어 있어서 자기보다 낮은 카스트가 만든 음식은 먹지 않았다. 부정에 오염되는 것에 대한 공포감이 인도 문명에 내재해 있었던 것이다. 인도 가정 식사의 개인별 분배제도는 이러한 관념과 관계된 것으로 보인다.

가정의 일상 식사를 개인 상차림으로 분배하는 관행은 지금까지 살펴본 대로 일본, 한반도, 인도에서 볼 수 있다. 그러나 일상 식사에서 공용 식기를 사용하는 사회에서도 행사 등 의례적 식사 때는 개인 상차림을 사용하는 곳이 의외로 많다.

태평양의 여러 섬에는 일상 식사를 공용 식기 겸 바나나 잎이나 나무 그릇에 담아 다 같이 둘러앉아 먹는 관습이 있다. 하지만 결혼식 같은 행사에는 코코넛 야자 잎을 사용해 그릇 겸 상을 만들고, 그 위에 1인분씩 요리를 담아 좌석 순서로 늘어놓는 연회석을 마련한다. 태국 동북부나 라오스에서도 예전에 왕이 신하에게 하사할 때는 주칠한 원반에 개인 상차림을 했는데, 오늘날 의례 행사식에서 이와 같은 각상차림을 한다.

의례적 식사에서는 질서를 중요하게 여긴다. 음식물을 개인별로 분배하는 상차림은 나눌 분량만 규정하지 않고 함께 식사하는 사람들이 공용 식탁과 식기를 둘러싸서 생기는 상호 간섭을 최소화한다. 그런 이유에서 각상차림은 질서 있는 분위기를 만드는 수단으로 이용되기도 한다. 일본의 각상차림은 가정생활 속에서 성스러운 행사의 성격을 갖듯이, 한반도나 인도의 식사도 의례적 성격이 강하다고 볼 수 있다.

세계 대부분의 나라에서는 전통적으로 공용 식기를 사용하는 문화가 널리 분포되어 있었다. 유럽에서 한 사람씩 접시에 음식을 담아 식탁에서 분배하게 된 것은 근대에 들어서이다. 그 이전에는 식탁 위에 올려진 공용 식기에 담긴 음식을 손으로 집는 방식이었다. 거기서 고기를 잘라 나누는 가장의 역할이 생겨났다. 유럽의 식사라 하더라도 일상생활 속 소소한 행사의 성격을 갖고 있다. 식사 전 기도가 그것을 상징한다. 가장권의 배후에 신이 있는 것이다.

### 가정의 민주화 현상

동아시아의 식사에는 유교적인 '예' 관념의 영향으로 가족 질서가 반영되었다. 그러나 식사를 함께하는 가족의 범위는 사회마다 다르다.

중국 한족은 기본적으로 남자 집단과 여자 집단으로 나누어 식사를 했다. 한반도에서는 남녀를 구별하는 외에 세대에 따른 원리와 며느리를 별도로 취급하는 관념이 식사를 함께하는 사람들의 범위를 규정했다. 일본에서 상류층의 무사 가정이나 큰 상점 등에서는 가장이 가족과 별도로 식사하고, 부인이 시중드는 역을 하기도 하지만, 보통 가정에서는 가족 전원이 같은 장소에서 식사를 한다. 일본의 식사 형태가 동아시아에서 가장 '가족적'인 이유는 중국에서 기원한 이데올로기의 침투가 가장 희박했다는 점도 원인 중 하나일 것이다. 하지만 그것만으로 설명할 수 없는 것도 있다. 예를 들어 부계(父系) 친족 원리가 아주 강한 가족인 중국이나 한반도와 달리 일본은 쌍계(雙系)적 가족관[7]이 강한 점도 고려할 필요가 있

7.   중국, 한반도에서는 모계의 친족을 배제한 부계의 친족집단이 강고하고, 가족 내의 남녀 구별을 강조한다. 일본에서는 부계, 모계의 쌍방을 친족으로 인정하는 쌍계적 가족원리가 발달했다.

다. 현재 동아시아의 가정에서 가족과 식탁의 관계는 동질적인 것으로 변화했다. 가족 전원이 한 식탁에 둘러앉는 것이 바람직한 식사 형태로 보급된 것이다.

일본에서는 자부다이를 채택한 가정에서 가족이 한 식탁에 함께 둘러앉게 되었다. 단, 자부다이에는 여전히 '집제도'가 지배하고 있어서 가족 간의 평등이 실현된 것은 식탁에 둘러앉고부터이다. 중국에서는 해방 이후에, 한반도에서는 한국전쟁 이후에 가족 전원이 한 상에 앉게 되었다. 그것을 유교적 이데올로기의 속박에서 해방되었다고 설명해야 할지도 모른다. 하지만 그 배후에 숨은 사정을 검토하면, 동아시아에 국한되지 않고 세계적으로 진행되고 있는 현대 사회의 가족이라는 집단의 변화라는 문제에 이르게 된다.

예를 들어 서아시아나 북아프리카의 이슬람사회도 식사 때 남녀가 따로 하는 원칙이 있다. 일상 식사는 가족 전원이 함께 먹지만, 손님이 와서 가족 이외의 사람이 섞여 식사할 때는 남녀가 따로 식사를 한다. 그것은 여자를 가족 이외의 시선으로부터 보호하는 이슬람교 관행에 바탕이 있다. 그러나 카이로나 이스탄불 등의 도시에서는 남자 손님을 부인과 아이들이 있는 가족 식탁에 초대한다. 이슬람의 원리운동이 강한 지역 외에서는 남녀격리의 원리가 무너지고 여성의 사회 진출이 늘어나고 있기 때문이다.

이러한 현상을 유교나 이슬람교라는 특정 이데올로기로 설명되는 지역으로만 보기보다는 전 세계에 공통되는 커다란 문맥으로 봐야 한다. 그 발로로서 기존의 이데올로기가 무력화되는 현상을 설명하자면, 세계가 산업사회로 바뀌면서 가정생활이 변모하고, 가족이라는 집단의 역할이 변화했다는 데 있다. 말하자면 인류사적인 흐름 안에서 일어난 일이라는 것이다.

이전의 농업사회나 목축사회에서 가정은 소비와 생산 단위였다. 토지와 관련한 자급자족적 생활양식을 바탕으로 가족은 친족집단과 지연집단 네트워크 안에 있었다. 그것은 사회학에서 '제도가족'이라고 부르는 친족조직이나 사회적 관행에서 압력을 의식한 가족의 결합 관계로, 동아시아의 가부장적 가족과 같이 '체면'을 중시하는 성격이 강한 가족이다.

산업사회가 시작되면서 가족은 가업을 잇는 것이 아니라 사회적 생산설비가 있는 공장이나 사무실로 출근하게 되었다. 가정은 더 이상 생산의 장소가 아니라 소비생활의 장소로 바뀌었다. 이러한 가정생활의 변화와 함께 가족의 형태도 바뀌었다. 가업이 노동력으로서 의미가 있던 대가족은 기업적 생산과 근무자형의 사회에서 존재 의의를 잃었고, 핵가족화가 진행되었다.

한편 가정이 수행했던 기능은 산업사회에 들어서 사회 시설에서 맡게 되었다. 생산은 기업에서, 교육은 학교에서, 종래에는 친족조직에서 맡았던 생활보장이 사회보장으로 옮겨졌다. 이처럼 가족 기능의 사회화가 진행되면서 핵가족에 남아 있는 것은 부부 관계와 친자 관계를 축으로 하는 정신적, 정서적 장소로서의 가정이다. '체면'이 아니라 '본심'을 추구하게 된 것이다.

　이러한 흐름 속에서 옛 가정생활의 질서를 지켜온 이데올로기는 무력화되었다. 여성의 사회 진출이 확대되면서 가정 내 남녀 차별이 약해졌다. 노동이 가업으로 이루어지던 시대에 교사로서, 경영자로서 가정 안에서 차지했던 가장의 권력도 상실될 수밖에 없었다. 가업의 붕괴와 함께 가업에 쓰던 고용인은 사라졌고, 산업이 생산한 기계들이 가사를 대신하면서 가사를 위한 고용인도 사라졌다. 이 일련의 가정 민주화 현상이 전 세계의 산업사회에서 일어났다. 산업사회의 영향력이 적은 아프리카나 남미의 몇몇 사회를 제외하면, 가정 민주화는 자본주의 사회와 사회주의 사회를 구분하지 않고 일어나는 현상이다. 그 결과 전 세계의 가정에서는 가족이 한 식탁에 둘러앉은 식사를 지향하게 되었다.

　후기산업사회에 돌입하면서 사회에서는 또 다른 식사 형태가 확산되었다. 바로 '개인 식사화'이다. 가정 내에서 가족 구성원이 각기 다른 식사를 다른 시간에 따로 먹는 것이다. 외식 비중도 뚜렷하게 높아졌다. 가족이 가정 밖에서 지내는 시간이 많아지면서 각자 형편에 맞는 시간에 식사하게 되었고, 식품산업이나 외식산업의 발전에 따라 '한솥밥'을 먹지 않고도 살 수 있게 되었다. '함께 먹는' 집단으로서의 핵가족 의미마저 옅어진 것이다.

　음식을 나눔으로써 가족이라는 집단이 성립되었던 인류 역사의 앞날을 생각할 때 앞으로의 사회에서 가족 식탁이 소멸한다면, 그것은 가족이라는 집단의 소멸을 의미한다. 과연 가정을 통해 현 사회가 변할 수 있을까? 그 해답을 둘러싸고 개인 식사화 현상이 계속 진행되리라 예상할지, 핵가족을 기본으로 하는 식사형태의 변형에 지나지 않는다고 받아들여야 할지를 구분해야 할 것이다.

(i)  다나카 아와시(田中淡), 「고대 중국 화상의 할팽과 음식(古代中國画像の割烹と飲食)」,
     이시게 나오미치(石毛直道)(편), 『논집 동아시아의 식사문화(論集 東アジアの食事文
     化)』, 헤이본샤(平凡社), 1985

(ii)  상병화(尚秉和), 『중국 사회의 풍속사(中国社会風俗史)』, 아키타 나루아키(秋田成明)(편
     역), 헤이본샤, 1969

(iii) 아마노 모토노스케(天野元之助), 「식사 중국(しょくじ 中国)」, 『세계대백과사전(世界大百
     科事典)』 11, 헤이본샤, 1966

(iv)  장보웅(張保雄), 「일한 민가의 비교(日韓民家の比較)」, 스기모토 히사쓰구(杉本尚次)
     (편), 『일본의 주거의 원류(日本のすまいの源流)』, 분카 출판국(文化出版局), 1984

(v)  황혜성·이시게 나오미치, 『한국의 음식(韓国の食)』, 헤이본샤, 1988

(vi)  사하라 마코토(佐原眞), 「식기의 공용 그릇·개인 그릇·속인 그릇(食器における共用
     器·銘々器·属人器)」, 『문화재 논총─나라국립문화재연구소 창립 30주년 기념 논문집
     (文化財論叢─奈良国立文化財研究所創立三 周年記念論文集)』, 도호샤 출판(同朋舍出
     版), 1983
     사하라 마코토, 「식기를 세 개로 나누다(食器を三つに分ける)」, 이시게 나오미치(감수),
     야마구치 마사토모((山口昌伴)(편집), 『강좌 식문화 제4권 가정의 식사 공간(講座食の文
     化 第四巻 家庭の食事空間)』, (재)아지노모토 식문화센터(味の素食の文化センター), 1999

(vii) 이노우에 다다시(井上忠司), 「식사 공간과 단란(食事空間と団らん)」, 야마구치 마사토
     모·이시게 나오미치(편), 『가정의 식사 공간(家庭の食事空間)』, 도메스 출판(ドメス出版),
     1989

# 식문화의 변화를 좇다

# 이문화와 음식 시스템

1988년

## 시스템으로서의 식사

식사를 시스템론으로 파악해보자. 시스템이란 개별 요소가 결합해 구성된 전체 모습이다. 식사 시스템은 식량과 식품, 조리법, 담는 법과 그릇, 먹는 법과 식사예법, 식탁과 상차림법 등 여러 요소로 구성된다. 현실에서는 식료품의 가짓수를 세는 것만으로도 엄청난 일이고, 식사 시스템을 구성하는 요소의 숫자가 많아서 요소 상호 간의 결합 관계를 명확히 하기 어렵다.

식사 시스템의 전체 모습을 분석하기 위한 이론적 모델은 아직 없지만, 문화마다 각기 다른 시스템이 존재하는 것은 확실하다. 동양인과 서양인의 식사에서 다른 점을 찾아보면, 젓가락을 사용하는지, 생선회나 육회 같은 날것을 먹는지 등 요소 단위의 차이만이 아니라 요소를 결합한 전체의 차이가 있다. 즉 식사 시스템이 다르다는 것이다. 식사 시스템에서의 보편성과 문화적 차이점을 확실히 하는 것이야말로 식문화 연구의 최종 목적을 이루는 과제이다.

시스템 전체를 나타내는 것은 어렵지만, 몇 가지 유형이 되는 패턴을 통해 시스템의 존재를 실증할 수는 있다. 시스템의 부분을 구성하는 여러 요소의 상호 결합 관계의 차이를 패턴으로 끌어내는 것이다. 이 같은 식

| 아침 식사형 | R·P(J)Jd |
| --- | --- |
| | B·T(W)Wd |
| 일반형 | R(J·W·C)Jd |
| | B(W)Wd |
| R | 쌀밥 |
| B | 빵 |
| J | 일식 부식물 |
| W | 양식 부식물 |
| C | 중식 부식물 |
| P | 절임 |
| T | 버터, 잼, 치즈 등 |
| Jd | 차 |
| Wd | 커피, 홍차, 우유 등 |

그림 1. 식사 패턴 유형

사 패턴의 차이, 바꿔 말하면 식사 시스템의 차이에는 몇 가지 유형이 존재한다. 이 차이는 이문화뿐만 아니라 민족 간에도 존재하고, 가정에도 존재한다. 이를테면 한 가정 안에서 아침 식사로 빵을 먹는 젊은 세대와 밥과 국을 좋아하는 노인 세대가 있듯이, 세대 간의 차이는 식사를 집에서 하는지 밖에서 하는지 등 식사 성격에 따라서도 달라진다. 사람은 때에 따라 여러 유형의 시스템을 선택하면서 식사를 하는데, 분석 수준에 따라 다양한 시스템을 들 수 있다. 같은 문화권 안의 변이 차이를 지닌 시스템의 최대 공약수가 한 문화의 식사 시스템을 구성하는 것으로 자리매김한 것이다.

식사 패턴 분석의 실제 사례로 필자가 1972년 시행한 식단조사 결과를 살펴보자. 50명을 대상으로 일주일간 매끼 식단을 상세히 기록해 그 음식이 중식, 양식, 일식, 기타 중 어디에 속하는지 분류해서 통계로 정리했다.[i]

조사 결과, 일본인의 식단은 요소 상호 간의 규칙적인 조합을 갖고 있는 것으로 나타났다. 예를 들어 아침 식사는 빵을 먹는 사람과 쌀을 먹는 사람으로 나뉘고, 빵 혹은 쌀이라는 주식 선택에 따라 그에 맞는 부식물과 음료의 종류가 규정되는 규칙성이 발견되었다.

그림 1의 아침 식사형에서 R·P (J) Jd로 나타낸 아침 식사의 패턴을 보면, 쌀밥이 주식일 때는 보통 절임이나 차를 함께하고, Wd로 나타낸 커피, 홍차 우유 등은 양식과 함께 먹는 음료이다. 괄호 안의 부식물은 일본식 반찬이 주류를 이룬다. 때로는 양배추 버터볶음, 크로켓 등의 양식 반찬, 샤오마이 등의 중식 반찬이 있기도 하지만, 그것은 전날 저녁에 남은 음식들이다. 쌀밥-절임-차가 기본 요소로, 된장국의 출현 빈도가 낮았는데, 이는 조사 지역이 교토-오사카-고베 지역이었던 데 기인한다. 괄호 안에 위치하는 반찬은 일식을 기본으로 하면서도 양식, 중식이라는 변이를 갖고, 때로는 이 세 가지가 합쳐지기도 하고 제로(0)가 되기도 한다.

아침에 빵을 먹는 경우 B·T (W) Wd로 패턴이 나타나기도 했다. T로 나타낸 버터, 잼, 치즈 등은 빵에서 빠지지 않는 요소이다. 음료에는 서양식의 Wd가 결합한다. 또 괄호 안의 반찬은 햄에그, 샐러드 등 양식으로 한정되고, 일식, 중식 반찬을 함께 먹는 일은 거의 없었다. 이 경우 변수가 제로가 되면 카페의 모닝 식단이 된다.

　저녁의 주식과 부식, 비알코올성 음료의 일반적 결합 패턴을 나타낸 것이 그림 1의 일반형이다. 쌀을 주식으로 할 때는 R (J·W·C) Jd가 된다. 쌀밥에 차를 마시는 것이 원칙이지만, 괄호 안의 부식물은 일식, 양식, 중식 중 어느 조합도 자유롭다. 빵을 먹을 때는 아침의 빵 식사와 마찬가지로 B (W) Wd의 결합 패턴을 보여줬다.

　주목할 점은 중국 요리 계열의 식사 패턴이 나타나지 않는다는 점이다. 가정에서 식사 때 중국식 반찬이 자주 나타남에도 불구하고 한 끼 식사의 식단 전체가 중국 요리였던 적은 거의 없고, 일식과 양식이 혼재했다. 가령 그러한 식단이 있다고 하더라도 마지막에 마시는 차로 일관성이 사라져버린다. 이를 통해 조사 시점의 일상 식사에는 3개의 시스템이 공존하고 있다.

　①일식으로 완결하는 식사 시스템으로, 쌀밥을 주식으로 하는 아침 식사가 대표적이다.

　②일식 패턴을 기조로 하면서 외래의 부식물을 요소적으로 선택해 넣은 것으로, 쌀밥을 주식으로 하는 일반 가정의 일상식이다.

　③외래의 식사 시스템을 그대로 받아들여 빵을 먹는 식사로, 가정에서는 아침 식사에 주로 많다.

즉 일본의 전통 식사와 외래 식사의 관계를 시스템 입장에서 생각해보면, 다른 문화를 갖는 시스템을 그대로 채용하는(또는 일시적으로 다른 문화의 식사 시스템으로 갈아타는) 것과 이문화 식사 시스템을 요소로 분석해 기존 시스템에 포함한 시스템이 전통 시스템과 공존하고 있다.

### 역사 속의 외래 음식

세계의 모든 문화는 그 내부에서 창조된 요소보다 외부에서 차용된 문화 요소가 훨씬 많다. 문화인류학에서는 이를 의심의 여지 없이 인정하고 있다. 식사문화도 예외는 아니다. 일본의 식사문화가 외래문화의 영향을 받으면서 어떻게 독자의 시스템을 형성해왔는지 살펴보자.

일본인의 식생활 역사에서 최대의 변화가 일어난 것은 본격적인 농경문화를 수용한 야요이시대이다. 수렵, 어로, 식물성 자원의 채집에 의존하던 조몬시대의 식생활은 주식과 부식의 구별이 없었다고 추정된다. 벼농사 이후 주식과 부식의 분리가 시작되고, 주식인 쌀밥에 초점을 맞춘 식사문화의 시스템이 형성되었을 것이다. 이때 쌀로 술 빚는 법 등 현재까지 이어지는 식사문화의 기층이 되는 문화 요소도 받아들였다고 생각된다. 농업이 독보적으로 일본에 들어온 것이 아니라 벼농사를 들여온 집단은 식사 시스템도 함께 들여왔다. 즉 조몬 때부터 전혀 다른 식사 시스템을 갖는 사람들의 집단이 생긴 셈이다.

야요이시대부터 유당사(遣唐使, 630년부터 일본이 당나라에 보낸 사절단) 시대까지, 외래 음식을 받아들여 일본 나름의 시스템이 편성되었다. 젓가락을 사용하는 식사법, 누룩을 이용한 발효 식품 기술 등이 이 시기에 들어왔고, 동아시아 식사 문명권의 일원으로서 공통성이 형성되었다. 이 시기의 외래문화 요소 중에서는 유제품과 숟가락을 사용하는 식사법 등은 정착하지 않았다.[1]

또한 7세기 후반에 시작된 육식금지는 일본인이 외래로부터 식재를 수용하는 데 결정적인 영향을 미쳤다. 이는 고기를 주재료로 한 조리법이나 향신료 도입에 장벽이 되었고, 외래의 식재를 거절하는 가장 큰 원인으로 후세에까지 작용했다. 그로 인해 겉으로는 고기를 이용하지 않는 일본의 독자적인 식사문화 시스템이 만들어졌다.

사찰의 정진 요리나 식사예법은 중국에서 도입되었지만, 거시적으로 보면 무로마치시대 전반까지 외래 식문화의 영향을 받은 변화는 그리 크지 않고, 일본 고유의 시스템을 발달시켜 고전적 식사문화를 만들어낸 시기로 인식된다.

무로마치시대 후반에 시작되어 아즈치 모모야마시대(安土桃山時代, 1582~1598)를 정점으로 에도시대 초기까지 이어진 일본의 식문화는 전환점을 맞았다. 그것은 중세적 질서가 붕괴하고 봉건제가 재편성된 사회 변혁 시대였는데, 외래 음식으로 말하면 무로마치시대에 명나라와 이루어

---

**1.** 율령시대의 궁정에는 소(蘇)라는 유제품을 공진해 공식연회에는 젓가락과 함께 숟가락을 사용했다.

진 일명(日明) 무역, 무로마치시대 말기에서 에도시대 초기에 포르투갈과 스페인을 상대로 한 난만(南蛮) 무역을 통해 이문화의 영향을 받은 시대라고 할 수 있다. 호박, 고구마, 고추, 수박이 이 시기에 도입된 작물이고, 카스텔라, 콘페이도, 아르헤이도, 달걀 소면, 타르트 등의 난반과자, 중국에서 기원한 두부, 우엉 등을 기름에 볶아 튀긴 겐칭(巻繊), 난반 요리가 기원으로 추측되는 덴푸라(튀김)가 이 시기에 해외에서 전래되었다.

하지만 이러한 전래가 일본의 고전적 식사 시스템에 구조적인 변화를 가져다준 것은 아니었다. 새로 도입된 작물에는 그때까지 존재하던 조리법을 응용했고, 기름에 튀기는 새로운 조리 기술이 일본식으로 변형되어 정착했다. 포르투갈 과자였던 필류스(filhos)는 두부 제품 '히로우스'나 '간모도키' 등으로 변형되어 남아 있다. 난반과자는 비교적 변형되지 않은 채 전승되었는데, 당시 일본 식사 시스템에서 과자가 발달하지 않았기에 비어 있는 분야를 메우는 것으로 채용되었을 것이다. 당시 일본에 들어온 외래 음식은 시스템 전체로 수용된 것이 아니라 각 요소로 분해되어 일본의 기존 시스템과 결합했다. 다시 말해 기존 시스템을 풍요롭게 하는 방향으로 받아들여졌다.

에도시대에 외래 음식 시스템을 요소로 분해하지 않고 비교적 전체로 받아들인 음식으로 중국식 정진 요리인 후차(普茶) 요리가 있다. 이것은 중국에서 온 스님이 상주했던 선종의 일파인 황벽종(黃檗宗)의 사찰에 한정된 집단 거주지에서의 일이다. 또 당나라 사람들과 교류하면서 만들어진 나가사키의 싯포쿠(卓袱) 요리는 일본화된 중국식 요리로, 요리뿐 아니라 접었다 폈다를 할 수 있는 싯포쿠다이라는 상을 사용하는 식사양식으로 받아들여져 에도시대 외래의 음식 시스템을 받아들인 첫 번째 사례로 주목된다. 하지만 일본적으로 꽤 변형된 것이었고 일상 식사와는 다른 수준의 식사문화였다.

쇄국이 끝나고 문명개화의 시대가 되면서, 이른바 서양화가 시작되었다. 의식주에서 서양화가 된 것은 모두 '공공(公)' 장소에서 시작되었다. 의복은 1872년(메이지 5년) 공식 예복으로 양복이 채용되고, 서양식 복장이 기관, 학교 등 공공 장소의 복장이 되었다. 건축은 양옥이 관청, 학교, 군대에 채용되었다. 마찬가지로 양식은 외국인과의 공적인 회식, 군대식으로 받아들였다. 외래 요리 중에서 공적으로 사용되지 않은 중국 요리의 보급은 늦은 편이었다.

막부 말기부터 대도시의 일부 주민은 고기를 먹었지만, 육식 보급은 정부의 개화 정책과 관계를 맺으면서 메이지시대 이후에 진행되었다. 근대화까지 고려해 고기와 우유를 식용으로 하는 양식이 문명사회의 식사모델로 받아들여졌다. 또한 위정자들은 고기를 먹고 우유를 마시는 습관이 부국강병으로 이어진다고 여겼다.

요리사들은 육식의 부활과 양식이라는 새로운 시스템의 출현을 전통 일본 요리 시스템에 받아들이지 않았다. 막부 말기의 시스템이 고정화하고 화석(化石)화함으로써 전통적 시스템을 지키려는 방향으로 나아간 것이다. 서양식 요리인 카레라이스나 크로켓을 받아들인 가정 식사의 시스템과 전통적 소재와 기술을 고집하는 일본 요리 전문점과의 차이가 확연해졌다. 전문가가 만드는 최고급 요리 오트퀴진(haute cuisine)과 가정 요리의 차이는 여러 나라에서 볼 수 있는 현상이지만, 일본만큼 그 차이가 뚜렷한 곳도 드물다. 일본의 전통 요리와 양식, 중식, 한국식 불고기와 김치가 뒤섞인 일본 가정의 식탁과 고급 요릿집 요리는 얼핏 보아도 다른 시스템으로 보일 것이다.

소고기 전골과 스키야키는 고급 전통 요리를 만드는 사람들이 아니라 서민들이 전통 시스템 안에서 고기라는 새로운 소재로 만들어낸 요리이다. 마찬가지로 돈가스, 프라이 등의 외래 요리를 시스템 안에 채용했고, 현재는 스파게티나 라면이 일상의 가정식 요리가 되었다.

이처럼 새로운 음식을 채용하는 과정에서, 전통적 식사 시스템에는 없던 육식과 기름을 사용하는 조리 기술이 외래 요리를 통해 빈 공간을 메우는 역할을 했다. 말하자면, 양식은 고기 요리로 받아들여지고, 중국 요리는 젓가락으로 먹는 기름과 고기를 사용해 만든 요리라는 이미지로 받아들여졌다. 2차 세계대전 이후 유행한 한국 요리 중 곱창구이를 통해 일본 사람들은 내장을 먹게 되었다. 일본의 식사 시스템에 육식이라는 거대한 분야가 결여되어 있어서 그 공간에 메이지시대 이후 다른 문화를 통해 외래의 음식을 들여올 여지가 있었던 것이다.

이를 일본인의 식생활이 서양화, 또는 중국화된 것으로 받아들인 것인지, 서양이나 중국 식사 요소가 일본인 시스템 속에 들어와 일본화한 것인지에 대해서는 의견이 갈린다. 쌀밥, 차, 절임 등 일본인 식사의 중심이 되는 음식 사이에 끼워진 외래 요리를 귀화하는 요리로 받아들이면 어떨까? 유부나 덴푸라도 처음에는 외래 음식이었지만, 시간이 지나면서 일본의 전통 음식으로 자리 잡았다. 그와 같은 일이 지금도 극적으로 전개되고 있는 것이다.

일본 가정의 일상 식사에서 외래의 식문화 요소를 대폭 받아들이게 된 것은 1955년경부터이다. 양식이나 중국 요리는 1870년대 들어서 도시의 생활양식에 서서히 보급되었지만, 1945년까지는 일본 가정 대부분의 식사 메뉴는 에도시대의 연장선에 있었다. 그것은 의생활, 주생활에서도 마찬가지였다. 기모노(和服)와 게타(下駄)가 양복과 구두로 바뀌고, 콘크리트 집단주택 단지가 점차 늘어나게 된 것도 1955년경부터이다.

생활에 물질적 기반이 되는 '일본식'과 '서양식'을 비교하면, 서양식이 전통 일본식보다 비싼 가치를 지녔다. 기모노는 집에서 바느질해서 만들지만 양복은 전문점에서 만들기에 값이 더 비쌌고, 동네 목수가 나무로 전통 가옥을 짓는 것보다 콘크리트 양옥을 짓는 것이 훨씬 비쌌다. 따라서 비용 투자가 가능한 공공 영역에서는 서양식이 채용되었지만, 개인의 삶에는 들어오기 어려웠다.

양복 보급에는 섬유산업이나 제품업계의 발전이 전제되고, 콘크리트 집단주택 보급에는 주택공단, 주택업자, 대규모의 건축업자의 출연 등 건축업계의 산업화 진행이 필요하다. 가정에 양식이나 중국 요리를 보급하려면 마가린, 샐러드오일, 햄, 소시지, 국수 등을 공급해주는 식품산업의 발달이 필요하다. 전통적인 삶의 물질적 기반이 산업화함에 따라 새로운 삶의 양식이 출현한 것이다.

문명의 개화 이래, 약 1세기의 준비기간을 갖고 도시적 생활양식이 진행되어 외래 음식에 관한 정보의 축적이 있었고, 2차 세계대전 후 경제 성장, 산업 구조의 변화와 함께 가정 식사에 극적인 변화가 일어났다.[ii]

전통적 시스템의 구조를 굳게 지니면서 외래 요소를 결합시킨 가정식 사를 외식에서는 외래 시스템이 각 요소로 분해되지 않은 채로 이식해왔다. 여기에는 다른 문화 시스템의 변형을 거부하고 그대로 들여온 방식과 기본적으로 외래 시스템의 구조를 받아들이며 일본의 식문화 요소를 결합시킨 방식이 있다.

전자로 말하면, 전쟁 전에는 호텔이나 고급 레스토랑의 식사양식, 오늘날에는 오트퀴진을 제공하는 프랑스 요리점 등이 이에 해당한다. 이곳에서는 본국 그대로의 식사를 서비스하려고 한다. 후자는 경양식당이다. 나이프, 포크, 스푼으로 테이블을 세팅하고, 제공하는 요리도 대부분이 서구에서 기원한 것들로, 기본적으로는 외래 식사 시스템 구조로 되어 있다. 그러나 빵뿐 아니라 쌀밥을 제공하거나 서양 간장인 우스터 소스를 뿌려서 먹을 수도 있고, 덴푸라의 원리를 적용한 일본풍의 돈가스 같은 요리가 인기 메뉴이다. 가정에서의 식사가 일본의 음식 시스템에 외래의 요소를 결합한 데 비해, 경양식당에서는 외래 시스템에 일본식 요소가 결합된 셈이다.

오트퀴진은 대부분 프랑스 요리라는 명확한 모델을 갖는 반면, '양식'은 특정 국가에 한정된 모델을 갖지 않는다. 그것은 오히려 일본인이 막연하게 가진 서구에 대한 이미지로, 말하자면 일본에서 재편성된 외래 식사 시스템이다. 피식민지였던 일본은 특정 국가나 민족으로 한정되지 않는 서구 이미지를 만들어 양식뿐 아니라 양복과 양옥에도 적용했다.[iii] 가정에서 받아들인 양식 가운데 돈가스, 프라이, 하야시라이스, 오므라이스 등 가정식으로 받아들여진 양식은 경양식당이 시작점인 경우가 많다.

일본 속의 중국 요리 역시 두 가지 유형을 지닌다. 나가사키, 고베, 요코하마의 중국인 식당과 쓰촨 요리, 상하이 요리 등을 전문으로 하는 중국 식당들이 일종의 중국식 오트퀴진이라 할 수 있고, 국수(시나소바)나 사오마이를 파는 식당과 만둣집이 두 번째 유형에 해당한다.

### 다른 시스템의 공존

야요이시대에 일어난 음식 시스템의 기본적 개혁 이후, 메이지시대에 이르기까지 여러 외래 요소를 결합하면서도 외부 충격에 따른 시스템의 구조적 변화를 경험하지 않고, 자기 증식적 성장을 해온 것이 일본 식생활의 역사이다. 그러나 세계에는 다른 문화의 식사 시스템과 만나면서 구조적으로 변화할 수밖에 없었던 식사문화도 많다. 역사적으로 소수민족이 거대 문명과 접촉함에 따라 스스로 식습관을 대폭 변화시키는 일이 각지에서 일어났을 것이다. 이때 청대에 만주족처럼 압도적으로 거대 문명의 식사문화 시스템에 흡수되어버린 경우와 언어문화 등의 인간 사회적 요소의 혼교 현상이 일어나는 경우가 있다.

크레올 요리란 미국 남부와 중남미에서 스페인 등의 식민종주국 요리법이 현지식 재료에 적용되거나 원주민의 요리법과 결합한 것으로, 이 지역에서는 스페인 요리나 원주민 요리와는 다른 제3 요리인 크레올 요리 시스템이 보급되었다. 언어학에서 크레올은 복수의 언어가 결합하면서 생긴 혼성어로, 모국어로 생활하는 사람들의 존재를 전제하고 있다. 예를 들어 라면, 돈가스, 명란스파게티 등은 크레올 요리로 받아들여졌지만, 그 요리만 먹지 않는다(즉 모국어가 아니다). 이처럼 크레올 요리는 그 자체가 하나의 시스템을 구성하는 것이 아니라 새로운 식사문화 시스템에 흡수된 것으로 보아야 할 것이다.

일본의 경우, 메이지시대까지 외래 식문화는 시스템이 아닌 요소로 분해되어 기존의 일본 식문화 시스템 안에 적당한 위치를 찾아 정착했다. 여기서 정착이란 가정의 일상 식사에 들어가는지 아닌지가 기준이 된다. 그런데 개국 이후 외식 개념으로 외래의 식사문화 시스템이 도입되어 가정식으로 정착하지 않은 채로 존재해왔다. 예를 들어 콩소메 수프는 산업화에 따라 인스턴트 수프로 가정에 정착했지만, 외식 시스템에서는 이미 십수 년 전에 정착했다.

| 나라명 | 개수 | 나라명 | 개수 | 나라명 | 개수 |
|---|---|---|---|---|---|
| 미국 | 38 | 인도 | 4 | 필리핀 | 5 |
| 아랍 | 1 | 인도네시아 | 4 | 폴란드 | 1 |
| 아르메니아 | 2 | 아일랜드 | 1 | 포르투갈 | 1 |
| 브라질 | 1 | 이탈리아 | 54 | 폴리네시아 | 1 |
| 중국 | 64 | 일본 | 32 | 러시아 | 5 |
| 크레올* | 1 | 유대 | 1 | 솔 푸드** | |
| 구바 | 3 | 한국 | 4 | (미국 요리에 포함) | |
| 체코슬로바키아 | 3 | 레바논 | 1 | 스페인 | 5 |
| 영국 | 3 | 멕시코 | 43 | 스웨덴 | 1 |
| 프랑스 | 46 | 모로코 | 5 | 스위스 | 5 |
| 독일 | 2 | 니카라과 | 1 | 태국 | 4 |
| 그리스 | 7 | 페르시아 | 2 | 베트남 | 11 |
| 헝가리 | 1 | 페루 | 1 | — | — |

\* 카리브 해안의 백인, 흑인, 선주민의 혼교 요리
\*\* 미국 남부 특유의 흑인 요리

표 1. 샌프란시스코 전화번호부의 직업별 페이지 각국 요리 분류(1980년판)

외식으로 정착된 외래 음식 중 서구에서 기원한 음식은 문명화한 음식 또는 근대화를 상징하는 특수한 가치관을 지니며 외식문화로 자리 잡았다. 그에 비해 중국 요리는 중국인 거류민이 많은 항구에서 중국인에게 제공되었다. 일본인이 중국 요릿집에 드나들게 된 것은 1920년대 이후부터이다. 한국 요리는 그보다 더 늦다. 1945년 이후부터 한국 음식을 먹기 시작했는데, 그전까지 한국 요리는 오사카에서 한반도 출신 사람들이 많이 사는 곳에서 먹는 민족 요리였다.

세계의 대도시는 다수 민족이 혼재하는 장소이고, 거기에 사는 이민족들에게 고향 음식을 파는 식당이 생겨난다. 그것이 민족 요리점의 기원이다. 샌프란시스코 전화번호부의 옐로 페이지(직업별 페이지)에 민족별 레스토랑이 분류되어 있는데, 그것을 살펴보면 36종 민족 요리점이 있다.(표 1) 이처럼 대도시에는 여러 민족과 다양한 민족 요리점이 있다.

일본에서 중국 요리와 한국 요리는 민족 요리로 출발했는데, 일본적 문화 요소를 받아들이는 시스템으로 변화한 것은 일본 요리사들을 통해 전국으로 퍼져나가면서부터이다. 그리고 현재에 이르러 민족 요리는 대유행하고 있다. 일본에 거주하는 외국인을 상대로 하는 것이 아니라 일본인을 상대로 만들어진 식당이 등장한 것이다.

일본뿐만 아니라 각국에 외국 음식 식당이 번성하게 된 것은 해외여행이 쉬워지고 국제화가 진행된 결과로 보인다. 또 서구문화의 가치를 편향적으로 중시하던 시기가 지나고, 제3세계에 눈을 돌리게 된 사회의 움직임과도 관계가 있다. 그러나 무엇보다 민족 식당이 사람들을 끌어당기는 직접적인 동기는 그 '화제성'에 있다. 이를 바꿔 말하면 '음식의 패션화 현상'이라고도 할 수 있다. 사람들은 가정의 음식 시스템 외에 외식에서도 복수의 외래문화 시스템을 즐기고 있다. 그것은 영양이나 경제성이라는 생존을 위한 식사로서의 실질적 충족과는 다르다. 다른 시스템을 통해 일시적인 쾌감을 체험하고 있는 것이다. 다시 말해 '식사의 정보화'가 진행되고 있다.

(i)  이시게 나오미치(石毛直道),「식사 패턴의 고현학(食事パターンの考現学)」, 일본생활학회
     (日本生活学会)(편),『생활학 제1책(生活学 第一冊)』, 도메스 출판(ドメス出版), 1975
(i)  이시게 나오미치,「의식주(衣と食と住と)」, 소후에 다카오(祖父江孝男)(편),『일본인은 어
     떻게 변했는가 ─ 전후에서 현대로(日本人はどう変わったのか─戦後から現代へ)』, 일본방
     송출판협회(日本放送出版協会), 1987
(i)  이시게 나오미치,「모델화 문명(モデルなき文明)」, 우메자오 다다오(梅棹忠夫)·이시게 나
     오미치(편),『근대 일본의 문명학(近代日本の文明学)』, 주오코론샤(中央公論社), 1984

# 가정의 식탁 풍경 100년

1998년

## 배경

인류 역사를 거시적으로 통찰할 때, 생업경제의 본래 상태를 기준으로 사회 단계를 구분하는 방법이 있다. 그 방법에 따르면 인류 초기는 수렵·채집사회였다가 신석기시대가 되면서 식료의 인위적인 생산이 시작되었고, 이후 농업사회와 목축사회가 출현했다. 근대에 이르러서는 산업혁명 이후 전 세계적으로 산업의 사회화가 진행되었다. 현대 선진 사회에서는 포스트모던 사회의 특징이 뚜렷하게 나타나고 있다. 이는 정보화사회를 향한 움직임이기도 하다. 지난 100년 동안 일본은 농업사회에서 산업사회로 변화했다. 공업 생산액이 농업 생산액을 처음 넘은 것은 1919년으로, 이때 이미 일본은 농업국에서 공업국으로 바뀐 것이다. 이와 같은 사회의 움직임에 맞춰 식문화는 큰 변화를 맞이했다.

농업사회에서 산업사회로 변화함에 따라 가정이나 가족이 갖는 의미와 형태도 변화했다. 즉 가정이 생산 장소에서 소비 장소로 변하면서 핵가족화가 진행되었고, 가부장적인 '제도가족'에서 '본심'을 중시하는 핵가족으로 옮겨갔다. 가장의 권위는 약해지고 여성의 사회 진출과 더불어 가정 내 남녀차별이 줄면서 '가정 민주화'가 진행되었다.

이와 같은 산업 구조의 변화에 따른 가족과 가정의 변화는 지역과 이념을 넘어 전 세계 산업화된 사회에서 공통적인 현상으로 나타났다. 이러한 변화는 세계 각지, 다른 사회에 속한 가정의 식탁에서 사람들의 행동을 변화시켰다.[1] 이러한 세계적 조류 속에서 일본 가정의 식사 풍경도 변했다. 가정 내의 '식탁의 변천'을 예로 들어보자. 다음 내용은 국립민족학박물관 공동연구 「현대 일본의 가정과 식탁」의 성과를 인용한 것이다.[2]

### 식탁의 변천

상차림의 방법은 '시간 계열형'과 '공간 전개형'으로 구분할 수 있다. 하나의 요리를 먹고 다음 요리가 식탁에 나오는 코스의 원칙을 적용하는 것이 시간 계열형이라면, 식탁에 요리를 모두 차려내는 것이 공간 전개형이다.

예로부터 일본 가정의 전통적 배선법은 공간 전개형이 원칙이었다. 화덕 주변에 그릇을 늘어놓고 식사하는 등 전통적인 일본의 식사는 개인 단위 공간 전개형으로 음식을 차리는 각상차림이었다. 각상에도 여러 가지가 있는데, 다리가 없는 상 또는 쟁반도 각상의 범주에 포함된다.

막부시대 말 등장한 하코젠(箱膳)은 말 그대로 상자 모양으로, 사용할 때는 뒤집어서 평평한 면을 상판으로 이용하고, 식사가 끝난 뒤에는 상자 안에 그릇을 수납했다. 장방형의 패널을 상자 위에 붙이거나 상자 부분에 그릇 서랍을 설치하도록 변형된 것도 있었다. 하코젠은 일반 서민의 일상 식탁으로 20세기까지 사용되었는데, 그림 1의 그래프에서 각상으로 표시된 부분은 하코젠이 대표적이다. 이 시기를 '각상 생활'이라는 범주로 나타내고 있다.

다음은 자부다이 시기이다. 여기서 말하는 자부다이는 식사 후에 접어서 보관하는 상다리가 낮아 사람들이 바닥에 앉아서 사용하는 좌탁으로, 한국의 두레반이라 할 수 있다. 메이지시대에 도시에서 자부다이가 유행하면서 각상 사용이 줄었다. 그 뒤 샐러리맨 가정을 중심으로 의자와 함께 사용하는 식탁이 보급되었다. 이것이 지난 100년간의 일본 식탁의 변천이다.(그림 1)

1. 사회의 산업화에 따른 가족이나 음식의 변화와 관련된 상세 내용은 111쪽 '동아시아의 가족과 식탁'을 참조하기 바란다.
2. 이 공동연구의 연구자는 이시게 나오미치(石毛直道), 이노우에 다다시(井上忠司), 구마쿠라 이사오(熊倉功夫), 요시이 다카오(芳井敬郎), 구루마 마사히로(車政弘), 우에다 히로시(植田啓司)이다. 이 연구의 일환으로 「가정의 식사에 관한 라이프·히스토리 조사」를 실시했다. 50항목에 걸친 조사표는 당시 70세 이상의 여성이 주 대상이었고, 전국의 284명에게 '각상 시기' '자부다이 시기' '현대'의 세 시기로 나누어 식사 풍경에 대해 설문조사를 했다. 그 결과를 수량 처리를 한 것이 본고의 그래프이다. '각상 생활' '자부다이 생활' '테이블 생활'은 각상 시기, 자부다이 시기, 현대에 대응한다. 또 선택을 하나만으로 정하지 않고 복수의 회답의 결과를 나타내고 있으므로, 이들 그래프의 수치를 총계하면 100%가 되지 않는다.
이시게 나오미치·이노우에 다다시(편),『현대 일본의 가정과 식탁—각상에서 자부다이로(現代日本における家庭と食卓—銘 膳からチャブ台へ)』, 국립민족학박물관연구보고 별책 16호, 국립민족학박물관, 1991

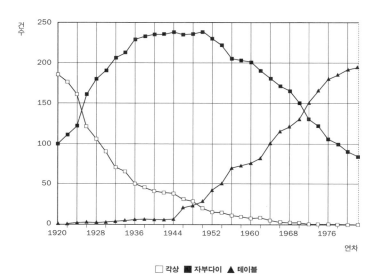

그림 1. 식탁 형식의 변화
출처: 이시게 나오미치·이노우에 다다시(편), 『현대 일본의 가정과 식탁 ― 각상에서 자부다이로』
국립민족학박물관 연구보고 별책 16호, 국립민족학박물관, 1991

그림 1은 1920년대부터 1980년대까지의 자료를 그래프로 표시한 것이다. 그래프를 보면 19세기 말 대다수의 일본 가정은 각상에서 식사를 했다. 1925년부터는 하코젠보다 자부다이를 사용하는 가정이 많아졌고, 거의 모든 가정이 자부다이를 사용했다. 각상으로 차리는 하코젠은 1960년대 말에는 사라졌다.

도시에서도 고용인이 있는 가정에서는 각상이 늦게까지 남아 있었던 것으로 보인다. 고용인이 없어지면서 자부다이로 바뀌었다는 회답이 있기 때문이다. 음식의 분배 단위가 명확한 각상차림은 장사하는 집이나 입주 고용인이 있는 가정에서 음식을 제공하는 데 유용했다. 여럿이 함께 식사하는 자부다이는 대형에는 6명, 중형이나 소형에는 4명이 둘러앉게 되어 있어서 대가족 식사에는 곤란했다. 자부다이는 가정 내의 생산 활동이 단절된, 도시 근로자의 핵가족 가정에서부터 보급되었다.

1945년경에는 당시 농림성이 '부엌개선' 사업의 일환으로 의자와 테이블을 사용하는 식사를 장려했다. 하지만 테이블형 식탁이 보급된 것은 1956년 일본주택공단이 2DK(다이닝 키친) 규격의 집합주택을 공급하면서부터이다. 밥 먹는 곳과 잠자는 곳을 구분하는 '침식분리'를 한정된 공간 안에서 실현하기 위해 부엌에 테이블을 둔 다이닝 키친을 설계했다. 양식 집합주택이 도시적 생활양식으로 보급되면서 일본인의 생활 평면은 바닥에서 의자나 침대 높이로 옮겨갔으며 테이블 식탁 사용이 늘었다. 1971년에는 자부다이와 식탁 비율이 역전해서 의자에 앉아 식탁에서 식사하는 생활양식이 분명해졌다.

통산성이 1990년 약 2,000명을 대상으로 한 설문조사에서 '자부다이'를 갖고 있는 가정이 56.3%, '테이블'을 갖고 있다고 대답한 가정이 83.1%로 나타났다. 평소에 어느 것을 사용하는지는 별개의 문제로, 두 가지를 다 갖고 있는 집도 39.4%에 이르렀다.[i] 본 연구팀의 조사 결과에 따르면, 아침과 점심은 부엌 테이블에서, 저녁은 자부다이나 좌탁에 둘러앉아 식사한다는 응답이 많았다. 또 계절에 따라 다르다고 응답했다. 이를 통해 일본인의 현재 식탁은 획일적으로 변화하는 것이 아니라 가정마다 개성을 드러내고 있다는 것을 알 수 있다.

### 금지사항과 자세

각상 시기, 자부다이 시기, 현대라는 세 시기에서 발견되는 식사행동의 변화를 검토해보자.

그림 2는 '식사 중에 해서는 안 되는 행동'을 나타낸 그래프이다. 각상 시기와 자부다이 시기의 식사에는 별로 차이가 없지만, 현대로 오면서 규제가 완화되는 경향이 보인다. 식사 중에 자리를 뜨는 것, 특히 화장실에 가는 것은 현재에도 무례하다고 되어 있다. '음식을 남기면 안 된다'는 금지사항이 수그러진 배경에는 '남겨도 할 수 없다'고 할 정도로 풍족해진 식생활이 반영되어 있다. 자부다이 시기 이후 '소리 내고 먹기'를 무례하다고 여기는 경향이 보이는데, 이는 서양식 식사매너의 영향으로 보인다.

또 TV를 보면서 먹기, 신문 읽으면서 먹기, 다른 일을 하면서 먹기 등이 있다. 이런 금지사항이 나타난 것은 그런 식사행동을 하는 사람들이 증가했음을 보여준다.

개별 질문의 결과를 보고 깨달은 것은 젓가락 사용법에 대한 엄격함의 변화이다. 각상과 자부다이 시기에는 젓가락 쥐는 법이나 다양한 젓가락 사용법이 까다로웠다. 젓가락을 바르게 잡는 법이 중요한 한편, 네부리

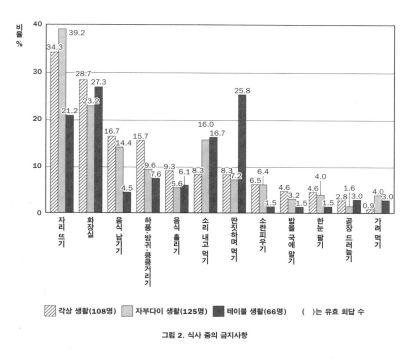

그림 2. 식사 중의 금지사항

하시(ねぶり箸, 젓가락에 붙어 있는 것을 핥는 것), 사시바시(さし箸, 젓가락에 꽂아서 먹는 것), 사구리바시(さぐり箸, 음식을 휘저어가며 내용물을 찾는 것), 요세바시(寄せ箸, 젓가락으로 식기를 잡아 당기는 것), 우쓰리바시(移り箸, 음식물을 집었다가 다시 놓고 다른 것을 집거나 반찬을 연속으로 먹는 것) 등 젓가락 사용과 관련한 예절을 매우 중요하게 여겼다. 그러나 이러한 금지사항이 현재의 식탁에서는 적합하지 않은 것들도 있다.

또 큰 접시에 담아놓은 공동의 음식은 덜기 전용 젓가락을 이용해 자기 그릇에 덜어서 먹어야 했다. 덜기용 젓가락을 사용하지 않고 본인의 젓가락을 사용해서는 안 되었는데, 현재는 이런 금지사항이 점차 없어지고 있다. 단, 음식을 젓가락으로 전달하는 하사미바시(はさみ箸)와 밥에 젓가락을 세워서 꽂는 다테바시(立箸)는 제사나 장례를 생각나게 해서 불길하다는 이유로 금지사항으로 남아 있다.

젓가락 쓰는 법뿐만 아니라 식사 때의 자세도 바뀌었다. 그림 3은 자세에 관한 그래프이다. 자부다이 시기는 식사 자세로 정좌(무릎 꿇고 앉기)가 원칙이었다. 남성은 책상다리를 하는 경우도 있었지만, 가정에서는 대부분 정좌로 식사를 했다. 당시 자부다이의 규격은 6인용이나 대형이라도 직경 1미터 정도였기 때문에 정좌하지 않으면 온 가족이 둘러앉을 수 없었다. 긴장을 풀고 식사를 즐기기 시작한 것은 최근에 들어서이다. 식탁에서 식사를 하게 되면서 정좌는 점차 감소했고, 바른 자세에 대한 요구도 달라져 '팔꿈치 붙이지 않기' '발 모으기'가 식사 때의 바른 자세가 되었다.

### 커뮤니케이션의 장

각상 식사는 '집의 질서'를 반영한 것이었다. 즉 남성이 가정의 중심이었으며 가족과 고용인, 남녀와 장유의 순서를 구별한 엄격한 자리 순서가 상차림에 적용되었다. 가족과 고용인의 식사 내용이 달랐고, 가장과 장남

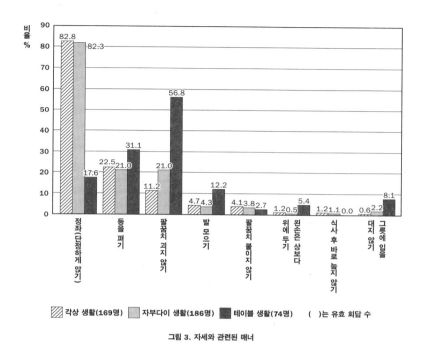

그림 3. 자세와 관련된 매너

에게는 특별한 음식을 제공했다. 보리밥이라도 이들에게는 쌀이 많은 부분을 담아주었다. 부유한 가정에서는 가장 혼자 다른 방에서 식사를 하는 일도 있었다. 식사 장소를 주재하는 것은 가장이고, 가족은 가장의 권위를 받드는 질서에서 식사를 했다.

사회주의자이자 역사가인 사카이 도시히코(堺利彦)는 일찍이 가족 식사는 '단란' 식사여야 한다고 주장했다. 그는 1901~1902년에 발표한

『가정의 신풍미』에서 이렇게 서술했다.

"식사할 때 가족회의를 열었다. 말하자면 가족이 모여 화목한 풍경은 더 많이 식사할 때에 있다. 이 점에서 생각하면, 식사는 반드시 동시에 한 식탁에 앉지 않으면 안 된다. 둥글든 사각이든 커다란 하나의 널판을 테이블이라 말해도 좋다. 여하튼 종래의 각상이라는 것은 없어졌다고 나는 생각한다. 동시에 한 식탁에 앉아서 모두 같은 것을 먹어야 한다. 세상에는 분별력이 없는 남자가 있다. 가장은 매일 밤 안주상을 받고, 아내와 자식은 다른 방에서 살금살금 식사를 한다. 이는 실로 몰인정하고 부도덕한, 해서는 안 될 일이다.

（중략）

내 생각으로는 작은 집에서는 식모도 대개 다른 가족과 동일한 것이 좋다. 식모 한 명에게 같은 음식을 분배해도 총액이 그리 증가하는 것이 아니다.

（중략）

배가 고프니까 밥을 먹는다는 것은, 식사는 단지 살아가는 데 필요한 일일 뿐 달리 맛도 아무것도 없는, 즐거움이 없는 것이 된다. 모든 인간은 몸의 욕구에 마음의 정이 동반하는 것으로, 필요 반, 취미 반. 집에서도, 옷에서도, 그리고 식사에서도 마찬가지이다. 배를 채우는 것만이 전부가 아니다.

앞에서 말한 바와는 달리, 식탁 위에서 노력하는 단란하고 화목한 가족의 정취를 드러내 보자. 되도록 식탁의 즐거움을 키우는 것이 좋다. 전국시대 무사 집안에서는 밥을 빨리 먹는 게 예의였지만, 우리 가정에서는 위생상으로든 취미상으로든 결코 즐거운 일이 아니다."⁽ⁱⁱ⁾

이 글은 식사에서 가족의 평등, 단란을 표현하기 위해서는 각상이 아니라 자부다이나 테이블 같은 대형 식탁에 가족 전원이 둘러앉아, 모두 같은 음식을 먹을 필요가 있다고 강조한다. 사카이 도시히코가 말하는 '존경하고 소망이 촉망받는 중등 사회' '평민주의 아름다운 가정'을 건설하기 위해서는 식탁이 '가정 민주화'의 중요한 역할을 이루어내리라 예측한 것이다. 또 사카이의 글은 금욕적 식사관을 부정하고, 적극적인 즐거움을 통해 식사를 '단란'의 장으로 형성하자고 주장했다는 점에서 주목된다.

남성이 식사에 연연하는 것은 기개가 없고, 무사는 굶고도 먹은 체한다는 식의 금욕적 식사관이 무사 계급을 중심으로 형성되어 있었다. 후쿠자와 유키치(福澤諭吉)의 자서전인 『후쿠옹 자전(福翁自傳)』을 보면 어릴 적 '빨리 먹기는 무사의 취미'라고 배웠다고 쓰여 있다.

식사는 신진대사를 충족시키기 위한 것으로, 오랫동안 식사를 즐기는 것은 노동 시간을 낭비하는 악덕이었다. 이와 같은 금욕적 이데올로기의 배경으로 메이지 정부가 사무라이 도덕(모럴)을 민중에게 침투시키려 했던 움직임을 들 수 있다. 야나기타 구니오(柳田國男)는 『고향 70년(故郷七十年)』에서 "사무라이 계급이 없어졌을 때 일본은 모두 사무라이화된다"고 말했다.

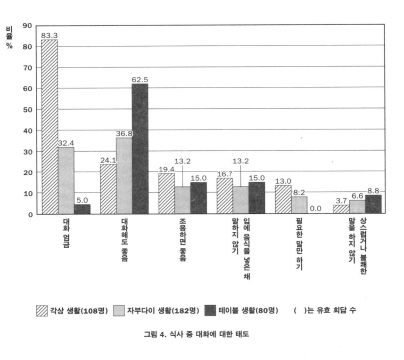

그림 4. 식사 중 대화에 대한 태도

　그렇다면 사카이 도시히코가 말한 '동일 식탁'에서의 식사를 가능케
한 자부다이가 확산하면서 식탁을 중심으로 한 가족의 '단란'이 실현되었
을까? 우선 그림 4를 살펴보자.

　각상 시기에는 식사 중 '대화 엄금'이 83.3%이다. '대화해도 좋음'이
24.1%, '필요한 말만 하기'가 13%로, 식사 중에 말을 하는 것은 엄격하게
규제되었다. 하지만 자부다이 시기에는 '대화 엄금'이 32.4%로 '대화해도

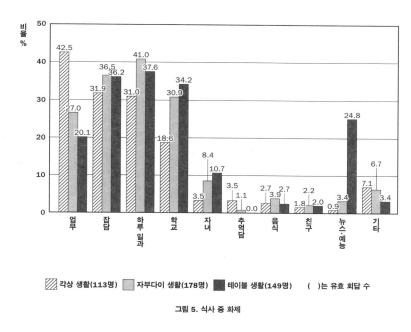

각상 생활(113명)  □ 자부다이 생활(178명)  ■ 테이블 생활(149명)  ( )는 유효 회답 수

그림 5. 식사 중 화제

좋음'(36.8%)보다 낮다. 하지만 여전히 가족 단란과는 거리가 멀다. 현대에 와서 '대화 엄금'을 중시하는 가정이 아직 5% 정도 있지만, '대화해도 좋음'이 62.5%로 훨씬 많다. 단, 큰 소리로 말하거나 입에 음식을 넣은 채 말하거나, 불쾌한 이야기만 아니면 대부분 식사 중에 말하는 것을 허락한다. 단란이 실현된 것은 가정에서 식탁이 보급된 이후부터이다.

　그림 5는 식사 중 화제에 관한 그래프이다. 각상 시기에는 업무에 관한 이야기가 화제의 대부분을 차지했다. 오랫동안 각상 식사를 유지해온

농가나 장삿집을 고려하면 식탁에서 나누는 대화는 업무 등에 관련된 것으로 생각된다. 자부다이 시기가 되어 업무에 대한 화제가 줄고 학교나 자녀에 관한 이야기가 많아졌다. 이는 학교나 교육이 가족의 공통 화제가 되는 샐러리맨형 가정에서 나타난 변화로, 식사 때 아이들에게 설교하는 부친상을 가끔 발견할 수 있다. 오늘날 식사 화제로는 '뉴스나 연예'가 있다. TV를 보거나 신문을 읽으면서 식사하는 모습도 적잖이 볼 수 있다.

조사 당시, 되도록 식사하는 방의 구조와 자리 순서를 표시하도록 의뢰했다. 그 결과 TV가 있는 방에서 식사하는 가정이 많았고, TV를 등지고 앉는 경우는 드물었다. 즉 TV가 제공하는 뉴스나 연예인을 화제로 삼는 것에 따라 '단란'이 성립하는 것이다. 이는 정보화사회의 식사 전조를 보여준 것이었는지도 모른다.

화제의 종류는 그림 6에 나타나는 '화제 제공자'와 관련이 있다. 각상 시기에는 대부분 아버지가 주역이었고, 자부다이 시기에는 '학교'가 대화의 주제가 되었다. 어린 자녀가 화제의 제공자가 되는 경우가 점차 늘어났지만, 여전히 아버지가 식탁에서 대화를 이끌고 있었다. 그러나 오늘날 아버지가 화제의 제공자가 되는 경우는 13.4%로 격감한 데 반해 어머니와 아이들이 동률로 47.6 %로 나타났다. 아버지가 없는 식탁 풍경, 또는 아버지 존재감의 희소성, 어머니와 아이들이 주역인 식사가 평균적인 가정 풍경이 된 것이다.

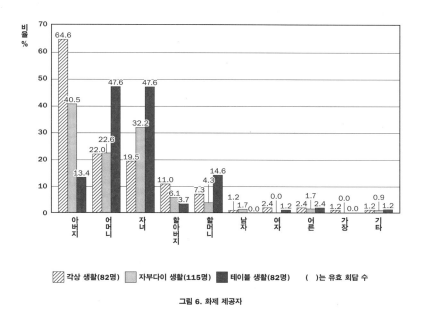

그림 6. 화제 제공자

## 결론

자부다이 보급에 따라 가족이 하나의 식탁에 둘러앉게 되었지만, 식사 자리에서 가족의 평등한 단란은 나타나지 않았다. 돌이켜보면 자부다이 시기는 독자적인 식사 스타일을 만들어냈다기보다는 현재의 식탁 풍경을 만들어내기 위한 과도기적인 성격이 강했다. 15년에 걸친 긴 전쟁(1931년 만주사변부터 1945년 2차 세계대전 종전까지)이 없었다면, 사카이 도시히코가 바라는 '가정 민주화'가 더 빨리 실현되었을지도 모른다. 그러나 현실에서는 전후에 와서야 민주주의에 따라 '집제도'가 붕괴하기 시작했다. 이처럼 여러 가지 사회 변화와 경제환경의 변화를 기반으로 현재의 식사양식이 성립된 것이다.

지난 100년간의 가정 내 식사 풍경의 변천을 돌이켜보면, 어느 방향으로 변했는지를 알 수 있다. 앞서 말한 바와 같이, 농업사회의 가족에서 산업사회의 가족으로 이행하면서 '명분'을 중시한 식사에서 '본심'을 중시하는 식사로 변했다. 조금 과장하면 가정 내 공식 행사의 성격을 갖고 있던 식사 자리가 가족의 '단란'을 추구하는 자리로 이행했다. 테이블에서 식사하는 것이 주류가 되면서 냄비 요리가 많아졌고, 밥과 국 이외의 음식은 큰 공용 접시에 담아 덜기 전용 젓가락을 사용하지 않고 본인 젓가락으로 집어 먹는 가정이 늘어난 것도 가족의 구별을 배제하고 '단란'을 연출하는 것과 관계가 있다.

신체 유지나 노동의 재생산을 위한 수단으로 식사하는 것이 '명분'의 식사관이었다면, 오늘날처럼 맛을 추구하는 것은 '본심'의 식사관으로, 이는 미식 열풍이 표면화된 것이다. 금욕적인 식사관은 하루 중 식사 시간이 차지하는 데에서도 나타난다. NHK 국민 생활시간 조사에 따르면, 1965년까지 국민 1인당 식사 시간은 1시간 10분대에 멈췄지만, 1970년 이후는 1시간 30분에 이른다. 1995년 조사에서는 1시간 33분으로 식사 시간이 1970년대와 거의 차이가 없지만, 25년 동안 음식의 내용은 맛을 추구하는 것으로 크게 변한 것이 사실이다.

이와 같은 '본심'의 표면화는 종래의 식사행동에 관한 범주가 약화되었음을 의미한다. 그러나 지금까지의 범주는 더 이상 통용되지 않지만, 새로운 규범은 아직 창출되지 않았다. 그런 가운데, 가족 단란의 장으로서 성립된 식사 풍경이 변화하려는 조짐이 나타나기 시작했다. 혼자 먹기(혼밥)의 진행이 그것이다.

(i)  통상산업성 생활산업국 일용품과(通商産業省生活産業局日用品課)(감수), 『마음 풍요로운 식공간을 찾아서—생활 공간 창조에 관한 조사 위원회 보고서(心豊かな食空間を求めて—生活空間創造に関する調査委員会報告書)』, 생활용품진흥센터·식생활과 생활문화 라운드테이블(生活用品振興センター·食生活と生活文化ラウンドテーブル), 1990
(ii)  사카이 도시히코(堺利彦), 『신가정론(新家庭論)』(『가정의 신풍미(家庭の新風味)』 개제), 고단샤 학술문고(講談社学術文庫), 1979

# 가정 요리 100년

### 식단 사례

지난 100년간 일본 가정의 식탁은 크게 변화했다. 각상차림에서 자부다이로, 자부다이에서 의자와 테이블로 바뀌어 지금은 식탁에 둘러앉아 식사하는 것이 일반화되었다. 새로운 형식의 식탁이 사용된 시기는 가정마다 다른데, 여기에는 지역 차이와 직업 차이가 있다. 이를테면 메이지시대에 이미 자부다이를 도입한 가정도 있지만, 2차 세계대전 후에도 각상을 사용하는 농촌 가정이 있었다. 크게 보면 1920년대 중반에 자부다이를 사용하는 식사가 일반화되기 시작했으며, 각상은 쇠퇴의 길을 걸었다. 그 후 약 반세기 가까운 세월이 흐르면서 대부분 가정에서 자부다이에서 식사하게 되었지만, 1970년대에 들어서부터 테이블에서 식사하는 가정이 주류가 되었다.

이러한 식탁의 변화에 대응해 메이지시대부터 현대에 이르는 가정의 식생활 변천과 물질문화로서 식탁의 역사를 고찰하는 공동연구가 국립민족학박물관에서 행해졌다. 이 연구의 일환으로 70세 이상 여성을 대상으로 '가정 식사에 관한 라이프 히스토리 조사'가 이루어졌고, 면담 조사를 통해 284개 사례를 얻었다. 그 질문표에는 '밥을 먹을 때, 무엇을 먹고, 무엇을 마시는가?(아침, 점심, 저녁)' '누군가 특별히 다른 것을 먹는가?(예

를 들어 부친, 장남)'이라는 항목도 있다. 시기별로는 각상 시기, 자부다
이 시기, 현대(1983, 1984)로 나누어 조사했다.

조사항목 결과 중에서 도시의 비교적 부유한 가정(사례 1), 쌀 생산
이 적은 어촌 가정(사례 2), 논농사 가정(사례 3)의 식단을 소개한다. 이
는 20세기 초부터 현재까지 일상 속 식단 변화를 구체적인 이야기로 증언
한다. 여기에는 조사의 원문을 그대로 옮겨놓았다.[i]

## 사례 1

1911년생. 최종 학력은 고등학교. 소녀 시절에는 오사카에서 살았고,
친정은 지주 집안으로 임대업을 했다. 1935년에 결혼해 고베로 이사
했고, 남편은 은행원이었다.

<각상 시기>
1921~1930년까지 사용
아침: 밥, 된장국, 절임, 짠조림로 아주 간단함.
점심: 밥, 채소조림, 절임, 말린 생선, 지리 등
저녁: 밥, 생선조림이나 구이, 조개류, 채소, 고기(닭고기나 오리). 아
버지 상에는 한 가지라도 다른 것을 올리거나, 같은 요리라도 양을
많이 담았다.

\<자부다이 시기\>

1930~1935년까지 사용

각상에 올렸던 것과 거의 같은 것으로, 아침에는 밥, 된장국, 절임, 짠조림 등. 점심은 밥, 지리, 절임, 채소조림, 작은 생선을 말린 것. 저녁은 밥, 생선조림이나 구이, 조개류, 채소 닭고기, 고래고기 등

\<현대\>

아침: 밥, 된장국, 절임, 달걀부침 또는 빵, 샐러드, 오믈렛, 홍차로 먹을 때도 있다. 간편해서 빵을 자주 먹는다.

점심: 밥, 채소조림, 작은 생선을 옛날과 다름없이 먹는데, 샌드위치나 핫도그, 우동, 모밀국수, 스파게티 등 빵이나 면을 먹게 되었다. 밥 남은 것을 활용해 볶음밥을 만든다.

저녁: 밥, 고기나 생선으로 준비하고 곁들임으로 채소를 놓는다. 고기는 소, 돼지, 닭 등을 먹고, 햄, 소시지, 가공육·다진 고기 등도 이용한다. 주된 반찬에 고로케나 튀김 등 기름에 튀긴 것이 많아졌다. 맛내기는 예전보다 맛이 진한 양식도 가끔 먹는다. 때때로 남편을 위해서 술안주를 만든다.

## 사례 2

1907년생. 최종 학력은 초등학교, 친정은 잡화점 운영, 1929년 고치

현의 같은 마을에서 다른 잡화점을 하는 남편과 결혼했다.

<각상 시기>

1928년까지의 처녀 시대 사용

아침: 흰 쌀밥은 없었고, 겨울에는 감자밥, 여름에는 보리밥, 무말랭이밥이었다. 집에 있는 것을 먹었다. 된장국은 아주 드물었지만, 된장(미소)은 썩지 않으니 자주 먹었다.

점심: 된장과 멸치 섞은 것, 절임 등이었다.

저녁: 반찬은 무, 생선조림, 그리고 절임. 여름에는 오이와 가지를, 겨울에는 무를 절였다. 채소는 모두 집에서 키운 것을 먹었다.

누군가 특별히 다른 것을 먹었는지를 묻자, "장남에게는 언제나 좋은 것을 먹였다"고 대답했다. 장남에게는 어느 집이나 흰 쌀밥을 주었고, 생선회는 아버지, 할아버지, 장남에게 먹였다.

<자부다이 시기>

1925년에서 1978년까지 사용

이 이야기의 시대 배경은 불명이지만, 종전 후인 1945년부터 1955년의 정경으로 추정된다.

밥은 무말랭이밥이나 보리밥이었다. 절임은 항상 나오고, 띠풀이멸치 등 생선이 나오면 상등이고, 된장국이 나오는 것은 아픈 사람이 원할 때나 손님 등 특별한 이유가 있을 때이다. 아침은 밤에 남은 조림 등을 내놓는다. 밥을 매끼 짓지 않고 있는 것을 먹는다. 반찬이 떨어져 "오늘 밤은 무얼 할까? 오이 초나물이라도"라고 말하면 만든다. 대개 반찬은 한두 가지이다. 반찬으로 된장과 절임이 가장 많았다. 된장에 멸치를 넣어 섞은 반찬이 맛있었다.

<현대>
아침: 가지와 오이와 호박조림과 절임, 매실장아찌
점심: 구운 생선과 아침과 같은 반찬
저녁: 생선회, 오징어무침, 조림
항상 아침은 전날 밤에 남은 음식과 된장국, 그 밖의 것을 먹는다. 점심은 반드시 구운 생선을 먹고, 저녁은 2~5, 6품을 준비한다. 생선이나 고기 중 한 가지는 매일 저녁 먹는다. 특별히 다른 것을 먹는 것은 없으며, 요즘은 남편의 컨디션이 나빠서 죽을 끓인다.

사례 3
1901년생. 최종 학력은 초등학교, 친정은 논농사, 1925년 니가타현 같은 마을에서 결혼, 현재 호주(차남)는 화학공장에 근무하는 겸업 농가이다.

<각상 시기>

1925년부터 1942~3년경까지 사용

밥 이외에 먹는 것은 아침 점심 저녁 모두 절임과 국뿐이었다. 생선은 좀처럼 먹을 수 없었다. 주로 집 텃밭에서 얻는 토란과 호박으로 조림을 만들고 오이생채, 나와니자이(짠 송어나 연어를 사용), 달걀이 있으면 잘 차린 것이다. 구운 떡은 어릴 때와 시집왔을 때 먹었다. 이것을 만드는 방법을 써보자. 아침에 일어나서 쌀가루를 삶는다. 손절구에 담아 치대어 둥글게 만들어 화덕에서 짚불로 굽는다. 주먹밥과 같은 방법으로 속에 생선(연어) 등을 넣으면 상급이었다. 구운 떡은 그리 맛있지 않았다. 화덕이 없어지니 만들 수 없게 되었다.

호주나 가장에게도 다른 것이나 특별한 찬을 차려주는 일은 없었다. 단지 같은 반찬 중에 가장 좋은 부분을 담는 정도였다.

<자부다이 시기>

1942~3년부터 1966년까지 사용. <각상 시기>와 동일

<현대>

아침은 전날 저녁에 남은 것이나 김에 먹음. 점심은 볶음밥. 저녁은 두 가지를 만든다. 생선회, 카레라이스, 스튜, 마파두부, 샐러드, 오이생채에는 문어나 오징어를 넣는다. 덴푸라, 고기류.

## 식단의 변화

앞에서 언급한 식단을 바탕으로 지난 100년간 가정 요리가 어떻게 변했는지 생각해보자. 우선 살펴볼 것은 사례마다 각상과 자부다이 시기는 다르지만, 어느 가정이든 각상 시기와 자부다이 시기의 식단이 기본적으로 같다는 점이다.

거시적으로 보면 일본 가정의 식단에 외래 요리가 많이 채용되고 부식 종류가 많아지는 한편, 빵이나 면류의 비중이 높아지는 등 일련의 변화가 나타난 것은 1950년대 후반부터이다. 1960년대에는 그러한 변화가 한층 뚜렷해진다. 변화가 일어나기 전 각상이나 자부다이 시기에는 지역이나 계층에 따른 음식 차이가 있었으나 빵이나 면류가 일본 가정에 들어와서 일본인 식생활을 평균화시키고 변화를 끌어내면서 가정마다 정형화한 식생활 패턴이 지속되었다.

사례 1은 식료품 생산에 종사하지 않고, 상품화된 식료품을 구입하는 식생활을 영위하고 있었다. 고기나 생선이 일상의 식탁에 제공되는 등 당시에는 선진적인 가정이었다. 닭, 오리, 고기(주로 소고기를 말한다), 고래 등 고기를 먹었다고 하지만, 요리법은 적혀 있지 않다. 하지만 당시 사정으로 보면, 서양 요리나 중국 요리가 아니라 주로 스키야키 등 냄비 요리로 먹었을 것으로 생각된다. 돼지고기를 먹었던 오키나와를 제외하고 1880년대 이후부터 고기가 일본 가정에 식재료로 등장했다. 하지만 자부다이 시기까지는 가정에서 고기를 먹는 일이 드물었고 요리법도 일본식이 주류였다.

사례 2와 3은 자급자족적 식생활을 영위하는 시골 살림이다. 사례 2는 밥이 주식이고, 일상 식사에 국이 없었던 것으로 나온다. 다른 조사 결과를 보면, 이런 구성은 전국적으로 나타났다. 밥, 국, 절임이 식사의 주요 구성 요소로, 점심과 저녁에는 채소조림이 들어간다. 에도시대 이래 대부분의 지방에서는 이것이 일반적인 식사의 기본 패턴이었는데, 이런 패턴은 자부다이 시기부터 이어져 온 것으로 보인다. 유복한 가정인 사례 1에서는 이 기본 패턴을 바탕으로 아침에는 생선 등의 간장조림이나 달걀 구이, 점심에는 말린 생선, 저녁에는 생선이나 고기 등 부식을 더한다.

식탁에서 식사하는 것이 주류가 된 현대에는 사례 1과 같이 고령자라도 빵, 샐러드, 홍차로 아침 식사를 하는 때도 많다. 쌀밥을 주식으로 하는 식단에는 국, 절임이 기본으로 나온다. 단, 고기나 생선을 활용한 부식이 늘어나면서 채소조림 비중이 상대적으로 낮아졌다. 하루 식사 중 저녁밥 비중이 크고, 사례 2가정에서는 3~5품, 사례 3에서는 두 가지 종류의 반찬을 만든다. 양식과 중식 요리가 가정 식단에 오르면서 자급자족적 식생활이 사라진 것을 알 수 있다.

한편 사례 2는 쌀을 절약하기 위해 다른 잡곡 등을 넣었다. 하지만 오늘날 이런 이유로 잡곡밥을 먹는 가정은 없다. 쌀의 증량제로 보리, 잡곡류 등을 넣거나 대용식으로 감자를 먹지도 않는다. 보리밥을 먹는 가정이 있다면, 그것은 경제적인 이유가 아니라 건강을 위해서이다.

1962년 1인당 연간 쌀 소비량은 117kg으로 역대 최고치를 기록했지만, 이후 지속적으로 감소해 1994년에는 67kg까지 떨어졌다. 빵과 면류의 원료가 되는 밀 소비가 어느 정도 증가한 것을 빼고는, 주식 작물 소비량은 고도경제 성장기 이래 감소 추세를 걷고 있다. 에너지원으로서의 탄수화물 식품이 감소하는 한편, 고기, 생선, 달걀, 우유, 유제품 등 동물성 단백질 식품의 소비가 증가한 것이다.

사례 3의 구운 떡은 싸라기를 이용했다고 생각되는데, 지금은 밥 대신 구운 떡을 먹지는 않는다. 조사 기록을 보면 구운 떡을 안 만들게 된 이유를 화덕이라는 요리 기구의 소멸과 관련된 것으로 설명하고 있다.

아침 식사로 빵이 보급된 것은, 주식 편중의 식사에서 부식 비중이 높은 식사로 이행한 것과 관련이 있다. 용량에 한정이 있는 위장을 부식물로 채우는 경향이 강해지니 쌀 소비량이 감소한 것이다. 경제 발전과 함께 여러 가지 부식의 맛을 즐기게 된 것이다.

주식, 국, 절임, 채소조림의 정형화된 식사와 함께 저녁은 특별식, 혹은 어제와는 다른 반찬을 내놓는 것이 현대 식사이다. 과거의 식생활에서 일상 식사는 정해진 것을 먹는 것이 보통이었다. 그에 비해 축제나 행사 때인 비일상 식사는 평소와는 다른 몇 가지 종류의 '별식'으로 구성된다. 오늘날 가정에서 저녁밥은 과거 행사의 식사와 같다. 이는 오늘날 우리가 잔치나 행사 때 먹었던 식사가 일상 식사가 되었다는 것을 의미한다.

## 밥 짓기에서 반찬 만들기로

요리＝조리의 개념은 문화에 따라 다르다. 예를 들어 영어의 'cook'이나 'cookery'는 보통 '요리'에 해당하는 어휘로 번역된다. 그러나 영어 단어 'cook'은 조리를 가리킨다. 따라서 가열 조리를 하지 않는 생선회는 요리하지 않은 음식인 'uncooked food'로 불린다.

여기서 요리는 '소재로서의 식품, 그릇을 포함한 요리 도구, 요리 기술을 엮는 체계(시스템)이고, 그대로는 먹을 수 없는 것을 먹을 수 있게 변화시키거나 먹기 쉬운 상태로 만드는 것을 목적으로 하는 행위'로 이해하도록 하자. 이 체계는 여러 문화에서 역사적으로 형성되었다. 지역적 차이에 주목하면 교토 요리, 오키나와 요리라는 식으로 분류할 수 있고, 같은 지역 안에서도 일상 요리와 행사 요리로 구별할 수 있다. 그보다 상위 개념으로는 일본 요리, 프랑스 요리 등 각 나라의 요리로 나눌 수 있다.

같은 문화 안에서도 조리 개념은 시대에 따라 달라진다. 과거에는 가정에서 이뤄졌던 부엌일이 현재는 조리 개념에 들어가지 않거나 조리의 선행 개념 또는 조리의 연장 선상에 위치하기도 한다.

100년 전 농가에서는 쌀을 찧어(도정) 밥을 짓기 시작했고, 떡이나 면을 만들 때는 돌절구로 가루를 빻는 데서 시작했다. 식량 생산에 종사하지 않는 도시 가정에서도 밥을 짓기 전에는 쌀을 채반에 넣어 이물을 골라냈다. 본격적인 조리 작업을 하기 전에는 반드시 '원료처리'를 했다.

농가에서는 된장과 간장 같은 조미료를 자가 생산했고, 생선 말리기,

절임 만들기, 산나물 장아찌 만들기, 말리기 등은 부엌일의 일부였다. 보존 식품의 가공도 부엌일이었다. 흙이 묻은 채소를 씻거나, 생선 비늘을 긁어 포를 뜨거나, 닭을 잡는 것 등의 '밑준비'도 부엌일에 해당했다. '밑준비'가 '원료처리'와 다른 점은 '밑준비'를 한 식품은 바로 조리 과정에 들어갈 수 있는 데 비해 도정이나 가루 내기 등 '원료처리'된 식품은 식재료로 보존하기 위한 것이었다.[ii]

도시 가정에 가스가 보급된 것은 1910년경에서 1920년 중엽이다. 100년 전 부엌에는 아궁이, 화덕, 풍로가 열원이었다. 불을 이용한 요리 중에서 가장 일상적이면서 동시에 손이 많이 가는 일이 밥 짓기였다. "세 끼 짓는 밥조차 마음대로 되지 않는 세상." 이 풍자노래에서 보듯이, 주부는 밥을 잘 짓는 데 정력을 쏟아 일희일비했다. 물 조절이나 장작불 세기를 미묘하게 조절하는 밥 짓기 특성상 주부는 계속 아궁이에 붙어 있어야 했다. 국이나 부식을 만드는 것은 밥 짓는 동안 하는 일이었던 만큼 식사 준비에서 가장 중요한 것이 밥을 짓는 일이었다.

100년 전의 부엌일을 현재와 비교해보자. '원료처리' 작업은 부엌에서 사라졌다. 쌀을 심는 농가에서도 자가 정미를 하는 일은 드물고, 가루를 사용한 요리를 만들기 위해 자가 제분하는 가정은 이제 없다. 현재의 가정 요리는 '원료처리'가 끝난 식품을 대상으로 한다. 생선은 비늘을 긁어 토막 낸 상태에서 팔고, 닭고기도 부위별로 나눠 팔고 있으므로 '밑준비' 작업도 크게 줄었다. 가정에서 보존 식품을 만드는 일도 적어졌다. 가장 일반적인 보존 식품인 절임도 사 먹는 것이 일반화되었다. 현대 가정에서 부엌은 신선 식품을 다루는 장소가 되고, 보존 식품은 사회적으로 관리된다. 이와 같은 일련의 변화는 식품산업의 성장과 유통기구의 변혁에 따른 것이다. 에도시대에 이미 도시에서 식품가공업이 이뤄지고 있었지만, 공장제조 단계에 도달한 것은 양조업 정도였다. 다른 식품가공은 대개는 수공업이었다. 제조와 판매를 겸한 소규모의 가내 공업적 경영으로 생산과 유통이 분리되지 않은 경우가 많았다. 지역에서 생산되는 식재료를 원료로 삼아 지역적 기호에 맞게, 그리고 장기 보존이 곤란한 제품이 많으므로 넓은 지역을 대상으로 하는 사업 전개는 어려웠다. 게다가 기계화가 어려운 것이 식품가공업의 특색이다. 따라서 어느 나라나 군사적 수요와 긴밀하게 관련된 캔 식품 제조 등을 제외하면, 산업혁명 후에도 식품산업은 기계화에 따른 대량생산과 광역 유통망이 뒤늦게 형성되었다. 일본에서 식품 관련 산업 가운데 광역 유통 시스템을 확립한 것은 주조업 정도였다.

사회적 부엌은 도시의 식탁에 제품을 공급하는 것에서부터 시작된다. 사례 1의 가정에서는 각상 시기부터 구입했던 생선 등 간장조림이 식탁에 올려졌고, 된장과 간장도 구매품이었다. 이에 비해 사례 2와 3에서는 자부다이 시기까지 자급자족적 색채가 강한 식생활을 계속했다.

밥 짓기가 부엌 일의 핵심이었던 주식 중심의 식생활에서 부식(반찬) 중심의 식탁으로 변화하면서 가공식품과 완전조리 식품, 반조리 식품, 완제 소스나 양념장, 수프, 장국조미료 등 식품산업이 부상했다. 특별한 행사나 잔칫날 요리가 아닌, 정해진 식단을 차리는 일상의 음식은 어머니로부터 딸에게 전달되는 것으로 충분했다. 하지만 몇 가지 요리를 전날 식단과 겹치지 않도록 차려내는 것이 일상에서 요구되면서 조리 기술의 전달 기능도 사회적 미디어로 옮겨갔다. 요리학교, TV, 잡지, 요리책, 그리고 이제는 컴퓨터를 통한 전자정보에 따라 조리 기술이 전달된다. 주식, 즉 밥에 편중된 식생활이 끝났을 때, 우리는 요리의 정보화시대에 들어온 것이다.

### 부엌의 문명화

전기밥솥의 출현에 따라 주부는 밥 짓기에서 해방되었다. 전기밥솥은 전 세계의 쌀을 주식으로 하는 지역에 보급되었다. 특정 문화권을 넘어 보편적으로 확산된 현상은 하나의 새로운 문명으로 받아들여졌다.

산업혁명 이후 선진국의 도시에서는 부엌 설비의 문명화가 일어났다. 부엌에 상수도와 하수도가 이어져 수도꼭지를 틀면 물을 얻을 수 있고, 싱크대의 배수가 하수도로 흘러나간다. 가스나 전기를 열원이 되고, 열원과 상수도가 결합해 온수 자동급수가 이뤄졌다. 또한 냉장고, 냉동고를 주방에 두게 되면서 신선식품을 보존할 수 있게 되었고, 냉동식품은 전자레인지의 보편화를 이루었다. 이러한 변화는 종교나 국가 체제의 차이를 넘어 더 좋은 생활을 실현하기 위한 장치로 널리 퍼지게 되었다.

20세기 초 도시 부엌으로 상수도와 가스가 들어왔다. 1910~1920년대 도시의 지식인들 사이에서 '생활개선 운동'으로 부엌 시스템화와 전기화가 논의되었다. 당시의 냉장고는 전기가 아니라 얼음을 사용한 아이스박스로, 얼음가게가 있는 마을에서만 사용할 수 있었다. 1930년경의 냉장고 가격은 집 한 채 가격이었다. 그 후 오랜 전쟁을 겪으며 생활 수준이 낮아졌지만, 종전 후 경제가 부흥되고 고도성장이 시작된 1960년대에 이르러 일본의 부엌은 문명화되었다. 1960년에는 5%에 지나지 않던 냉장고 보급률이 1970년대에는 90%가 되었다. 가정 요리에 뚜렷한 변화가 일어난 것도 이때 즈음이다. 요리의 변화는 부엌 설비의 변화와 궤를 같이한 현상이다.

음식 그 자체의 문명화 현상은 냉동 식품, 레토르트 식품, 기성의 조미료 등의 보급에서 나타난다. 그중에서 글루탐산의 감칠맛 조미료, 간장, 인스턴트 면은 문명화 식품으로서 전 세계로 퍼져나갔다. 문명화한 식품은 기계의 도입과 작업의 합리화 등으로 노동력을 절약하고, 그 생산물을 보급함으로써 평준화를 가져왔다. 단, 지금의 평준화 현상이 각 식생활 문화의 지방 차이와 계층 차이를 감소시키는 방향으로 작용한다거나, 다른 식문화와의 상호 차이를 평균화해 세계의 음식을 균일화하는 방향으로 작용했다고는 생각하지 않는다. 지역과 계층의 문화적 차이에 따라 냉장고 안에 보관하는 식품의 종류가 다르고, 인스턴트 면의 조미가 다르기 때문이다.

세계적 규모의 패스트푸드 체인이나 식품의 세계적 유통이 전 세계의 맛을 균일화한다는 해석이 많다. 하지만 세계 각지의 가정 요리를 살펴보면, 고유의 식문화 체계는 여전히 탄탄하게 유지되고 있다. 가장 극적인 변화를 보인 것이 일본의 가정 요리이다. 전통 식단에서 부족했던 고기, 유지, 유제품 등은 여러 가지 새로운 식품을 받아들이는 것으로 보완했고, 양식과 중국식 등 다른 식문화의 조리 기술을 과거 100년에 걸쳐 받아들였다. 다른 문화에서 기원한 요리도 일본인의 기호에 알맞게 변형시켰다. 다른 식문화와 교류하면서 새로운 일본 요리를 지속해서 만들어가는 것이 근대 일본 가정의 식생활이라 할 수 있다.

(i)  이시게 나오미치(石毛直道)·이노우에 다다시(井上忠司)(편),『현대 일본의 가정과 식탁―각상에서 자부다이로(現代日本における家庭と食卓―銘 膳からチャブ台へ)』, 국립민족학박물관연구보고 별책 16호, 국립민족학박물관(国立民族学博物館), 1991

(ii) 이시게 나오미치,「부엌문화의 비교연구(台所文化の比較研究)」, 이시게 나오미치(편),『세계의 식사문화(世界の食事文化)』도메스 출판(ドメス出版), 1973

# 음료 100년

1996년

일반적으로 음료나 담배는 기호품이라는 범주로 분류된다. 입으로 섭취한다는 점에서 기호품과 음식은 같다. 대부분 음식은 인체 유지에 필요한 영양섭취라는 목적을 이뤄내는 데 비해 기호품은 영양과는 관계없이 자극을 찾으려고 입에 넣는다는 점에서 다르다.

음식물 중에서도 영양과 관계없이 독특한 향이나 씹는 맛을 즐기기 위한 것이 많고, 음료 중에서도 과즙이나 우유, 건강 음료와 같이 영양섭취를 위한 것이 많다. 따라서 현실에서는 음식과 음료의 뚜렷한 경계를 정하기가 쉽지 않다. 음식은 씹을 필요가 있다든가, 혹은 직접 목으로 넘긴다든가와 같이 '먹다' '마시다'를 구별하기에는 어려움이 있다. 왜냐하면 수프를 '먹다'라고 표현하는 문화가 있는가 하면, 일본에서처럼 '마시다'라고 표현하는 문화도 있기 때문이다.

이처럼 생리적으로나 문화적으로나 영양섭취를 목적으로 입에 넣는 것과 기호품에는 차이가 있다. 즉 음(飮, 마시다)과 식(食, 먹다)의 경계는 명료하지 못한 부분이 있다. 생존을 위해 필요한 것이 아닌데도 세계 각지에서 애용되어온 기호성이 높은 음료로 알코올 음료와 카페인 음료가 있다.

## 문화의 음료·문명의 음료

이 글에서는 각 민족의 가치관에 뿌리를 둔 개별성이 강한 사상을 문

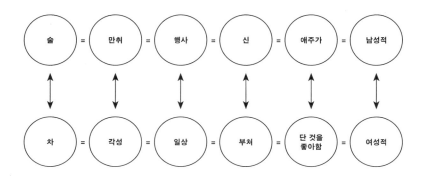

그림 1. 일본문화 속 술과 차의 대립

화로 간주하고, 개별적 문화의 차이를 넘어 보편적으로 퍼져나가는 사상을 문명으로 정의한다.[1] 특정한 개별 문화에 따라 만들어진 문화 요소가 다양한 문화를 받아들이고 세계로 퍼져나감으로써 문명의 한 요소의 지위를 획득하는 경과를 생각하면, 여기서 말하는 문명과 문화의 일련의 흐름에 명확한 경계선을 긋기는 어렵다. 문화의 음료와 문명의 음료라는 구분은 문화적 성격이 강한지, 문명적 성격이 강한지에 따른 상대적 분류에 지나지 않는다.

　일본인에게 문화적 성격이 강한 음료는 일본술과 녹차이며, 맥주와 위스키, 커피, 홍차, 청량음료, 우유는 1970년대에 서구문화를 받아들이면서 함께 도입된 문명의 음료이다. 하지만 기원을 거슬러 올라가면, 일본술과 녹차도 중국 문명으로부터 전파된 음료이다. 도입 당시에는 '문명의 음료'였지만, 역사의 변천 속에서 음료를 마셔온 이력, 만드는 방법, 마시는 방법이 일본화하면서 '문화의 음료'가 된 것이다.

그림 1에서 볼 수 있듯이, 일본문화의 문맥에서 차와 술은 대립하는 성격을 지닌 음료로 인식되며 고정된 이미지를 갖고 있다. 술은 취하는 음료이고, 차는 각성하는 음료라는 인식은 다른 문화에서도 마찬가지이다. 그 이유는 술의 주성분인 알코올과 차의 주성분인 카페인이 인체에 미치는 생리적 작용이 다르기 때문이다.

술이 행사와 결합하는 것은 대부분 문화에서 확인되지만, 행사 때는 문화의 음료로 선택되었다는 점을 유념해야 한다. 이에 비해 차는 에도시대에 말차가 사라지고 엽차를 마시기 시작하면서 일상의 음료로 정착했다. 술은 축제의 음료로 신에게 바쳐진다. 반면 부처에게는 차를 올린다. 차를 축하 선물로 여기지 않는 지역도 있지만, 차는 불교와 결합한 음료라는 이미지가 있다. 또한 술안주로 짜고 매운맛을 좋아하는 사람은 남성적이라는 평가를 받고, 과자와 함께 차 마시기를 즐기는 사람에게는 여성적인 이미지가 있다.[2] 술과 차라는 2대 음료가 점유했던 일본 사회에 점

---

1. 문화론의 입장과 문명론의 입장에 대한 필자의 생각은 다음 저서의 서장에 밝혔다.
   이시게 나오미치(石毛直道),『식사의 문명론(食事の文明論)』, 주코신쇼(中公新書), 1982
2. 일본문화에서는 술과 차, 술과 떡, 술과 밥이 대립적 관계를 지닌 식품으로 인식된다.
   이시게 나오미치,「쌀—성스러운 음식(米—聖なる食べ物)」,『음식의 문화지리—혀의 필드워크(食の文化地理—舌のフィールドワーク)』, 아사히센쇼(朝日選書), 1995

차 산업화된 문명의 음료가 확대해가는 것이 지난 100년간의 일본 음료 역사이다.

외래 음료가 보급되는 과정에서 그 음료가 일본문화의 맥락에 위치하는 데는 문명을 문화화하는 게슈탈트가 작용한다. 이를테면, 맥주, 위스키, 와인 등 양주로 불리는 주류는 술에 대한 전통적인 이미지를 공유하는 음료로 인정되었다. 위스키나 브랜디 가운데에는 초콜릿을 안주로 마시기도 하지만, 양주는 대체로 애주가들이 마시며 양주가도 남성적인 이미지로 여겨진다.

그에 비해 와인은 여성적인 이미지를 갖는 술로 평가된다. 와인이 보급되기 이전에 일본에는 단맛 나는 포도주가 있었고, 와인을 여성 취향의 술로 광고한 마케팅 전략의 영향 때문이다. 맥주는 일본 요리나 서양 요리, 중국 요리의 구별 없이 식사와 결합한다. 반면 와인은 양식과의 결합 관계가 강한데다 남녀 차이가 별로 없지만, 일본 요리나 중국 요리와 함께 마시는 경우가 적다. 와인은 유럽 토착문화와 깊은 관계를 맺고 있어 맥주에 비하면 문명도가 낮은 음료이다. 양주 역시 의례 음료의 지위, 즉 신에 대한 지위를 획득하지는 못했다. 일본의 연회에서 맥주 건배는 보통이지만, 결혼식 등의 축하연 자리에서 마시는 의례적 음주나 신전에 올리는 술은 일본술이 독점하고 있다.

같은 외래 음료라 해도 양주와 비교하면, 커피, 홍차, 주스, 우유 등의 청량음료는 그림 1이 나타내는 전통적 개념과의 관계가 희박하다. 청량음료 중 카페인 음료인 커피와 홍차는 차와 비슷하게 각성 음료라는 생리학적 인식을 보여주며, 남성적 이미지인 술에 비해 여성적 이미지가 강한 음료로 여겨진다. 오히려 술과 차라는 전통적 이분법과 무관한 범주에 속한다.

일본술은 술병과 술잔으로, 녹차는 전통 찻잔으로 마신다. 그에 비해 홍차와 커피는 받침 접시가 있는 컵으로, 양주와 탄산 음료, 주스, 우유는 유리컵으로 마신다. 음료 자체만이 아니라 음료 용기까지도 문화의 음료와 문명의 음료를 구별하고 있다. 차를 마시는 방법만 봐도 알 수 있다. 페트병에 담긴 차는 유리잔으로 마시지만, 찻주전자에 담아 우려낸 차는 찻잔으로 마신다. 즉 병이나 캔에 담긴 차가운 차는 문명의 음료인 청량음료로 범주화되어 있고, 찻주전자에 담긴 차는 전통 녹차와 동질적인 음료로 인식된다. 차를 마시는 전통이 정착하지 않은 동남아시아에서 홍차와 커피를 유리컵에 마시는 것과는 대조적이다.

### 병 음료

청량음료는 탄산 음료, 과실 음료, 우유 가공 음료로 구분된다. 청량음료와 맥주는 처음부터 산업화된 음료로 제조되었다. 캔에 담기거나 페트병과 종이 용기가 나타나기 전인 1870년대 초기부터 유리병에 담아 판매했다. 병 음료의 보급은 유리병 및 마개 제조 기술과 밀접한 관계가 있다.

1870년대부터 보급되기 시작한 병 음료는 영국의 레모네이드에서 유래한 라무네(lamune)와 맥주였다. 둘 다 가스 압력을 견디는 마개가 필요한 음료로, 처음에는 코르크마개를 철사로 묶어 사용했다. 유리구슬마개는 1845년에 영국에서 발명했으나, 이 구슬을 넣은 라무네병을 일본에서도 제조하게 된 것은 1887년이다.[i]

지레원리로 철사를 고정한 마개를 여닫는 스윙 스토퍼(swing stopper)는 1875년에 미국에서 발명되었다. 1920년대 말부터 1930년 초까지 술, 간장, 우유병에 사용되었다. 뚜껑이 병에 달려 있어 병을 회수해 재이용했지만, 내부를 씻기 어렵다는 문제점이 있었다.

금속 본체의 측면에 21개의 홈이 새겨져 있고, 홈의 위쪽이 병 입구의 팽창에 맞물려 밀폐되는 왕관마개는 1891년 미국에서 발명되었다. 그 후 맥주와 사이다의 마개로 보급되었고, 술이나 간장병도 왕관마개를 사용했다. 왕관마개의 제조는 영국인이 경영하는 공장에서 시작되었는데, 특허기간이 만료된 1910년경 세계 각지에 왕관마개를 만드는 공장이 생겼다. 왕관마개를 만드는 철판 도금 양철판이 일본에서 생산된 것은 1923년이다. 왕관마개를 병 입구에 꼭 맞추기 위해서는 병을 정확한 규격으로 제조하는 것이 전제 조건이다. 1906년 도요글라스(東洋硝子)가 기계로 병을 만들기 시작했고, 1916년 맥주 수요가 늘면서 다이닛폰비루(大日本ビール)가 미국에서 자동 제병기를 도입했다. 이와 같은 유리병의 기계생산과 함께 왕관마개를 사용한 음료가 보급되었다. 종래의 일본술이나 간장은 나무통에 담아 팔거나 주류점에서 술병에 담아 무게를 재서 팔았다.

1924년에 도쿠나가쇼시(德永硝子)가 왕관마개를 사용한 됫병(1되)을 자동 제병하는 데 성공한 뒤 됫병이라는 일본문화 독자의 규격병이 보급되었다.[ii]

1960년대 후반, 왕관마개 대신에 금속제의 나사 방식 뚜껑이 개발되었고, 1970년대에는 캔, 플라스틱 용기, 종이 용기가 나타났다. 이것들은 슈퍼마켓, 자동판매기에 최적화한 용기이다.

판매 과정에서 냉장과 가열이 가능해지면서 직접 만들어 마시던 녹차, 홍차, 커피를 캔이나 페트병에 담아 공산품으로 판매하게 되었다. 농축주스 등 물로 희석해 마시는 음료도 캔에 담아 판매할 수 있는 상품으로 생산되었다. 산업화된 음료의 제1기가 유리병 시대였다면, 제2기에 돌입한 것이다.

병에 담은 청량음료는 유럽과 미국에서 기원했다. 그래서 상품명도 외래어로 표기하는 것이 많고, 문명의 음료라는 이미지를 강조하고 있다. 하지만 병 안에 든 내용물의 성격은 또 다르다. 음료 자체는 서양식과 절충한 것이 많다는 데 유의할 필요가 있다. 예를 들어 탄산음료인 라무네는 레몬과즙을 포함한 탄산음료인 레모네이드를 어원으로 한다. 사이다는 사과술인 시드르(cidre)가 어원이다. 그러나 일본에서 만들어지는 라무네와 사이다는 레몬과즙이나 사과술과는 관계없는 음료로 변했다.

일본에서 처음 제조된 병입 과즙 음료는 1897년경 밀감을 원료로 만든 것이었다. 하지만 충분히 살균하지 않아서 병이 깨지는 사고가 자주 발생했고, 결국 사업도 중단되었다. 그 후에도 몇 차례 천연 과즙의 병입이 시도되었지만, 혼탁·침전물 문제와 방부제를 인증하지 않은 관련 법령 때문에 과즙 음료의 제조는 쉽게 자리를 잡지 못했다. 이후 순간 살균법이 도입되면서 비로소 농축주스나 분말주스가 만들어지고, 주스 붐이 일어났다. 분말주스의 유행은 당시의 세태를 반영하는 것으로, 기술적 계보 관계와는 별도로 지극히 일본적인 상품이라고 할 수 있다.[iii]

우유를 원료로 하는 음료 중 유산균 음료는 일본이 독자적으로 산업화한 음료이다. 미시마(三島) 해운이 발명한 유산균 음료 칼피스(calpis)를 비롯해 유산균 발효유 야쿠르트(yakurt) 등 새로운 청량음료를 개발한 것이다. 유산균 음료는 동남아시아 등 시장을 개척하는 등 새로운 문명의 음료를 시도하는 움직임을 보였다.

하지만 유산균 음료를 일본 음료로 인식하는 사람은 드물다. 음식물을 '일식' '양식' '중국식' '기타' 네 가지로 구분하도록 조사했더니 우유와 칼피스를 '양식'으로 분류하는 사람이 많았다.[iv] 우유가 유럽과 서구의 문명 음료라는 점에서 우유와 유제품을 사용한 유산균 음료를 양식 음료로 인식한 것이다.

### 계절성을 찾아서

5·7·5의 17음 형식으로 이루어진 단시형 하이쿠(俳句)의 『세시기(歲時記, 사계의 사물이나 연중행사 등을 정리한 서책)』에는 여러 가지 일을

특정 계절에 따라 분류하고 있다. 즉 일본문화는 계절성에 깊은 관심을 지니고 있다는 특성이 있다.

에도시대의 포장마차 중 빙수장사가 있었는데, 여름에는 찹쌀단자를 넣은 설탕물을 팔았다.[v] 보리차도 여름 음료로 자리 잡았다. 여름에 마시는 알코올 음료로는 교토와 오사카 지역에서는 '야나기카게(やなぎかげ)'가, 도쿄에서는 '혼나오시(本直し)'라는 미린(みりん)과 소주를 섞어 차갑게 마시는 관습이 있었다.

맥주와 청량음료는 일본에 정착하는 과정에서 여름 음료로 자리 잡게 되었다. 물에 담가두거나 우물에 담가 차게 마셨고, 얼음을 넣어 마시기도 했다. 청량음료라는 범주 자체가 여름을 의식하는 명칭이다.

얼음에 대해 살펴보자. 녹으면 액체가 되는 얼음은 '마신다'와 '먹는다'의 경계가 명확하지 않다. 얼음물은 '마신다', 빙수는 '먹는다', 아이스크림은 '먹는다'는 표현이 맞지만, 소프트아이스크림은 '핥는다'고 하고, 얼음 덩어리나 아이스캔디는 '베어 먹는다'고 표현한다. 메이지 초기에는 기선 등 문명의 교통수단을 이용해 하코다테에서 도쿄까지 천연 얼음을 운반해 얼음창고에 보존했다가 여름에 팔았다. 빙수는 일본인의 진출과 함께 한반도와 동남아시아로 퍼져나갔다.

일본에서 본격적으로 기계제빙이 시작된 것은 1884년이다. 얼음덩어리를 사용하는 국산 냉장고가 나온 것은 1908년으로, 1930년 초에도 냉장고는 도시 중류 이상의 가정에만 있는 귀한 물건이었다. 1930년에 냉장고를 생산하게 되었지만, 가격이 집 한 채를 지을 정도로 비쌌다. 그 후 일본 가정이 전기를 마음껏 쓰게 된 것은 고도성장기가 되어서였다. 냉장고 보급률이 50%를 넘긴 것은 1965년이고, 1978년에는 90%에 도달했다.

가정에 냉장고와 냉난방 시설이 보급됨에 따라 음료의 계절성이 사라졌다. 겨울에는 냉장고에서 꺼낸 찬 맥주와 청량음료를 따뜻한 방 안에서 마시는 것이 당연시되었다. 맥주와 청량음료가 더 이상 계절상품이 아니게 된 것이다. 이는 앞서 말한 음료의 제2기에 대응하는 행태의 변화이다.

얼음은 위스키의 보급과 중요한 관련이 있다. 위스키를 마시는 법은 얼음을 넣는 방법에 따라 달라진다. 위스키는 얼음과 함께 비로소 대중성을 획득하게 된다.

## 카페인 음료

녹차, 홍차, 커피 등 카페인 음료는 일본 근대 음료사의 제2기에 들어설 때까지는 병입 상품으로 나온 것이 없었다. 녹차와 홍차는 모두 찻잎을 원료로 하지만, 홍차는 커피와 마찬가지로 일본인들에게 그다지 친근한 이미지가 아니었다. 일본인에게 홍차와 커피는 문명의 음료라는 공통점이 있다. 둘 다 1870년 이후에 마시기 시작했고, 설탕을 넣어 마신다. 또한 서구 이미지와 결부된 우유와 함께하는 음료이고, 손잡이가 달린 컵과 받침 접시에 스푼을 곁들여 낸다. 함께 먹는 과자도 일본 과자가 아닌 양과자이다. 홍차와 녹차의 원료는 같지만, 자연과학적 분류 개념보다는

'문명의 음료'와 '문화의 음료'라는 대립 개념이 강하게 작용하고 있다.

홍차와 커피를 마시는 일은 호텔이나 서양 요리점이라는 사회적 시설에서 시작되었다. 일본에 들어온 서양 문물은 우선 공공 사회에서부터 보급경로를 걷는다. 군복, 관리의 제복에서 시작된 양복, 병영과 학교, 관청, 회사, 호텔 건축물인 양옥, 외국인과의 회식이나 공적 연회의 식사, 군대 식사에서 시작한 양식이 좋은 예이다. 양식을 먹을 수 있는 외식 시설에서는 음료로 커피와 홍차가 제공되었지만, 그것을 즐기는 사람은 아직 소수였다. 1900년대 초에는 도시의 밀크홀에서 커피나 홍차를 제공하게 되었고, 간토 대지진 후에는 대도시에 찻집이 생겨났다.

1927년 이후 일본 본토와 대만에서 홍차 생산이 궤도에 오르면서 중류 가정에서도 홍차를 마시게 되었지만, 커피는 여전히 다방에서나 마시는 음료였다. 커피 수입량이 최대였던 1937년에는 850톤으로, 1990년 11만4,900톤(인스턴트는 포함하지 않음)의 1%도 채 되지 않는다. 20세기 전반까지 홍차와 커피는 도시문화를 잇는 이국적인 음료 단계에 있었다.

2차 세계대전 이후 커피 소비가 많이 늘어난 반면 홍차는 그렇지 못했다. 미국의 점령이 콜라 계열 음료와 커피를 보급한 원동력이 되었을 것으로 짐작된다. 전쟁 후 다방이 부활했지만, 그것보다 커피의 소비 확대에 더 큰 영향을 준 것은 1960년에 발매된 인스턴트 커피이다. 인스턴트 커피 덕분에 커피는 가정에서 간단히 마실 수 있는 음료가 되었다. 1962년 인스턴트 커피 수입이 자유화되었지만, 홍차 수입 자유화는 국산 홍차를 보호한다는 이유로 1971년으로 늦춰졌고, 인스턴트 커피에 대응하는 티백 홍차도 그 무렵에야 유행했다.

경제성장이 일단락된 1980년대에 사람들이 생활의 여유를 추구하면서 구르메(미식) 지향이 시작되었다. 그 같은 움직임 속에서 1985년 이후 인스턴트 커피의 소비가 줄고 차츰 레귤러 커피로 바뀌었다. 가전 커피메이커를 사용해 가정에서 레귤러 커피를 만들 수 있게 된 것이다. 한편 자동판매기의 보급과 함께 캔 커피 소비가 뚜렷해졌다. 캔 커피는 일본에서 개발된 상품으로, 1969년 UCC 우에시마커피(上島珈琲)에서 내놓은 것이 최초이다.

조금 오래된 통계이지만, 1990년 커피콩의 용도별 점유율은 인스턴트 커피가 37%, 레귤러 커피가 45%, 캔 커피가 18%였다. 종류를 불문하고 1인당 하루에 마시는 커피 횟수를 조사한 결과, 일본인은 평균 1.4잔, 미국인은 1.7잔에 가까웠다. 커피는 이미 일본인의 일상 음료가 되었다.

홍차에 비하면 늦었지만, 녹차 티백이 나오고 뒤이어 녹차도 캔이나 페트병으로 판매되었다. 녹차, 홍차의 강한 적수로 떠오른 것이 우롱차이다.

### 건강 음료

우롱차는 비만방지에 효과가 있고, 건강과 미용에 좋다는 이유로 인기를 얻었다. 두충차 등 여러 가지 동양의학의 건강차와 함께 허브차라고 서양 이미지의 식물을 우려 마시는 허브차를 애호하게 된 사람들도 있다.

1600년대에서 1880년대 후반까지 일본 도시에서는 '아이들이 냉증에 걸리지 않는다'는 약효를 앞세워 비파 잎을 끓여서 여름 음료로 판매한 사례가 있다. 즉 전통문화 속에도 건강 음료가 있었다. 특히 녹차는 여러 가지 약효를 지닌 음료로 인식되었다.

근대 일본에서 본격적인 건강 음료로 등장한 것이 우유이다. 우유는 병자나 허약체질의 사람에게 영양을 보급하는 음료로 받아들여졌다. 나중에는 일반인의 건강 유지에도 필요하다며 마시기를 장려했고, 유리병에 담은 우유를 집으로 배달하는 시스템이 확립되었다. 그러나 음료수의 제2기에 들어서면서 우유는 대형 용기로 구입해 냉장고에 보관하게 되었고, 가정 배달제도는 소멸했다.

제1기에는 우유가 건강 음료의 중심이었지만, 제2기가 되면서 또 다른 건강 음료가 나타났다. 비타민을 배합한 영양 음료, 식물섬유나 베타카로틴 음료는 작은 유리병에 담아 자동판매기나 약국에서 판매되었다. 이들은 음료와 약품의 경계에 있는 상품으로, 사람들은 이 작은 병에 담긴 상품을 갈증 해소보다는 다른 효능을 기대하고 마신다. 수분 공급을 목적으로 하는 건강 음료로 1980년경부터 보급된 스포츠 음료가 있다. 스포츠 음료는 수분 공급이라는 효능을 지닌 비타민이나 미네랄을 배합한 음료이다. 앞서 서술한 우롱차나 두충차도 이 계열의 음료이다.

건강 음료가 급속히 성장한 배경에는 건강 지향의 세태가 있다. 음식의 충족은 양적인 만족이 우선이고, 다음 단계로 질적 만족을 추구한다.

양과 질이 모두 충족된 단계에서 새롭게 표면에 떠오른 것이 건강과 미용에 좋은 식사이다. '모두가 미식가'라는 세태에 다다랐을 때 건강식품이라고 칭하는 상품이 범람하게 되었다. 음료도 이와 같은 세태에 보조를 맞추었다.

**물의 상품화**

지난 100년에 걸쳐 나타난 음료의 변천은 '문화의 음료' 세계에 '문명의 음료'가 침투되어, 그 영역을 확대해가는 과정으로 생각할 수 있다. 단, '문명의 음료' 소비가 확대되었다고 해서 녹차와 일본술 같은 '문화의 음료'가 위기 상황에 몰리게 된 것은 아니다.

커피가 널리 보급되었다고 해도 일상적으로 가장 많이 마시는 카페인 음료는 녹차이다. 알코올 음료 중에 가장 많이 소비되는 것은 맥주로, 그것은 세계 어디서나 마찬가지이다. 일본인이 두 번째로 많이 마시는 알코올 음료는 일본술이다. 차도 술도 일본 요리에 동반되는 음료이며, 식사와 의례 등 여러 가지 전통문화 요소와 긴밀한 결합 관계가 있다. 이 같은 음료의 소비가 앞으로도 확대될지는 알 수 없지만, 계속 마실 것은 분명하다.

거시적으로 보면, 한정된 종류로 구성된 '문화의 음료' 세계에 '문명의 음료'가 진출할 여지가 충분히 있다는 사실이다. 100년 전에는 경제적 이유에서 엽차를 일상적으로 마실 수 없는 마을이 많았다. 그러다 살림이 풍요로워지면서 상품으로 생산된 음료를 마시는 빈도가 늘었다. 경제발전에 따라 산업화된 음료의 종류와 양도 확대되었다. 그러나 인체가 섭취하는 수분에는 한계가 있어 무한으로 음료를 마실 수는 없다. 현재는 음료 소비의 포화점에 가까워졌다고 생각된다. 일정 한도를 가진 인간의 수분 섭취 욕구를 놓고 수많은 음료가 경합하며 시장 점유 싸움이 일어났다. 그에 따라 상품으로서 음료의 섭취량이 늘어나면서 물의 소비가 감소했다. 그런데 지금은 물도 음료로 팔리고 있다.

(i)  우노 마사히로(卯野雅弘), 「라무네 구슬병의 시작(ラムネ玉瓶の始り)」, 사단법인 도쿄청량음료협회(社団法人東京清涼飲料協会)(편), 『일본 청량음료사(日本清涼飲料史)』, 사단법인 도쿄청량음료협회((社団法人東京清涼飲料協会), 1957

(ii)  야마모토 고조(山本幸造), 『병 이야기(びんの話)』, 일본능률협회(日本能率協会), 1990

(iii) 일본식량신문사(日本食糧新聞社)(편), 「과실음료(果実飲料)」, 『현대 식품산업사전 음료·주류편(現代食品産業事典 飲料·酒類編)』, 일본식량신문사, 1978

(iv) 이시게 나오미치(石毛直道), 「식사 패턴의 고현학(食事パターンの考現学)」, 일본생활학회(日本生活学会)(편), 『생활학(生活学)』 제1책, 도메스 출판(ドメス出版), 1975

(v)  이시게 나오미치, 『메이지 사물기원(明治事物起源)』(『메이지문화 전집 별책(明治文化全集 別巻)』판), 니혼효론샤(日本評論社), 1969

# 쇼와의 음식─음식의 혁명기

## 왜 쇼와의 음식인가

쇼와시대(昭和時代, 1926~1989)가 끝나며 길거리에는 쇼와를 되돌아보는 출판물이 넘치고, 일명 쇼와 붐이라는 현상이 일어났다.

필자는 고고학, 즉 역사학의 한 분야를 전공한 경험 덕에 오랜 역사의 흐름 중에서 아주 작은 한순간에 해당하는 동시대를 자리매김하는 것이 얼마나 어려운지 알고 있다. 오래된 과거에 생긴 일이면 거리를 두고 객관화할 수 있지만, 자신의 인생이 들어 있는 시간은 동시대의 색으로 물들어 있어 편견에 좌우되지 않고 판단하는 것은 불가능하다.

그럼에도 불구하고 '쇼와'라는 시대가 일본인의 식문화사에서 어떠한 의미가 있는지 생각해볼 때 떠오르는 몇 가지가 있다. 쇼와는 일본의 식문화사에서 '혁명기'라고 해도 지나치지 않을 정도로 커다란 전환점에 위치하는 중요한 시기에 해당한다는 것이 개인적 견해이다.

일반적으로 식생활의 변화는 세대 단위로 조금씩, 아주 느린 흐름으로 변해간다. 수세대, 1세기 정도의 시간이 지나서야 겨우 변화가 있었다는 사실을 알게 되는 연속적인 역사이다. 정치사나 사회사처럼 단시간에 급격히 변화해서 오늘의 체제가 어제의 체제와 전혀 다르다는 역사적 균열이 생기지 않는 것이 식문화사의 일반적인 모습이다. 하지만 일본인의 식문화는 문명제국에서 그 예를 찾아볼 수 없을 정도로 20세기 후반에 극적인 변화를 맞이했다.

### 예전의 식사 풍경

어떠한 변화가 있었는지 알아보기 위해 쇼와 초기 농촌의 식사 풍경을 예로 들어 설명한다. 농촌에서 자란 한 할머니는 1933년에 결혼했다. 그의 소녀 시절 식사 풍경은 다음과 같다. 당시 일본 가정의 절반 이상이 농가였다.

일상 식사에서 아침과 점심, 저녁은 그다지 변화가 없다. 주식은 보통 쌀과 보리를 4 대 6 비율로 섞어 지은 보리밥이다. 아침은 보리밥에 된장국과 채소 요리 한 가지, 여기에 절임이 붙는다. 오전 일을 마치고 집에 돌아가 점심을 먹을 때는 아침에 남은 밥에 된장국과 절임을 먹고, 저녁에는 맑은 장국, 채소깨무침, 나물, 조림 등 채소 요리 한 가지와 된장국, 절임을 먹는다. 평소에는 채소반찬뿐이며, 생선은 일주일에 한 번 정도 먹었다.

식사 장소는 여러 방으로 나뉜다. 아버지는 양반다리를 하고, 다른 가족들은 무릎을 꿇고 앉는다. 앉는 순서도 정해져 있다. 주부가 가장부터 나이 순서대로, 남자아이들 다음에 여자아이순으로 밥을 퍼준다. 배가 고파도 자기 밥을 퍼줄 때까지 기다려야 한다. 옆방에는 불단이 있어서 작은 그릇에 밥을 담아 불단에 올리고 나서야 식사가 시작된다. 어른들이 농사 이야기를 하는 정도로, 대화는 거의 없다. 아이들이 떠들면 아버지의 호령이 떨어진다.

작은 아이들 외에는 각자 자기에게 배급된 음식을 먹는다. 식사가 끝나면 식기에 더운물을 부어 한 조각 남긴 단무지로 씻어낸다. 자기 상을 행주로 닦은 후 식기를 상자에 담아 상 놓는 선반에 둔다. 매달 1일과 15일은 특별한 날로, 저녁을 먹은 후에 어머니가 온 가족의 식기를 씻는다.

쇼와 초기의 농촌의 식사 풍경과 그 식사 내용은 앞선 에도시대와 거의 다르지 않다. 당시 도시의 가정에서는 각상이 아닌 자부다이를 사용했고, 고기 가게에서 고로케 반찬을 사거나 반찬가게에서 만든 부식을 사서 상차림을 하기도 했다. 이처럼 도시와 농촌 간의 차이는 상당히 달랐다. 그러나 쇼와 초기를 돌아보면, 가족의 식사 풍경은 큰 변화 없이 에도시대를 거쳐 일본이 본격적인 농업사회가 된 야요이시대로 이어진다.

### 음식의 이데올로기

일본 근대사는 1868년 메이지유신(明治維新)으로 전환점을 맞이했다. 이는 정치, 경제, 사회 체제가 극적인 변화를 일으킨 시기였을 뿐만 아니라 살림의 기본인 의식주 문화에도 거대한 전환점이 되었다. 하지만 존마게(丁髷, 상투)를 자르고 소고기 전골을 먹기 시작하는 등 여러 가지 새로운 생활양식이 나타난 것은 확실하지만, 메이지 초기 일본인의 가정생활에서 물질적인 변화는 없었다. 일상의 가정생활이라는 것은 이데올로기와 관계없이 운영되는 성질을 가지고 있다. '문명개화'라는 이데올로기는 서구의 방법을 받아들이며 근대화된다는 것을 말하지만, 그것은 아직 제도와 관련한 공공의 장에서 시작되었을 뿐, 서민의 의식주로 좀처럼 스며들지 않았다.

의생활을 살펴보자. 양복은 군복이나 관리의 제복, 학생복 등 공공의 옷으로 등장했지만, 일상에서 여성들이 양복을 입은 것은 태평양전쟁 이후의 일이다. 양옥이라고 부르는 서구풍 건물 역시 관공서, 병사(兵舍), 공장, 오피스 등의 시설에서 나타났다. 서민 대부분은 목수가 짓는 목조 가옥에 살았는데, 이들이 콘크리트 건물에서 살게 된 것은 1955년경 단지가 만들어지고 나서부터이다.[i]

양식은 외국인들이 참여하는 공적인 회식에서 먹었다. 또 군대급식에 들어갔다. 카레라이스나 커틀릿, 생선 튀김을 군대에서 처음 먹었다는 사람들이 많았다. 고기를 먹고, 우유를 마시는 것은 국민의 체격을 좋게 한다는 정부의 부국강병책과 관련된 일이었다. 양식은 그때까지 먹어본 적이 없는 고기 요리법으로 공적인 장소에 등장했지만, 서민은 소고기 전골처럼 전통 요리법에 고기를 활용했다. 하지만 우유는 좀처럼 생활 속으로 들어가지 못하고, 병이 났을 때 체력을 키우는 약처럼 먹어왔다.

하지만 똑같이 고기를 쓰는 외래 요리인데도 중국 요리는 보급이 늦었다. 그것은 중국 요리가 공적인 식사로 채용되지 않았기 때문이기도 하다. 메이지 정부는 양식을 문명의 식사로 생각했지만, 중국 요리는 근대화의 이데올로기로 생각하지 않았다.

**쇼와, 대지진으로 시작되다**

거시적으로 보면, 쇼와 초기의 식생활은 에도시대의 연장선에 있었지만, 도시에서는 대변혁이 이루어지고 있었다. 그것이 눈에 보이게 된 것은 1925년 간토 대지진 이후의 도쿄이다. 간토 대지진이 일어난 시기는 연호로는 다이쇼시대이지만, 생활사로는 쇼와와 연속된다. 그런 점에서 다이쇼 말기를 쇼와에 포함해서 이해하기로 한다.

대지진 후 도시의 식생활에서 눈에 띄는 변화는 외식이었다. 그전까지 소바집에는 신발을 벗고 올라갔지만, 지진 후 복구된 가게들은 의자에 앉아 테이블에서 먹도록 바뀐 곳이 많았다. 소바집에는 카레라이스, 가쓰동(돈가스 덮밥) 등의 양식이 추가되었다.

간토 대지진이 일어나기 전부터 난징국수의 일환인 시나소바를 파는 곳에서는 손님들을 불러모으기 위한 샤라멜라(charamela, 포르투갈 나팔) 소리가 울려퍼졌다. 1923년 도쿄와 그 주변에는 양식집이 5,000곳, 중국집이 2,000곳 있었다. 그곳에서는 카레라이스를 비롯해 하야시라이스, 돈가스 등의 일본화된 양식을 팔았다. 빵 대신 밥을 내놓았고, 서양 간장인 소스를 끼얹어 먹었다. 또 정식 중국 요리가 아니라 국수, 샤오마이 등 가벼운 음식을 제공하는 중국 요릿집도 있었다.

이 무렵 도시의 중류층 이상의 가정에서는 일본화된 양식을 만들기

시작했다. 즉 외래 요리를 받아들인 현재의 가정 식사 원형이 나타난 것이
다. 이러한 새로운 요리를 가능케 한 정보 매체로 여성잡지가 있다. 예를
들어 <가정반찬용(家庭惣菜用) 서양 요리>[ii] 같은 기사나 <반찬(惣菜)용
양식 만들기 300종>[iii] 같은 별책부록이 나왔다.

　1882년에 일본 최초의 요리학교가 문을 열었다. 상류층 자녀를 대
상으로 하는 학교로, 민중의 가정 요리와는 그다지 관계가 없었다. 이후
1920년대에 부인회, 여학교, 신문사 주최로 요리강습회가 열렸고, 1930
년 초에는 라디오요리가 방송되고 국립영양연구소의 「경제 영양식단」이
일간지에 연재되는 등 먹는 일과 관련한 정보가 매체에 실리게 되었다.

　부엌 또한 변했다. 도시 가정에 가스와 수도가 들어온 부엌이 보급되
고, 대지진 이후의 문화주택에는 입식 싱크대와 조리대가 설치되었다. 교
토의 서민촌에서는 마당이 취사장이었는데, 도쿄식 취사장은 먹는 장소
와 부엌이 동일 평면이 되도록 개선되었다.[iv]

　당시 도시에서는 자부다이에서 식사하는 가정이 많아졌다. 사카이
도시히코는 『가정의 신풍미』[1]에서 가족들이 점심 이외에는 "동시에 같은
식탁에서 밥을 먹지 않으면 안 된다"고 주장했다. 사카이는 '집제도'를 반
영한 식사를 반대하고, 가족 전원이 한 식탁에 둘러앉아 식사하는 가족

---

1.　전6권. 1901~1902 연간(고단샤 학술문고 『신가정론(新家庭論)』 『가정의 신풍미(家庭
　　の新風味)』, 1979). 사카이 도시히코는 풍속개량을 기획하고, 이밖에 『가정야화(家庭夜
　　話)』 『고천수필(枯川随筆)』 등 가정문학을 집필했다.

단란의 '가정 민주화'를 주창했다. 그때부터 '동시에 같은 식탁'에서 먹는 식사 방식이 실현되었다. 모두 한자리에 둘러앉는 자부다이를 통해 핵가족 단위의 식사 풍경이 도시에서 먼저 나타난 것이다.

이러한 변화의 풍경을 불러온 것은 일본 경제 체제의 변화이다. 1919년 공업 생산액이 농업 생산액을 넘어서면서 일본은 농업국에서 공업국으로 변모했다. 이와 같은 산업 구조의 변화와 함께 도시 샐러리맨 등 중산 계급이 늘어났다.[v] 대중소비형 사회가 다가온 것이다.

### 15년 전쟁

1926년경 대도시에서 나타난 새로운 식문화양식은 미완성 단계에서 세찬 폭풍을 만나 봉오리가 꺾이고 말았다. 1929년 뉴욕 월스트리트에서 시작된 세계대공황은 다음 해에 일본에도 심각한 영향을 미쳤다. 메이지 시대 이래 근대 국가 체제에서 맞이한 최대 경제불황이었다. 도시에서는 노동쟁의, 농촌에서는 소작쟁의가 격화되었고, 중소기업의 도산이 이어졌다. 소매점의 30%에 해당하는 약 3만 명이 야반도주를 시도했고, 전국에서는 약 20만 명의 결식아동이 보고되었다. 오즈 야스지로(小津安二郎)의 영화 <대학을 나왔지만(大学は出たけれど)>이라는 제목처럼 실업자가 길에 넘쳤다. 새로운 식문화의 양식을 담당할 거로 생각했던 도시의 샐러리맨과 중산층은 심각한 불황의 영향을 받았다.

1935년경에는 이미 전시 경제 체제가 자리를 잡았다. '사치는 적'이라는 슬로건이 강조되면서 먹는 일의 즐거움을 누리는 것을 악으로 보는 풍조가 강해졌다. 1939년부터는 매월 1일을 '흥아봉공일(興亞奉公日)'²로 정해 전 국민이 전쟁에 나간 병사들의 노고를 생각하면서 검소한 생활을 강요했다. 그 취지에 맞춰 장려된 것이 밥 위에 빨간 우메보시 하나를 올린 도시락 '히노마루벤토(日ノ丸弁当, 일장기 도시락)'이다. 정부는 국민의 영양은 무시하고 정신주의에 바탕을 둔 식사를 장려했다. 나중에는 식사의 질보다는 양을 확보하는 데 전력을 쏟지 않으면 안 되는 상황에 부닥쳤다.

1941년에 쌀 배급제도가 시작되었다. 처음에는 7분도미를 배급미로 주었으나 나중에는 5분도미, 2분도미가 되었다. 절미를 이유로 양을 많이 하기 위해 현미에 가까운 쌀을 배급한 것이었다. 가정에서는 이를 됫병에 담아 막대를 이용해 추가로 도정하기도 했다. 태평양전쟁이 격화되면서 고구마, 죽, 수제비 등의 대용식이 일상 식사가 되었다. 배급만으로는 부족해서 도시의 빈터에 텃밭을 만들어 괭이를 들고 식료를 자급자족하지 않으면 안 되었다. 외식권³ 없이는 밖에서 식사할 수 없게 되자 식당들이 하나 둘

---

2. 쇼와 14년(1939) 9월 1일 처음 실시되고, 이후 매월 1일로 정했다. 대합, 바, 요릿집 등은 폐업하고, 네온 소등, 조기 기상 등이 전국적으로 일어났다. 흥아봉공일은 국민 정신 총동원 운동의 일환으로 1939년 9월부터 1942년 1월까지 실시된 생활 운동이다.
3. 1941년 4월 1일, '생활 필수 물자 통제령'이 공포되고, 6대 도시(도쿄·오사카·나고야·교토·고베·요코하마)에서는 곡류 배급 통장제·외식권제가 실시되었다.

문을 닫았고, 태평양전쟁 말기(1945) 외식업은 사실상 붕괴되었다.

패전 후의 '식량난'시대에는 어찌 되었든 양을 회복하는 것이 필사적이었고, '식량 증산'이 이 시대의 표어가 되었다. 사정이 겨우 안정된 것은 한국전쟁으로 특수경기가 일어났던 1950~1951년경이다. 쌀 생산량이 전쟁 이전으로 회복된 것은 1955년으로, 식생활의 수준이 1930년대의 출발점으로 돌아간 것이다.

### 음식의 변화

1955년 이후 고도경제성장이 시작되었다. 국민소득의 증대와 함께 식생활 수준이 향상됨에 따라 식사의 질도 변하기 시작했다. 양의 회복이 실현되었을 때 사람들은 에도시대 이래 이어진 전통적 식사 패턴으로 돌아가지 않고 새로운 식사 방식을 지향했다. 큰 변화가 계속 일어나는 것을 인식하게 된 것은 1965년 이후의 일이다.

그 변화를 우선 음식에서 생각해보자. 전통적 식사 패턴은 쌀을 중심으로, 그 외 곡류나 감자로 구성된 주식과 채소, 콩, 생선으로 구성된 부식으로 성립한다. 쌀은 말 그대로 주식이고, 부식은 주식을 위장으로 보내기 위한 식욕증진제의 역할을 담당했다. 이는 현저하게 주식에 편중된 식사 패턴으로, 다른 아시아 벼농사 민족에게도 공통된 형태였다. 따라서 정치가들의 식량 대책은 언제나 쌀을 확보하는 것이었다. 에도시대에는 녹봉제 같은 쌀 본위 국가 경제 체제가 성립되었다. 그래도 쌀만으로는 국민을 부양할 수가 없다 보니 보리나 잡곡, 감자를 섞은 밥을 먹는 사람들이 많았다.

1956년 이후 쌀 생산량은 유사 이래 최고에 달하고, 그 결과 보리밥을 먹는 사람이 거의 사라졌다. 1962년 1인당 연간 쌀 소비량은 최대 117kg 을 기록했다. 하지만 이 시기를 정점으로 소비가 감소해 1986년에는 71kg 까지 떨어졌다. 그 이유를 쌀 대신 빵을 먹어서 쌀 소비량이 줄었다고 설명 하지만, 빵을 과대평가하는 것은 현상을 잘못 해석할 우려가 있다.

전쟁이 끝나고 학교급식에 빵이 등장할 때까지 일본인들은 빵을 주식 이 아니라 과자류로 소비했다. 팥빵 같은 과자 빵이 많았고, 식빵에도 잼 이나 설탕을 발라서 간식으로 먹는 것이 보통이었다. 토스터가 가정에 보 급된 이후 아침 식사로 빵을 먹는 가정이 증가했지만, 근대에 와서도 아침 에 빵을 먹는 성인 인구는 전체 인구의 30% 정도였다. 빵을 먹는 이유도 쌀밥이 싫고 빵이 좋아서가 아니라 통근이나 통학으로 아침에 바쁜 도시 형 생활양식이 전국으로 퍼지면서 아침 식사를 하는 데 수고가 덜 들기 때문이었다. 이는 점심과 저녁에는 빵을 먹는 인구가 많지 않다는 데서 알 수 있다.

빵을 먹게 되면서 쌀 소비가 감소했다기보다 반찬을 먹게 되면서 쌀 소비량이 줄어들었다고 할 수 있다. 위장의 용량에는 한계가 있기 때문이 다. 예전 식단에서는 반찬을 먹는 것을 천하다고 여겼다. 반찬은 밥을 먹 을 때 필요한 정도만 있으면 되는 것으로, 반찬으로 배를 채우는 것은 잘

못된 행동으로 여겨졌다. 식사는 신체를 유지하고 노동에 필요한 에너지를 섭취하기 위한 수단으로, 쌀밥은 가솔린이고 부식은 가솔린을 잘 이용하기 위한 오일이므로 소량만 있어도 좋다고 생각했던 것이다. 예전에는 쌀밥으로 양을 채울 수 있는 것은 소수에게만 한정되었다. 그러나 서민이 즐거움을 위한 식사를 찾기 시작하면서 결국 반찬을 먹게 되었는데, 이는 금욕적인 식사로부터 향락적인 식사로 옮겨왔음을 의미한다.

부식의 비중이 높아지면서 뚜렷하게 나타난 현상은 새로운 식품과 요리법에 의한 식생활의 다양화이다. 예전에는 일상 요리였던 채소조림이 최근에는 식단에서 차지하는 비중이 감소하고 있지만, 큰 관점에서 살펴보면 전통 식품이나 요리법을 바탕으로 새로운 식품과 요리법이 더해지면서 식사가 풍요로워졌다. 고기를 자주 먹게 되었다고 해서 생선을 적게 먹은 게 아니다. 생선은 전후의 소비 수준보다도 계속 많은 양을 먹고 있다. 신선한 생선을 먹을 기회가 거의 없었던 산촌에서도 지금은 일상적으로 생선을 먹게 되었다. 전쟁 전보다 필요량이 감소한 것은 쌀과 감자이다.

전쟁 이전인 1930년대 식생활과 비교할 때 가장 뚜렷한 변화로 나타난 것은 고기, 달걀, 유제품 등 동물성 식품과 유지 섭취량 증대이다. 1922년 국민 1인당 하루 고기 소비량은 겨우 3.7g에 지나지 않았으나 현재에는 약 75g에 달한다. 유지 증가는 새로운 요리법의 보급을 의미한다. 전통적인 식생활에서 유지를 사용한 음식은 덴푸라와 유부 정도였으며, 일본 요리는 유지 결핍형 요리 체계였다. 유지는 식물성 기름으로 한정되었지만, 소비량이 증가했다. 양식 요리, 중국 요리가 가정의 일상 식단에 들어옴에 따라 유지의 소비량이 증가한 것이다.

새로운 소재, 새로운 요리법을 받아들인 오늘날 가정의 식탁은 얼핏 무국적 요리로 보인다. 이를 식사의 양식화, 중국화로 받아들이는 견해가 많다. 그러나 이 음식들은 양식이나 중화풍의 요리를 프랑스나 중국에서 직수입한 것이 아니라 일본풍으로 각색하고 일본 음식과 공존하고 있는 것이다. 다시 말해 서양이나 중국의 식사에 무한정 가까워진 것이 아니라, 오히려 외래 요리나 음식을 받아들이면서 새로운 일본인의 식사가 형성되어가는 과도기에 있다고 할 수 있다.

이와 같이 일상 식사의 변화가 일어나면서 일본인의 체력도 향상되었다. 평균수명이 늘어난 것도 의료 기술의 진보와 식생활의 변화와 관련된 현상으로 생각할 수 있다. 다만 풍요로움과 향락을 추구하는 식사는 경제적 요인이 아니고서는 제동을 걸기 어려워 생활 습관병의 증가를 불러왔다. 또한 1925년경 일본의 식량은 국내 생산이 주를 이뤘지만, 해외에서는 중국(특히 만주), 한반도, 대만 등에 의존했다. 오늘날 일본의 풍요로운 식생활은 세계로부터 식량과 식품을 수입하는 데서 이루어졌다는 사실을 잊어서는 안 된다.

### 식공간의 변화

식사를 만드는 장소의 변화를 검토해보자. 부엌개선 운동은 1945년 이후부터 적극적으로 일어났다. 공적 사업 외에 가정의 부엌 풍경을 변화시킨 것은 새로운 부엌 설비와 조리 기구의 개발 및 보급이 큰 요인이다. 그 결과, 부엌일이 집 안에서 이루어지게 되었다. 집 밖으로 물을 길으러 가거나 토방과 부엌을 왕복하는 일이 사라지고, 독립된 조리 전용 공간이 생겼다. 취사용 연료로 장작이나 숯을 사용하는 일이 없어지고, 도시가스와 프로판가스가 열원이 되면서 연기가 나지 않는 부엌이 되었다. 부엌의 개수대에는 수도꼭지가 달리고, 가스 또는 전기 열원과 수도가 연결되어 더운물이 나오게 되었다. 부엌 시스템이나 기기 사용 등이 새로운 소재와 요리법을 받아들일 여유를 만들어냈다. 양식 요리나 중식 요리를 일상적으로 만들게 되니, 부엌 공간은 주방용품으로 넘쳤다. 냄비, 프라이팬, 사발, 접시는 물론 조리 도구와 식기를 부엌에 들여놓게 된 것이다.

부엌의 변화만큼이나 부엌일의 내용도 변화했다. 냉장고의 보급에 따라 생선 식품 이용이 일상이 되었고, 말린 건어물, 염장 산채 등 보존 식품의 조리가 줄어들었다. 보존 식품인 절임은 집에서 만들지 않고 사 먹게 되었다. 예전 농촌에는 집에서 만든 절임, 된장 등을 두는 저장고나 창고가 있었지만, 현재 부엌에는 냄새나는 발효 식품을 둘 곳이 없다. 자급자족 생활양식의 붕괴와 유통의 변화로 가정은 이제 식품 소비의 장소일 뿐 더 이상 생산이나 저장의 장소가 아니게 되었다.

사회적 부엌인 식품산업이나 슈퍼마켓 같은 유통업이 가정의 부엌일을 대신하는 경향이 뚜렷해졌다. 그 상징적 사건이 1958년 인스턴트 라면의 발매이다. 인스턴트 식품, 레토르트 식품, 냉동 식품 등 완전조리 또는 반조리 식품이 가정의 식탁에 들어왔다. 슈퍼에서는 토막 생선이나 생선회를 팔고 있고, 흙을 씻어내거나 생선 내장을 손질하거나 토막 내는 등 조리의 밑준비가 부엌에서 사라졌다. 음식을 만드는 장소와 먹는 장소가 가까워져 따뜻한 음식은 따뜻하게, 찬 음식은 차게 먹을 수 있게 되었다. 가정에서 차가운 음식을 먹게 된 것은 냉장고 보급 이후의 일이다. 그 전에는 수박을 우물물에 담가서 시원하게 하는 정도였다.

공단주택(단지)의 부엌에서 처음으로 식탁을 놓기 시작했다. 부엌과 식탁이 같은 공간에 놓인 구조가 된 것이다. 예전의 각상 식사는 미리 모든 음식을 상 위에 놓고 배급하고 밥과 국만 더 먹을 수 있는 차림법이었다(공간 전개형). 자부다이에서도 기본적으로 같은 차림법이었다. 하지만 식탁 옆에 가스레인지가 들어오면서 만든 음식을 바로 상으로 옮기는 일이 가능해졌다(시간 계열형). 밥과 국만 각각 내고 반찬은 큰 접시에 담아 직접 젓가락을 대는 가정도 늘어났다. 조리하는 장소와 식탁이 한 장소가 되면서 겨울에는 냄비 요리가 국민 음식이 되었다.

현재 일본 가정의 60% 이상이 식탁을 사용하며, 바닥에 앉아서 먹던 방식에서 의자에 앉아 먹는 방식으로 변화했다. 종래의 식사예법은 정좌하고 전통 요리만 먹는 것을 전제로 했다. 의자에 앉아 요리를 먹는 오늘날 가정의 식사예법은 예전과는 전혀 다르다. 가정에서 일어나는 작은 성스러운 의식, 가정의 공적 식사라고 할 수 있는 식탁 분위기는 사라지고 가족 단란의 장소가 실현된 것이다. 가장 중심의 식사가 아니라 아이 중심의 식사가 되었고, 대화 없이 묵묵히 먹는 것이 아니라 가족의 대화 장소가 되었다. TV를 보면서 식사하는 가정이 많아지면서 TV를 화제로 가족단란이 이루어졌다.

그뿐만 아니라 외식산업의 진출은 놀라웠다. 예전에는 음식점에 가는 일이 연회 등 행사 때의 식사나 우동, 초밥 정도였다. 또 밖에서 일하는 사람이나 도시락을 싸가지 않은 사람, 혼자 사는 사람을 위해 음식을 제공하는 곳이었다. 여성은 집 밖에서 음식을 먹는 일이 별로 없었다. 하지만 지금은 사회에서 마련한 가족 단란의 장소로 패밀리 레스토랑에 간다. 과거 식도락은 경제적으로 넉넉하고 사회 일부에 속하는 사람들에게나 허락된 일이었지만, 이제는 대중이 식도락을 즐기게 되었다.

이러한 변화의 배후에는 민주주의를 바탕으로 한 '평준화' 또는 '민주화'라는 사회 구조의 변화가 깔려 있다. 가장과 가족, 남자와 여자, 가족과 피고용인, 부자와 빈자, 도시와 농촌 사이의 격차가 많이 좁혀졌고, 이로써 일본 사회는 평준화되었다.

## 정보의 변화

일반적으로 기호의 변화는 세대에 따라 조금씩 변한다. 따라서 식생활의 변화는 완만한 시간의 흐름을 타고 있다고 생각한다. 그런데 1955년경 표면화한 일본인의 식사 변화는 다른 나라에서는 볼 수 없을 정도로 급속히 진행되었다. 외국의 연구자가 보면 '기적'이라고 생각할 정도로 혁명적인 변화가 일어난 것이다.

확실히 눈에 보이는 변화가 일어난 것은 2000년대에 들어서부터이다. 그렇지만 이는 개항 이래 약 100년에 걸쳐 전 세계의 식문화와 관련된 정보가 축적된 결과임을 잊어서는 안 된다. 한 세기에 이르는 변화의 준비 기간을 두고 도시적 생활양식에 외래문화 정보가 축적되었다. 그것이 경제성장과 산업 구조의 변혁 시기를 향했을 때 정보의 실체화가 가능해진 것이다.

전통 가정 요리를 만들 때는 어머니가 딸에게 기술을 전수했다. 하지만 외래 요리가 가정의 일상 식탁에 오르면서 가정 외부의 정보전달 수단이 필요해졌다. 그래서 결혼 전에 요리학교에 다니기도 한다. 그런 이유로 일본에서는 예비 주부를 대상으로 한 요리학교가 번창했다.

일본에서는 1957년 NHK TV에서 <오늘의 요리>가 방영되기 시작했고, 그 후 민영방송이 개국하면서 각종 TV 요리 프로그램이 생겨났다. 언제라도 채널을 바꾸면 식품 광고를 볼 수 있고, 여성 잡지는 물론 신문에서도 요리 기사를 접할 수 있게 되었다.

거대 매스컴이 음식 정보를 두고 경쟁을 시작한 것은 일본이 대중 소비사회로 돌입했음을 의미한다. 1965년에서 1975년경에 먹는 일과 관련한 정보에 새로운 물결이 나타났다. 이전과는 달리 실용 위주의 요리 정보가 아니라 미식에 관한 정보를 즐기게 된 것이다. 서점에는 해외 음식의 정보를 담은 책과 식도락 책, 미식여행 가이드가 깔리게 되었다. 1988년 한 해 동안 일본에서 출판된 일반 독자를 대상으로 한 요리책은 460종이 넘는다.[4] 또한 1989년 4월 일본의 수도권에서 일주일간 86개의 식문화 관련 프로그램이 방영되었다.[vi] 오늘날 우리는 '음식의 정보화시대'를 살아가고 있다.

본래 모든 음식은 정보를 가지고 있다. 우리는 정보도 함께 먹는다. 시각정보를 차단한 암흑 속에서 무언가를 먹을 때 맛이 없는 것을 경험한 적이 있을 것이다. 그러나 캄캄한 곳에서 먹어도 음식의 영양가는 다르지 않다. 이런 경험은 바로 '먹는다'는 일에 정보가 얼마나 많이 관여하고 있는지를 나타낸다. 한 사람이 같은 재료와 기술로 요리한 음식을 플라스틱 접시로 받을 때와 고급 레스토랑에서 멋진 접시로 받을 때 그 맛은 매우 다르다. 그것은 음식을 먹을 때 물체로서의 음식이나 요리에 부수되는 정보만이 아니라 인위적으로 부가되는 정보도 먹고 있기 때문이다. 배 속이 비어 있을 때는 정보가 필요 없다. 음식의 양을 확보하는 일이 중요하기 때문이다. 그러나 양이 달성된 다음 단계는 질이 문제가 된다. 바로 영양이다. 그리고 영양이 만족되면, 다음은 맛을 추구하기 시작한다.

예전에 미식가는 사회적으로 아주 소수였다. 굶는 사람을 눈앞에 두고 먹는 즐거움과 정보를 공개하는 것은 사회적 저항을 각오하지 않으면 안 되는 일이었다. 하지만 음식에 만족하게 되면서 이제는 고급 레스토랑 요리를 화면으로 즐기고 있다. 이는 정보가 사물에서 분리되어 홀로서기를 시작했다는 의미이기도 하다. '모두가 미식가'라는 말이 보여주는 현재의 세태는 그야말로 '음식의 정보화시대'이다.

지나치게 많이 먹는 포식생활을 해온 중국 황제들이 마지막으로 찾은 것은 불로장생약이었다. 먹는 일에 관한 정보에서 일본은 현재 맛을 추구하는 과정의 끝에 도달해 있다. 음식과 건강에 관한 논의가 시작된 것이다.

### 지금부터의 문제

식사문화의 대변혁은 말할 필요도 없이 경제적 안정에 따라 이뤄졌다. 더 직접적으로 말하면, 풍요로운 경제 기반을 바탕으로 한 사회에 보조를 맞춰, 식품산업과 외식산업이 변화를 재촉한 것이다. 지금 일본 산업계는 전기기기산업, 자동차산업, 석유공업에 이어서 식품산업에 거대한 금액을 쓰고 있다. 그다음이 철강산업, 그리고 외식산업이다.

가정에서 일어나는 식생활 기능 중 몇 가지를 사회적 부엌과 사회적 식당이 대행하면서 현재의 풍요로운 식생활이 실현되었음은 틀림없다. 그러나 산업의 이익 추구 원리에는 제동이 걸리지 않는다. 사회적 부엌과 식

---

4. 『북 페이지 1989』, 북페이지간행회에 따른다. 1988년 1월에서 12월 사이의 간행본 가운데 식품학, 영양학 등의 전공 서적을 뺀 책 수이다. 그 내역은 다음과 같다. 다이어트 14권, 요리·식생활 17권, 레스토랑 가이드 40권, 음식 다이어트 24권, 음식 잡학·부엌 도구 71권, 술 29권, 식품첨가물·식품오염 18권, 쿠킹 126권, 밥·빵·면 15권, 도시락·안주 15권, 일식 요리 22권, 양식 요리 8권, 에스닉 요리 8권, 과자 26권

탁이 가정에 침식하는 게 아닐까 하는 불안이 실제로 나타나기 시작했다. 식문화를 둘러싸고 가정에서 먹는 일과 사회에서 먹는 일이 바람직한 조화를 이룰 수 있을지 없을지가 커다란 문제로 놓여 있는 상황이다.

(i)  이시게 나오미치(石毛直道), 「의식주(衣と食と住と)」, 소후에 다카오(祖父江孝男)(편), 『일본인은 어떻게 변했는가 — 전후에서 현대로(日本人はどう変わったか—戰後から現代 へ)』, NHK북스, 1987

(ii)  『부인화보(婦人画報)』, 다이쇼(大正) 14년(1925) 11월호

(iii)  『주부의 벗(主婦の友)』, 쇼와(昭和) 7년(1932) 7월호 부록

(iv)  구마쿠라 이사오(熊倉功夫), 「자부다이가 있는 풍경 — 식문화의 변화(ちゃぶ台のある風 景—食文化の移り変わり)」, 『주간 아사히 백과 일본의 역사(週刊朝日百科 日本の歴史)』 112호, 아사히 신문사(朝日新聞社), 1988

(v)  와다나베 센지로(渡辺善次郎), 『거대 도시 에도가 화식을 만들다(巨大都市江戸が和食を つくった)』, 농산어촌문화협회(農文協), 1988, 219~222쪽

(vi)  「텔레비전 구르메 시대(テレビグルメ時代)」, 『아사히 신문(朝日新聞)』(도쿄본사판 조간), 1989년 5월 5일

# 도시화와 식사문화 1995년

## 식사문화 중심지로서의 도시

도시는 인간이 만든 공간이다. 미국의 문화인류학자 멜빌 장 헤르스코비츠(Melville Jean Herskovits)[1]는 문화란 "인간이 만들어낸 환경"이라고 말한다. 이 정의에 따르면, 도시는 문화 공간이라고 할 수 있다.

반면, 산촌과 어촌을 포함해 농촌은 자연환경에 의존해 생업이 전개되는 곳이었다. 말할 것도 없이 농촌에서 중요한 생업은 농업이다. 식료 생산지로서 농촌과 식료 소비지로서 도시에는 문명이 전개되었다. 식료의 보급 없이 도시민은 생존할 수 없다. 도시 문명의 우위를 인정하지만, 농촌이 도시를 지탱해온 것은 부인할 수 없는 사실이다. 그러나 몇몇 사회에서는 농업에 대한 사회적 가치관이 상대적으로 저하되어 도시가 농촌을 지탱하게 되었다. 현대 일본의 산업 구조에서 농업이 차지하는 위치가 그 대표적인 사례이다. 이러한 상황에서도 도시화는 전 세계적으로 진행되고 있다. 20세기는 세계가 도시화된 시대라 할 수 있다.

필자는 '식문화'와 '식사문화'라는 말을 구별해 사용한다. '식문화'라고 할 때는 농업 등 식품 생산과 유통에 관계된 일, 식품의 영양이나 식품

---

**1.** 1985~1963. 문화인류학자. 문화 변용에 관한 연구 등으로 세계적으로 알려져 있다.

섭취와 인체 생리에 관한 관념 등 음식에 관한 모든 사항이 문화적 측면을 대상으로 하고 있다. 반면 '식사문화'는 '식문화'에 비해 한정된 대상을 다룬다. 음식을 중심으로 하는 식품가공 체계와 식품에 대한 가치관 및 음식에 관한 사람들의 행동, 즉 식사행동 체계에 관해서는 '식사문화'라고 부른다. 달리 말해 부엌과 식탁을 중심으로 '식문화'를 볼 때는 '식사문화'라고 한다.[i]

이와 같은 시점에서 보면 식료 생산과 관계없이 이를 소비하는 사람들이 집중된 도시는 역사적으로 '식사문화'의 중심지였다고 할 수 있다. 도시에서는 사람, 사물, 정보가 축적된다. 도시와 그곳에 모인 사람들의 특징은 소비시장을 형성하는 거대한 인구와 이들의 다양성에 있다. 19세기 이전에 외식 시설이 발달한 곳은 유럽, 중국, 일본이었다. 이 세 나라 모두 도시와 왕래가 빈번한 큰 길이나 명소 등 손님 유인력이 높은 장소에서 외식산업이 탄생했다.[2] 근대에 이르러 외식 시설이 보급된 지역을 봐도 도시가 대부분이다. 외식문화는 도시를 중심으로 형성된 것이다. 도시에는 국내 여러 지방 출신의 사람들이 모인다. 도시는 국내 여러 지방의 식사뿐 아니라 국경을 넘은 식사문화의 교류가 일어나는 장소였다.

농촌과 비교해보면 도시는 다양하게 계층화된 사회를 이루고 있다. 정치, 경제, 종교, 군사 분야의 권력자에서 사회 최하층에 이르기까지 다양한 인구가 도시에 거주한다. 농촌의 식사가 평균화된 것에 비해 도시의 식사는 최고급 요리부터 최하급 요리까지 그 폭이 넓다. 여러 문화에서나 최고급 요리는 궁중이나 부유한 상인의 저택, 고급 레스토랑 등에서 나오고, 이와 어울리는 식사예법도 도시를 중심으로 형성되었다. 즉 세련된 식사문화는 도시에서 보급되었다.

도시에는 물건이 모인다. 모두 도시에서 소비되는 것이 아니라 다른 도시와 농촌으로 전달하는 유통 센터 역할을 하고 있다. 도시라는 한자에서 '市(시)'는 시장을 나타낸다. 도시 기원에 관한 유력한 설로 시장기원론이 논의되듯이, 도시는 상업 중심지로서 성격을 지니고 있다.

도시의 시장 기능과 거기서 유통되는 상품 중 역사적으로 가장 중요한 것은 식료품 시장이다. 식료품 유통을 중핵으로 하는 상업 센터로 도시가 형성되었다고도 할 수 있다. 도시에는 먼 곳에서 생산된 식료품과 식품, 식기 등이 모이고, 그것을 기반으로 다양성을 지닌 식사문화가 전개될 수 있었다.

도시에 모인 사람과 물건은 정보가 된다. 따라서 도시는 정보 센터인 셈이다. 시장을 통해 전파된 새로운 식품은 먹는 방법에 관한 정보를 전파하고, 도시에 온 여행자들은 먼 지방의 식습관을 전파했다. 그렇게 먹는 일에 관한 정보가 쌓이면서 새로운 식사문화를 형성하고, 다시 사람과 물건의 이동과 함께 다른 지역, 다른 도시로 확산된다.

도시의 음식과 농촌의 음식을 비교해보면, 도시가 농촌보다 상업화

2.  236쪽 '외식문화사 서론'을 참조하기 바란다.

되고 다양하며 세련도가 높다. 도시 음식의 양식이 선진적인 것으로 받아들여지면서 농촌에 영향을 주었다. 이러한 과정이 세계 각지에서 전개되었다.

### 산업사회의 도시와 음식

오로지 소비의 장이었던 도시가 생산 거점으로 변모한 것은 산업혁명 이후의 일이다. 공업이라는 새로운 생산양식이 도시의 성격을 바꾼 것이다. 인류사적으로 보면, 농업혁명에 따라 수렵·채집사회에서 농업사회로 변화한 것과 같이, 산업혁명의 진행에 따라 농업사회에서 산업사회 또는 공업사회라고 부르는 새로운 사회로 전환이 일어났다. 서아시아에서 시작된 농업혁명이 각지로 퍼진 뒤 전 세계에 농업사회화가 정착되는 데는 수천 년의 시간이 필요했지만, 산업혁명은 겨우 200년 만에 세계 주요 지역을 산업사회화했다. 산업사회의 생활양식을 받아들이는 것을 가리켜 '근대화'라고 한다. 산업사회는 도시에서 시작되므로 종종 '근대화=도시화'라고 여겨진다.

일반적으로 농업혁명과 산업혁명이 보급되는 시기에 해당 지역의 인구가 급증했음을 알 수 있다. 일본에서는 벼농사 도입기인 기원전 200년부터 기원 1년까지 약 200년간 인구가 3배로 증가한 것으로 추정된다.[ii] 일본 역사에서 인구가 3배 이상 증가한 것은 19세기 초부터 현대까지로, 일본이 산업사회화한 시기이다.

산업사회화는 농업에도 영향을 미쳤다. 가족을 부양하기 위한 농업에서 산업적 상품으로서 생력화(省力化), 합리화한 농업 생산으로 전환되었고, 국경을 넘는 식료품 유통 체제 정비가 인구 증가를 지탱하는 식료품 확보로 연결되었다. 그러나 2차 세계대전 이후 제3세계에까지 산업화된 생활양식이 보급됨으로써 발전도상국에서 폭발적인 인구 증가가 일어났다. 세계적으로 인구와 식료품 생산의 불균형은 21세기 인류에게 심각한 문제가 될 것으로 예상한다.[iii]

산업사회화에 따라 늘어난 인구를 받아들인 것이 도시이다. 도시에 공장이 만들어지면서 2차 산업이 도시 중심으로 발전했고, 이전부터 도시적 생업이었던 3차 산업이 더욱 번영하게 되었다. 이러한 산업도시의 노동자로 농촌 인구가 유입되었다. 이러한 인구 유동에 따라 도시 슬럼화 현상이 일어났지만, 한편으로는 도시문화의 다양성이 더욱 커졌다고 할 수 있다.

도시의 산업화는 음식의 산업화를 가져왔다. 농업사회에서 도시는 식품가공업 센터의 역할을 맡았다. 일본의 근대 도시에는 두붓집, 어묵집 등 전문화한 식품가공업에 종사하는 사람들이 있었다. 이들은 수공업 단계의 가공으로, 제조판매를 겸했기 때문에 가공과 유통이 분리되지 않았다(이 시기에도 양조업은 대량생산 단계까지 도달해 식품가공과 생산, 유통의 분리가 확립되어 있었다). 이후 산업사회에 들어서면서 도시의 식품가공은 2차 산업으로 발전했다. 기계를 사용하는 공장에서 대량생산된 식품이 전국 규모로 유통되었다.

3차 산업 분야에서 음식의 산업화는 외식과 유통에서 뚜렷하게 나타난다. 패스트푸드 체인의 전개는 '식사의 공장 생산'이라고 할 수 있는 현상이다. 산업화 시기에 일어난 생활 관련 현상의 변화 가운데서도 식사문화와 관련된 일은 아주 느리게 나타났다. 가정 기능의 사회화 또는 외재화로 나타나는 많은 현상 중에서도 먹는 일을 가정 안에 머물게 하려는 지향성이 아주 강했다. 예를 들면, 옷은 일찌감치 가정에서 벗어났다. 집에서 옷을 지어 입는 것이 섬유산업에서 제조된 옷을 사는 것으로 바뀌었다. 세탁과 보관이 중요한 집안일로 남았지만, 이제는 세탁도 세탁소에 맡긴다. 그에 비해 일상의 식사를 모두 외식으로 해결하거나 완성된 요리를 사다 먹는 가정은 많지 않다.

일본 경제가 고도 성장하면서 음식의 산업화가 급속하게 진행되었다. 요리하는 행위는 여전히 가정에서 이뤄지지만, 재료로는 가공식품이 많고 부엌이나 식탁의 도구, 요리에 쓰는 에너지도 산업에서 공급한다.

20세기가 끝날 무렵에는 산업사회가 만들어낸 도시적 생활양식이 온 세계에 넘쳐났다. 마오쩌둥은 "농촌이 도시를 포위한다"고 말했지만, 현대 중국은 개방 경제정책을 바탕으로 급속히 성장한 보수적 생활양식이 농촌을 포위하고, 농민의 생활을 바꾸어가고 있다.

세계는 성숙한 산업사회에서 인류사의 다음 단계로 들어갔다. 이를 포스트모던사회 혹은 포스트산업사회, 정보화사회 등으로 부른다.

## 일본의 도시화와 음식

유럽 역사에는 도시와 농촌이 상반되는 존재로 인식되며 도시는 악이고 농촌은 선이라는 사상이 있다. 그러나 일본에서는 생활양식이 다른 도시와 농촌을 대립하는 개념으로 보지 않고 중심과 주변이라는 구조로 보았다. 농촌은 도시에 대립하는 독자적인 가치관을 주장하는 곳이 아니며, 문화 센터로서 도시의 생활양식이 농촌에 영향을 미치는 것으로 여겨졌다.(iv)

중세 일본에서 삼도는 교토, 나라, 가마쿠라였다. 남북조시대(南北朝時代, 1336~1392) 이후 인구 1만 명이 넘는 구역이 출현하지만, 거시적으로 보면 전국적인 문화 센터로서 맛있는 도시는 교토 한 곳이었다. 이는 식사문화에서도 마찬가지였다. 에도시대에는 교토, 오사카, 에도 세 도시가 식사문화의 센터가 되었다. 예를 들어 도시적 양식이었던 외식 시설은 에도시대의 세 도시를 중심으로 발달했는데, 지역의 중심이 되는 시장을 경유해 시골에 보급되었다.

야나기타 구니오(柳田國男)는 『메이지 다이쇼사(明治大正史) 세상편』 가운데 「음식의 개인자유(食物の個人自由)」에 이 시대의 식생활 변천을 논했다. 야나기타에 따르면 오랫동안 일본 농촌에서는 똑같은 음식 냄새가 마을 전체에 퍼졌다. 어느 집에서나 같은 시기에 같이 수확한 식품으로 요리할 뿐 아니라 상인에게서 구입한 음식도 마을 사람들이 함께 구매하기 때문에 한 집만 다른 음식을 먹는 일은 없었다. 1년 중 명절에도 음식이 정해져 있었고, 마을 전체가 똑같은 것을 먹었다.

이렇게 마을이라는 공동체에서 집이나 개인이 자립해 주위에 속박되지 않은 식생활을 영위하게 된 것이 일본 근세에서 근대로의 변화이다. 야나기타는 "따뜻한 밥과 된장국, 절임과 차 생활은 실로 현재의 핵가족 제도가 짜임새를 만든 새로운 양식이었다"고 설명했다.[v] 야나기타가 말한 "음식의 개인자유"란 외식을 빼고는 구성원 각자가 자유로이 선택한 것이 아니라 가족제도에 얽매이지 않은 핵가족이 자립한 식생활 단위가 된 것을 가리킨다.

식사에서 근세 농촌이 마을 단위로 관행을 갖고 있었던 것과 달리, 교토와 오사카, 에도에서는 집 단위의 관행이 확립되었다. 이때 집은 핵가족이 아닌 3세대 가족이나 고용인까지 포함한 대가족이다. 매일 식료품을 사서 식사를 꾸리는 도시의 소비경제에서는 집마다 다른 식사를 하는 게 가능했다. 그러나 각 집 단위의 생활관습이 '가풍(家風)'이라는 말로 표현되는 데서 알 수 있듯이, 집 안에서 개인에 관한 규제는 오늘날보다 엄격했다. 정착도가 높은 사람들로 구성된 근세 도시에서는 공동체 의식이 강하고, 연중행사의 음식 등은 마을 사람 모두가 같은 것을 먹었다.

농업사회가 지연과 혈연으로 묶인 사람들의 생산 활동을 위한 기본 단위를 제공하는 것과 달리, 회사는 지연과 혈연의 연대가 상대적으로 약하다. 근대 도시는 산업사회의 원리가 가장 빨리 침투된 곳이며, 지연 및 혈연 공동체는 도시에서 붕괴하기 시작했다. 일본에서 메이지시대와 다이쇼시대에 도시가 산업화하면서 도시민의 핵가족화가 진행되었고, 그 결과 야나기타가 말하는 핵가족의 식생활양식이 성립되었다.

산업사회의 다음 단계로 접어들면서 식생활의 개인화 현상이 뚜렷해졌다. 개인 선택이 자유로운 외식이 차지하는 비중이 늘어났을 뿐만 아니라 가정 안에서도 아침으로 빵을 선택하는 사람과 밥을 먹는 사람으로 나뉘고, 통학이나 출근 시간에 맞춰 시차를 두고 먹는 사람들이 늘어났다. 그런 가운데 '함께 먹기'와 '혼자 먹기'의 옳고 그름이 사회적 문제로 대두되었다.

현재 일본은 인구의 80%가 도시민이다. 일본인은 일생 중에 평균 다섯 번 주소를 바꾸는 유동적인 도시사회에 살고 있다. 도쿄에 거주하는 인구 중 3대째 도쿄에 사는 사람은 1%에 지나지 않는다. 이러한 도시화의 결과로, 연중행사 때 지역 공동체가 함께 먹는 일은 사라졌다. 유동하는 도시민이 각 지역의 식사문화를 가져옴에 따라 도시의 식생활과 식문화가 다양해졌다. 예를 들면, 일본의 대도시에서 먹는 설날 떡국이 집마다 다른데, 이는 각 출신지의 관습이 대도시로 전해졌기 때문이다.

한편 전국 규모로 도시 간의 인구 이동이 일어난 결과, 먹는 일의 평균화 현상도 뚜렷하게 나타났다. 아침으로 빵을 먹을지 밥을 먹을지, 떡국이 어느 지방식인지는 가족 단위 선택으로 이뤄진다. 일정 지역을 대상으로 분포도를 만들어보면, 대도시에서는 모자이크 형태의 분포가 나타날 것이다. 식생활의 다양성을 나타내는 이 모자이크 모양의 분포는 대도시에서 중소도시로 퍼져나갔다. 즉 다양화가 전국으로 전파됨에 따라 지역적 특징이 흐려지고, 그 결과 평균화가 일어났다.

식생활의 다양화에 큰 영향을 준 것은 외래의 식사문화이다. 이는 메이지 초기 해외 교류의 거점, 즉 사람과 물건, 정보의 입구였던 도시에서 시작되었다. 외국의 요리 기술을 지닌 요리사나 외래 식품이 모인 도시에 외국 음식점이 생기고, 거기서 일본인 취향으로 맛을 낸 요리가 만들어지는 과정을 거쳐 전국으로 보급되었다. 요리 기술도 넓은 의미에서 정보라고 한다면, 이들 도시에서 외래 식생활 정보가 일본풍으로 번역 편집된 것이다. 도시는 대중매체 등 정보 발신 장치가 집중된 장소인 동시에 정보를 가공하는 기능도 지닌 곳이다.

일본의 근대화 과정에서 식사의 개인화, 다양화, 평균화, 외래 식생활의 보급이 강력하게 추진된 곳이 도시이다. 그중에서도 수도인 도쿄로 집중된 경향이 강하다. 전통적인 도시와 시골의 관계와 마찬가지로, 도쿄 혹은 대도시를 발신지로 삼아 지방 도시를 경유해 농촌까지 전달되는 위계 구조였다.

일본 전역에서 일어난 도시화 현상을 살펴보면 이러한 위계 구조가 뚜렷하다. 한편으로 산업사회의 논리가 만들어낸 근대 도시의 역할이 끝나는 것과도 관련되어 있다. 도시에 공장을 가져온 것은 산업사회이지만, 이제는 공장을 도시 밖으로 이전시키는 일이 진행되고 있다. 이는 식품산업의 동향을 보면 확실히 알 수 있는 사실이다.

　도시의 생활양식이 보급되고, 정보화사회가 진행됨에 따라 농촌에 대한 도시의 선진성, 농민에 대한 도시민의 우위성이 점점 희박해졌다. 대도시가 지방도시나 농촌을 상대로 지니고 있던 지배력이 상대적으로 약화된 것이다.

## 도시화는 서구화인가

　근대는 세계가 산업사회화한 시기이다. 세계 각지에서 근대를 실현하는 장치로서 도시가 건설되고, 기성 도시를 근대 도시로 개조하는 일이 일어났다. 산업사회가 서구에서 시작되었으므로 근대화는 서구가 모델이었다. 그래서 서구가 아닌 다른 사회에서는 '근대화' '도시화' '서구화'가 같은 현상으로 받아들여지는 경우가 많았다. 그렇다면 식사문화도 이 도식으로 설명할 수 있을까? 러시아의 민족학자 세르게이 아르츄노프(Sergei A. Arutyunov)[vi]는 아르메니아와 일본 근대의 도시화를 비교하는 연구를 통해 다음과 같이 말하고 있다.

　"일본에서는 전통식과 서양식의 구별이 매우 명확해 동시에 양쪽을 제공하는 일이 결코 없다. 그 이유 중 하나는 그릇이 다르기 때문이다. 접시와 컵의 모양도 다르고, 포크와 젓가락은 아예 다른 물건이다.

　도시화와 함께 전통적 식사문화가 크게 달라진 근대 아르메니아에서는 서로 아주 다른 기원을 가진 음식들이 한자리에 모였다. 전통적인 아르메니아 요리와 이웃한 조지아, 아제르바이잔, 러시아의 전통 음식이 있고, 햄버거나 스파게티 같은 서구 음식도 있다. 이러한 요리와 식품은 일상의 식사나 연회에 동시에 제공되고 있다."

역사적으로 지중해 문명과 교류가 있던 아르메니아에서는 기본 그릇으로 접시를 쓰는 등 서구와 공통되는 식사문화 시스템을 가지고 있다. 따라서 근대 도시화 과정에서도 서구와 러시아를 기원으로 하는 요리를 저항 없이 받아들인 것이다. 그에 비해 젓가락과 밥그릇을 사용하는 일본에서는 전통식과 서양식이라는 각기 다른 시스템이 함께 존재하는 형태를 지닌다.

가정에서 이루어지는 식사는 쌀밥과 된장국에 일본식으로 변형된 양식을 젓가락으로 먹는다. 이것은 서구화라기보다는 서구 기원의 음식이 일본의 식사 시스템에 편입된 것으로 받아들여야 한다.[3]

오늘날 일본인의 식사가 '양식화'되었다고들 말하지만, 그것은 표면적인 서구화이다. 아르메니아와 마찬가지로 구조적 동질성 안에서 일어나는 서구화로 생각해도 좋다. 도시화가 진행되고 있는 중국에서 햄버거 등 패스트푸드를 두고 '서구화'가 일어났다고 생각하지 않는다. 도시화에 따라 전 세계 사람들이 양복을 입고, 도시에 콘크리트 빌딩을 짓는다. 그와 비교했을 때 패스트푸드처럼 세계화한 음식도 있지만, 식문화의 중핵에서 세계의 균일화가 일어난다고 말하기는 어렵다.

식사의 개인화, 다양화, 평균화 현상은 도시화와 함께 세계 각지에서 일어나는 보편적인 사항이다. 그러나 구체적인 변화의 모습은 각 지역 식사문화의 맥락에 따라 전개된다. 생활에 관련된 문화 가운데 식문화는 가장 기본적인 것이므로 개별성이 강하게 나타난다.

### 축제 공간으로서의 도시

옛날부터 도시는 축제 공간이라는 성격을 가지고 있었다. 도시는 북적거리고 항상 뭔가 일이 일어난다. 농촌에서 보면, 항상 축제가 있는 장소처럼 보이는 곳이 도시였다. 일본의 근대 도시에 번화가로 불리는 곳이 출현했다. 도시의 축제 공간의 장치로서 번화가를 지탱하던 곳이 음식업이었다. 축제는 비일상적인 시간과 공간을 전제로 한다. 번화가는 비일상적인 시간과 공간을 연출하는 장치로, 바꿔 말하면 소비행동을 창출하기 위한 도시 내부의 극장 같은 장치가 번화가에 있다. 번화가에 고밀도로 집중된 음식업은 가정의 일상음식에서 체험할 수 없는 다양한 선택을 제공했다. 미각 정보가 집적된 공간인 번화가는 식사문화 센터로서의 쇼윈도이다.

현대의 도시는 물건 생산지의 기능을 잃어가고 있다. 그러나 사람과 정보를 모으는 장치로서 도시의 기능은 앞으로도 계속될 것이다. 커뮤니케이션 수단의 발달에 따라 정보를 수신하기 위해 도시에 거주할 필요는 없어졌다. 그러나 다양한 정보가 집적되고 정보를 편집, 발신하기 위한 장

---

**3.** 139쪽 '이문화와 음식 시스템'을 참조하기 바란다.

치로서 도시의 존재 의미는 앞으로도 변치 않을 것이다.

앞에서 말한 유동하는 도시 주민은 그곳에서 평생을 사는 시민이 아니다. 통근이나 통학 등으로 낮에만 도시에서 머무는 사람도 많다. 도시는 주민의 것이라는 논리는 더 이상 통용되지 않는다. 현대의 도시는 불특정 다수의 손님이 모이는 호텔과 같다. 정보와 관련된 기능을 특화한 거대한 집객 장치이다. 이것이 미래 도시의 일면일 것이다.

식사문화에서 미래의 도시가 해내야 할 역할을 생각할 때, 음식의 정보 체험장인 번화가의 미래를 검토하는 일도 중요하다.

(i)  이시게 나오미치(石毛直道), 「식사문화 연구의 시야(食事文化研究の視野)」, 이시게 나오미치(편), 『세계의 식사문화(世界の食事文化)』, 도메스 출판(ドメス出版), 1973

(ii)  기토 아키라(鬼頭清明), 「벼농사사회의 시작(稲作社会の始まり)」, 『주간 아사히백과 일본의 역사 41(週刊朝日百科 日本の歴史41)』, 아사히 신문사(朝日新聞社), 1987

(iii)  이시게 나오미치, 「문명의 에콜로지(文明のエコロジー)」, 이시게 나오미치·고야마 슈조(小山修三)(편), 『문화와 환경(文化と環境)』, 방송대학교육진흥회(放送大学教育振興会), 1993

(iv)  헨리 스미스(Henry Smith), 「교토는 시골이다─영국과 일본(京に田舎あり─イギリスと日本)」, 우메사오 다다오(梅棹忠夫)·모리야 다케시(守屋毅)(편), 『도시화의 문명학(都市化の文明学)』, 주오코론샤(中央公論社), 1985

(v)  야나기타 구니오(柳田国男), 『메이지 다이쇼사 세상편(明治大正史 世相篇)』(『정본 야나기타 구니오 전집(定本柳田國男集) 제24권』), 쓰쿠마쇼보(筑摩書房), 1970

(vi)  세르게이 아르츄노프(Sergei Artyunov), 「농촌의 도시화 과정─일본과 아르메니아(農村における都市化の過程─日本とアルメニア)」, 우메사오 다다오·모리야 다케시(편), 전게서, 1985

# 외식문화사 서론

1993년

## 서론

먹는 일을 가정 안에서 완전히 해결하던 시대는 끝났다. 사회에서 만들어진 음식이 가정 안으로 들어오고, 가정을 나가서 사회적으로 식사하는 일이 많아지면서 음식 만들기와 식사 장소로서 가정의 기능은 상대적으로 약해졌다.

20세기 후반 일본의 식품산업과 외식산업은 급속도로 성장했다. 업종별 매출액(출하액)을 상위부터 열거하면(표 1), 전기기구산업, 운송기기산업, 일반기기산업, 외식산업, 식품산업의 순서로 나타난다. 이 중에서도 식품산업과 외식산업은 앞으로도 계속해서 성장해갈 것으로 기대된다.

거대 산업화한 일본의 외식을 논의하기 위해서는 먼저 그 역사를 검토할 필요가 있다. 일본 외식문화의 계보를 찾아보면 에도시대에 진행된 도시의 문화화에 다다른다. 교토, 오사카, 도쿄의 세 도시가 일본 외식문화의 출발점에 자리 잡고 있다. 에도 막부의 법령집『도쿠가와 금령고(德川禁令考)』[1]는 1804년 에도 시내에서 음식 장사를 하는 곳이 6,165곳이라고 기록하고 있다. 이는 인구 약 1,702인당 한 곳에 해당한다. 더 큰 규모

---

1. 메이지시대에 편찬된 에도의 법령사료집이다.

| 산업별 분류 | 출하량(억엔) |
|---|---|
| 전기 기계도구 | 578,797 |
| 수송용 기계도구 | 452,314 |
| 일반 기계도구 | 318,839 |
| 외식* | 289,548 |
| 식료품 | 242,435 |

*(재) 외식산업 종합조사연구 센터의 추계에 따름(판매금액)

표 1. 출하액 등으로 보는 산업별 규모(1996년)

자료: 통상산업소,「공업통계표(산업편)」, (재)식품산업센터,『식품산업통계연보 헤이세이 10년도판』에 따름

로 추정되는 음식점 등은 기록되어 있지 않으므로, 실제로는 훨씬 더 많은 음식점이 있었을 것이다.

에도시대의 풍속 등을 서술한 백과사전『모리사다만코』에는 1860년 에도 시내의 소바집 3,726곳에서 모임이 있었다는 기록이 있다. 이 모임에는 행상인 메밀국수 장수는 포함되지 않았다. 음식 행상까지 포함하면 19세기 전반 에도 시내에는 엄청나게 많은 외식 시설이 집중되어 있었다고 볼 수 있다. 아마 에도는 당시 세계에서 음식점이 가장 고밀도로 분포한 도시였을 것이다. 교토나 오사카보다 에도에 음식점 밀도가 높았던 것은 에도가 독신 남성의 인구 비율이 높은 도시였다는 점과 현금 수입이 있는 기술자가 많았던 도시였다는 점을 고려할 필요가 있다. 에도가 세계

제일의 외식 도시로 발전하는 역사적 과정에는 중국이나 서구의 영향 없이 독자적인 발전이 있었다고 생각해도 문제 없을 것이다.

### 세계 각지의 전통 외식문화

외식에는 여러 형태가 있다. 군대, 학교, 병원 등의 단체급식도 외식이고, 계, 혼례, 제사를 위해 누군가의 집에 모여 식사하는 것도 외식이다. 그러나 여기서 말하는 외식이란 상업 활동으로서의 음식업이 가정이 아닌 곳에서 음식을 제공하는 것을 가리키는 것으로, 음식값을 낼지 말지 식사를 할지 안 할지는 원칙적으로 개인의 자유에 달린 음식 형태이다. 따라서 단체급식 등은 요금을 낸다 하더라도 외식의 개념에서 제외한다.

외식의 개념이 성립하려면 사회적 분업이 확립되고 화폐경제가 발전한 사회 단계에 도달해야 한다. 근대 이전에는 이러한 사회 단계가 성립된 지역이 매우 한정되어 있었다. 아프리카, 아메리카, 오세아니아에서는 유럽 식민지 체제를 바탕으로, 동남아시아에서는 화교 진출을 바탕으로 음식점이라는 것이 처음 만들어졌다.

오래전 세계에서 가장 음식점이 발달한 곳은 중국이다. 전한(前漢) 중기부터 각지에서 술을 팔거나 요리를 먹을 수 있는 시설이 생겼고, 흉노와의 교섭이 활발해지면서 만리장성의 각 관문에서도 술과 밥을 파는 시설이 번성했다.[i] 당(唐)의 수도 창안에 선술집이 있었다는 내용이 당나라 한시에 나오고, 중앙아시아계 민족이 호병을 파는 민족 음식점도 기록에 나온다.(ii) 도로 양쪽에는 선술집과 식당이 늘어서서 여행자들에게 음식을 제공했다고 기록되어 있다.(iii) 서구나 일본에서도 음식점은 도시와 길거리에서 발달했다. 중국에서 외식문화가 크게 발달한 것은 송(宋)시대이다. 당대의 도시는 행정 도시, 군사 도시로서의 성격이 강했다. 도시는 성벽으로 둘러싸여 있고 그 안은 방(坊)이라는 벽을 따라 구획이 분할되었다. 상업 활동은 시(市)라 불리는 구획에 한정되었다. 송대는 상업이 비약적으로 발전한 시대로, 이때 개방적인 도시 경관이 처음 나타났다.

북송의 풍속 관련 사적을 담고 있는 『동경몽화록(東京夢華錄)』,² 두루마리 그림 『청명상하도(淸明上河圖)』³에 따르면, 큰 길이나 노지에 찻집, 선술집, 요릿집이 늘어서 있고, 아침 일찍부터 밤늦게까지 영업했다. 『동경몽화록』에 "장삿집에서는 식사 때마다 요리를 주문해서 먹었고, 집에서는 반찬을 준비하지 않는 때가 많다"고 한 것처럼, 전문화된 요리점이 출현하고 있었다.

남송의 수도였던 항저우의 풍속과 번영을 기록한 『몽양록(夢梁錄)』⁴에 '면식점(麵食店)'이라는 항목이 있는 것으로 보아, 이 시대에는 외식이 일반화되고 면류 전문점이 많았다는 것을 알 수 있다. 음식을 먹으면서

2. 1938년 이와나미쇼텐(岩波書店)에서 출간한 이리야 요시타카(入谷義高)·우메하라 가오루(梅原郁)의 역주에 따랐다.
3. 청명절의 변경(지금의 카이펑)의 번창을 그린 풍속화로, 몇 종류의 전본이 있다.
4. 남송대의 임안(臨安, 지금의 항저우)의 번영을 기록한 책이다.

가무를 즐기거나 기녀(妓女)가 시중을 들기도 했다. 유흥으로서의 외식이 이뤄졌던 시설도 많았다. 현재까지 이어지는 중국의 외식문화는 대부분 송대에 형성되었다.

나이토 고난(內藤湖南)[5]의 학설을 이어받은 미야자키 이치사다(宮崎市定)[6]에 따르면, 중국의 근세는 송대에 시작되었다고 한다. 귀족이 사회의 실권을 잡고 있던 중세 신분제 사회가 붕괴하고, 이후 사대부 계급으로 성장한 상층 서민이 나타났다. 이들이 이끄는 상업이 번성하면서 송시대는 유럽보다 앞서 중국 르네상스가 실현되었다. 이와 같은 역사적 배경은 송시대 도시에서 음식점의 번영을 가져왔다.[iv]

한반도에서 외식문화의 출현은 새로운 현상이었다. 1392년 건국한 조선왕조는 유교를 바탕으로 국가 운영 정책을 폈다. 유교사상이 철저하게 주입되면서 상업 활동은 무시되었다. 조선왕조 전반에는 화폐경제가 보급되지 않았고, 교환 수단으로 곡물이나 옷감을 사용했다. 19세기 말까지 여행자는 술집 겸 여관인 주막이나 상인 숙소 겸 도매상인 객주를 이용했고, 정부 관리들은 객사인 역에서 배를 채우거나 지방 유력자의 집에서 묵었다. 그 밖에는 유흥 시설이 있는 기생집에서 술을 마시거나 식사하는 정도였다.

1885~1886년경 서울에 최초로 요릿집이 생겼다. 본격적인 요릿집은 1887년에 생겼는데, 일본인이 경영하고 일본 요리를 제공하는 곳이었다. 본격적인 한반도 요리를 제공하는 요릿집이 생긴 것은 20세기 초로,[v] 일

본이 한반도를 강제 병합하고 식민지 정책을 통해 근대화를 추구하는 과정에서 새로운 외식 시설이 출현한 것으로 보인다.

중세 이슬람 세계(아랍 지역)에서 도시 중심에 있는 큰 모스크 및 시장 주변에는 큰 점포들이 늘어서 있어 점포 2층에 손님석을 두고 음식을 팔았다. 또 물자를 교역하는 대상들이 묵는 숙소에서도 음식을 제공했다. 나중에 출현하는 마가(magha) 또는 차이하나(chaihana)라고 불리는 찻집에서는 차와 커피 외에 간단한 식사도 할 수 있었다. 여행자와 상인의 출입이 활발한 이슬람 세계의 도시에서는 길 주변 상설 식당인 마탐(mat'am)에서 배를 채울 수 있었다.[7]

서구의 외식은 고대 그리스의 도시 국가로 거슬러 올라간다. 시장에서는 행상이 음식을 팔았고 고대 로마의 작은 노천식당은 가난한 사람이나 노예를 고객으로 했다.[vi] 이들이 내놓는 음식은 변변치 못한 식사였고, 고급스러운 음식을 제공하는 외식 시설은 없었다. 중세 프랑스에는 오베르주(auberge)라는 여관과 타베르네(taverne)라는 선술집이 있었다. 오베르주는 도시의 성 밖에 있는 시설로 음식을 갖고 다니는 여행자가 묵을 수 있는 숙박 시설을 겸했다. 타베르네는 도시 안에 있는 시설로 술

5.   1866~1934. 저명한 동양사학자로, 호는 호남으로 본명은 도라지로(虎次郎)이다.
6.   1902~1995. 동양사학자로 나이토 고난의 중국사의 시대구분론을 이어받아 널리 아시아의 역사를 고찰했다.
7.   이슬람권에 대해서는 아랍문학자인 호리우치 마사루(堀內勝)의 교시에 따라 집필했다.

을 제공했다. 17세기 중반 유럽에서 커피를 마시게 되고 카페가 유행하면
서 가벼운 식사를 내놓게 되었다. 한편 16세기 말 파리에서는 본래는 술
을 파는 곳이었던 카바레가 고급 요리를 파는 곳으로 바뀌는 현상이 일
어났다.(vii)

레스토랑의 출현 이전에 서구의 외식 시설은 고급 요리를 제공하는
곳이 아니라 서민의 일상 요리를 내놓은 곳에 지나지 않았다. 세련된 최상
의 요리는 궁전이나 귀족의 저택에서만 맛볼 수 있었다. 최고급 음식과 세
련된 요리 기술, 그와 같은 식사를 즐기는 데 어울리는 공간과 시설, 화려
한 식기와 우아한 서비스 제공은 사회의 최상위 계급이 독점했다.

신분 차별 없이 화폐 가치의 기준에 따라 물건과 서비스를 제공하는
것이 상업이다. 그러나 상업 활동이라는 측면에서 고급 요리를 제공하는
시설이 존재하지 않으면, 아무리 돈을 가지고 있어도 그것을 맛볼 기회가
없다. 이와 같은 신분적 불평등을 없애고, 계급 차이를 자산의 차이로 바
꾼 것이 부르주아 혁명이었다.

1765년 파리에 최초의 레스토랑이 개업했는데, 이 경위에 대해서는
잘 알려져 있으므로 여기서는 생략한다.[8] 그 뒤 얼마 지나지 않아 일어난
프랑스대혁명 결과, 귀족 계급이 고용했던 요리사와 하인들이 실직하고
시중으로 나와 레스토랑을 개업했다. 그것이 유럽 각지에 퍼져 서구의 레
스토랑 문화가 성립되었다. 즉 절대왕정이 붕괴하고 시민사회가 성립되면
서 요금을 지급할 재력이 있으면 누구라도 외식을 즐길 수 있게 되었다.

### 일본에서 요릿집의 출현

시민혁명을 겪지 않았음에도 불구하고 서구와 거의 같은 시기에 일본에서는 레스토랑 문화가 성립되었다. 그 경과를 외식의 발전사에서 찾아보고자 한다.

일본의 외식 시설은 여관과 찻집에서 시작되었다. 『분메이본 세쓰요슈(文明本節用集)』[9]에 따르면, 15세기 말 '여관에서 식사(食)'를 여롱(旅籠)이라 했다.[viii] 여관은 큰 거리와 주요 도시에서 발전했지만, 에도시대 초기에는 도시 내 한 지역에 여관이 집중해 있는 장소가 있었다. 초기 여관의 식사는 변변치 못했지만, 동시대 전 세계에서 일반인의 여행 문화가 가장 번성했던 에도시대답게 즐거움을 위한 식사가 여관에서 고정적으로 제공되었다. 그 계보를 잇는 것이 오늘날의 요리여관이다. 1408년 도지(東寺) 앞에서 차를 파는 것이 『도지햐쿠고몬조(東寺百合文庫)』[10]에 기록되어 있는데, 이것이 문헌에 처음 나오는 찻집이다. 16세기에 큰 거리와 숙소에서 떨어진 곳에 찻집이 생겨 떡이나 술안주를 팔게 되었고, 17세기에는 도시에 있는 사찰 앞이나 번화가에서 엽차 등을 팔며 나그네들이 쉬어 가는 미즈차야(水茶屋)가 발달했다. 조림 등을 파는 반찬가게도 등장

---

8.  1765년 파리에서 양 다리 화이트소스 조림, 포타지 등을 레스토랑(원기를 회복하는 음식)이란 이름을 붙여서 팔기 시작한 가게가 레스토랑의 기원이 되었다.
9.  15세기 후반에 만들어진 백과사전적인 책이다.
10. 교토 도지(東寺)에 남았던 서류 컬렉션이다.

했다. 집마다 돌아다니며 반찬류를 파는 행상과 상설 가게에서 요리한 음식을 그 자리에서 먹을 수 있도록 하는 곳이었다. 소바집, 우동집, 조림집 등은 주력 상품이 전문화한 것으로 볼 수 있다.

지금과 같은 외식 시설이 가장 먼저 시작된 곳은 교토로 추정되지만, 그 연대는 정확히 알 수 없다. 에도에서는 18세기 후반에 유명한 요리찻집(料理茶屋)이 생겨났다. 그 무렵 서민을 상대로 값싸고 가벼운 음식을 먹을 수 있는 곳과 포장마차가 에도 신시가지에 다수 번성했다.

현재까지 이어지는 고급 요리를 확립시킨 것은 도시 상인들이었다. 대부분 나라에서 요리 기술이 발전된 곳은 왕이나 귀족의 저택이고, 각 사회의 최상층 계급이 먹는 세련된 요리가 아래 계급으로 보급되는 길을 밟았다. 패션도 마찬가지로 궁중을 중심으로 형성된 유행이 서민에게 퍼지는, 즉 위에서 아래로 전달되는 경로를 따르는 것이 보통이었다. 그러나 일본은 달랐다. 사농공상(士農工商)이라는 신분질서의 최하층에 해당하는 상인 계급을 중심으로 고급 요리와 외식문화가 형성되었다. 도시의 요리사들이 만든 요리가 현재 일본 고급 요리의 기원이 되었다. 에도시대의 의복이나 머리 모양은 극장이나 유곽을 유행의 기원지로 했다. 극장, 유곽을 지탱한 것은 다름 아닌 상인과 기술자들이었다.

근대 일본의 도시문화를 만들어낸 것은 정치적으로도, 경제적으로도 쇠퇴한 궁중도 아니었고, 정치 권력을 장악하고 있었지만 금욕적인 도덕률에 묶여 있던 무사 계급도 아니었다. 사회 경제적 기반을 쥐고 있던 상인들과 화폐경제 시스템에 전면적으로 의존하는 기술자들이었다. 외식문화가 급속하게 발전한 18세기 후반은 도시 상인들이 일본 사회의 실질적인 주인공이 되어 그 실력을 발휘하게 된 시대였다. 시민혁명 없이도 이 시기에 서구의 레스토랑에 해당하는 요리찻집과 각종 스낵을 파는 외식 시설이 도시에 출현했다. 이를 통해 유럽과의 병행 현상을 설명할 수 있다.

에도시대에 외식문화가 번성한 도시는 교토, 오사카, 에도로 총 세 곳이었다. 이 세 도시에서 외식이 발달한 이유는 이들 도시가 특정 영주의 관할 아래에 소속하지 않고, 봉건제로부터 자유로운 도시였다는 데 있다. 일상생활의 모든 부분에서 화폐를 사용하는 도시형 소비경제의 확산은 쌀 물납(物納)을 조세 기준으로 하는 지방 영주의 경제적 기반을 위협했다. 실제로 봉건 체제의 억압이 심한 곳에서는 음식점이 발달하지 않았다. 요리찻집 영업이 금지되어 있어서 메이지시대가 되어서야 처음으로 요릿집이 생긴 것이 지방의 성시였다는 사실을 보면 알 수 있다.

특정 요리를 제공하는 전문점이 많아진 것도 먹을 사람이 많은 도시에서 나타난 현상이었다. 인구가 적은 지방 도시에서는 영업 형태를 유지하기가 어려웠다. 메이지시대에 철도가 개통한 뒤에야 지방에 역전 식당이 생겼다. 역전 식당에서는 일반 요리 외에 대도시의 전문점 음식을 파는 등 백화점식 영업이 일반적이었다.

## 도시 속 구르메 출현

최고급 요리점뿐만 아니라 요리찻집도 다수 존재했다. 에도 후기에는 무용, 서화 모임이 요리찻집에서 이루어졌다. 오늘날 문화행사와 음식의 결합이다. 『도엔쇼세쓰(兎園小説)』[11]에 따르면, 1818년 에도에서 소방친목회 모임이 열린 요정은 1, 2층 합해서 900명을 수용했다고 한다.

한편 일반인을 위한 일반적인 외식 가게가 많이 생겼고, 19세기 초에는 에도 번화가의 가게 대부분이 음식점이었다고 한다. 이런 가운데 식도락을 즐기는 미식가들이 출현했다. 도시의 미식가와 지방에서 도시를 방문한 사람들이 갈 만한 레스토랑 가이드도 출판되었다. 1777년에 처음 간행되었으니 미슐랭 가이드보다 한 세기 앞서 나온 것이다.

이 간행물들은 종이 한 장에 인쇄된 인쇄물로, 씨름선수 번호표를 본뜬 형식을 취해 점포의 품격을 나타낸 것이 많았다. 1848년에 출판된 『에도 술밥 안내서(江戸酒飯手引草)』는 휴대하기 편리한 소책자로 만들어졌다. 594곳의 유명 음식점과 요리 종류로 구분해 주소를 기재했다. 이때 에도에 약 1,000곳의 장어구이 집이 있었는데, 이 책에는 90곳이 선별되어 실렸다. 『꽃의 그림자(花の下影)』는 필자 미상의 음식점 가이드북이다. 오사카의 음식점 316곳이 소개되었는데, 먹고 마시는 풍경을 채색 그림으로 담았다.[ix] 1980년대에는 레스토랑 가이드와 미식 수필이 많아졌는데, 그 계보는 에도시대 후기까지 거슬러 올라갈 수 있다.

## 에도시대부터 계승

메이지시대 이후 서양이나 중국에서 기원한 외래 요리나 식사 형태는 먼저 외식에서 받아들여진 뒤 일반 가정으로 퍼져갔다. 또 지방 요리를 전국으로 보급하고, 식문화의 평균화를 가져온 것 역시 외식이 이뤄낸 성과이다. 말하자면 '식생활의 근대화'에 외식이 여러 가지 영향을 끼쳤다고 할 수 있다. 중앙 주방 방식을 도입한 근대의 외식산업에서 보듯, 외식의 영업 형태도 시대에 따라 변화했다.

거시적으로 볼 때, 일본인의 외식에서 기본 골격은 이미 에도시대에 형성되었다고 볼 수 있다. 메이지 이후에 일어난 일은 에도시대의 일부 도시에 한정된 현상을 전국으로, 또 국민 각 계층까지 확대 보급한 움직임이었다. 예를 들어 배달에 대해 검토해보자. 지금은 교통체증과 인력 부족을 이유로 배달을 거절하는 집도 많지만, 이전에는 전국의 음식점 대부분이 배달을 했다. 배달제도는 일본의 독자적인 문화이다.

배달에는 시다시(仕出し)와 데마에(出前)가 있는데, 이 둘 사이의 경계선을 긋는 일은 어렵다. 둘 다 외식업체가 만든 요리를 집으로 가져다 외식을 내식으로 하는 것이다. 구체적으로 구분하자면, 시다시란 한 끼 식사의 식단 전부, 혹은 한두 가지를 맞춤 요리로 배달해주거나 출장 요리로 만들어주는 것이다. 음식 내용을 보면 고급 요리인 경우가 많다. 반

11. 다키자와 바킨(滝沢馬琴)의 수필로, 1825년에 완성되었다.

면 데마에는 식당에서 파는 메뉴 중 주문한 몇 가지 요리를 가져다준다. 스낵 같은 성격이 강한 요리로, 특별 주문을 받아서 만드는 요리는 없다.

시다시라는 말은 17세기 초에 만들어진 일본어로, 시다시가 발달한 것은 요리찻집이 출현한 이후의 일이다. 에도시대에는 시다시 전문점이 있었다. 서구의 케이터링 서비스와 비슷한 것으로, 케이터링 서비스에서는 연회 요리를 배달하거나 출장 요리를 하는 것뿐만 아니라 연회장 장식이나 서비스도 담당했다. 프랑스에서는 16세기 말에 이와 같은 직종이 존재했다고 한다. 중국에도 이러한 서비스가 있었다. 앞에서 말한『동경몽화록』에는 시다시 전문점 외에 식탁, 식기, 술, 요리, 여행, 초대장 발송까지 모두 준비하여 연회를 맡는 직업이 송대에 있었다고 자세히 쓰여 있다.

이처럼 시다시는 서구나 중국에도 있었다. 하지만 일본처럼 대부분의 식당에서 요리를 배달해준 사회는 없었을 것이다. 분명하게 밝혀지지 않은 것도 많지만, 배달의 역사는 18세기 말부터 19세기 초에 걸쳐 에도의 서민 마을에서 시작된 것으로 보인다. 이는 세계 최고 수준의 고밀도로 집중된 음식점들의 서비스 경쟁이 낳은 제도로 생각된다. 에도시대에 생겨난 배달은 1870년대 이후 지방에서도 음식점이 발달하고, 자전거와 전화가 보급되면서 전국적으로 확대되었다.[x] 오늘날 급속하게 시장이 확대되고 있는 것은 중식(中食)산업[12]이다. 도시락 등을 편의점에서 구입해서 가정이나 직장에서 식사하는 것이다. 이것도 에도시대에 조림집에서 먹을 것을 사거나 행상 음식을 사 먹는 것의 현대판이라고 할 수 있다.

외식을 지탱해온 요리인의 세계에서는, 에도시대에 마을 요리사 조직으로 '헤야(部屋)'라고 불리는 요리 기술의 습득을 위한 사제 제도와 장인을 알선해주는 곳이 생겼다. 메이지시대에 들어서 새로운 요리인 양식이나 중국 요리의 '헤야'도 만들어졌다. 이것이 현재의 조리사 소개소나 조리사회의 전신이다. 단, 지금은 조리사학교의 졸업생으로 예전의 '헤야'와 관계없는 요리사가 증가하고 있는 사실도 덧붙여둔다. 이를 통해 에도시대의 대도시에서 오늘날로 이어지는 외식문화가 이미 형성되었으며, 이후 커다란 단절 없이 이어져 왔다고 말할 수 있다.

12. 중식은 외식과 내식 사이에 위치한 식사 형태로, 가정이 아닌 밖에서 조리한 식품을 구매해서 집으로 가져와 집에서 바로 먹을 수 있거나 배달해서 집에서 먹는 식사를 가리킨다.

(i)  시노다 오사무(篠田統), 『중국 음식사의 연구(中国食物史の研究)』, 야사카쇼호(八坂書房), 1978, 55~56쪽, 67쪽

(ii)  쉬핑팡(徐苹芳), 「당대 교토 정지, 경제 문화생활(唐代両京的政治, 経済和文化生活)」, 『고고(考古)』, 1982~1986, 649쪽, 655쪽

(iii)  판나이룽(方乃栄), 『중국 음식문화(中国飲食文化)』, 상하이상민출판사(上海上民出版社), 1989, 117쪽

(iv)  미야자키 이치사다(宮崎市定), 「총론 5근세는 무엇인가(総論 5近世とは何か)」, 『미야자키 이치사다 전집(宮崎市定全集)』 제1권, 이와나미쇼텐(岩波書店), 1993

(v)  임종국(林鍾國), 『서울 성시에 한강은 흐른다―조선풍속사 야화(ソウル城下に漢江は流れる―朝鮮風俗史夜話)』, 박해석, 강덕상(역), 헤이본샤(平凡社), 1987, 16~31쪽

(vi)  쓰카다 다카오(塚田孝雄), 『시저의 만찬―서양 고대 음식담(シーザーの晩餐―西洋古代飲食譚)』, 시사통신사(時事通信社), 1991, 323쪽, 327쪽

(vii)  사가도 사부로(坂東三郎), 「레스토랑의 탄생과 전개―프랑스(レストランの誕生と展開―フランス)」, 『한일백과 세계의 음식(朝日百科 世界の食べもの)』(각본) 제14권, 아사히 신문사(朝日新聞社), 1984, 166쪽

(viii)  히라다 마리오(平田萬里遠), 「에도의 음식점―조림장수에서 요리찻집으로(江戸の飲食店―煮売りから料理茶屋へ)」, 『음식의 일본사 총람(たべもの日本史総覧)』(역사독본 특별증간), 신진부쓰오라이샤(新人物往来社)

(ix)  오카모토 료이치(岡本良一)(감수), 「꽃의 그림자―에도막부 말기 나니와의 무위도식(花の下影―幕末浪花のくいだおれ)」, 세이분도 출판(清文堂出版), 1986

(x)  이시게 나오미치(石毛直道), 「데마에(出前)」, 우메다 아쓰시(上田篤)(편), 『마스시티―대중문화도시로서의 일본(マスシティ―大衆文化都市としての日本)』, 가쿠게이 출판(學藝出版), 1991

# 식문화 변용의 문명론 1994년

## 국제화라는 관점

'국제화시대의 음식'. 이것이 이 내용의 주제이다. 후세 역사가는 20
세기를 국가의 시대였다고 논할지도 모른다. 20세기에 접어들어 지구상의
모든 민족이 국가라는 기구에 소속되고, 무엇이든지 국가 단위로 이뤄졌
다. 인류 역사상 이때만큼 국가가 강력한 힘을 가진 적은 없었다. 그에 따
라 여러 분야에서 국경을 넘는 교류를 '국제화'라는 단위로 표현했다. 20
세기 후반에 진행되었던 교통, 정보 수단의 발달과 함께 지구를 일체화하
는 현상을 '국제화시대'라고 말한다.

식량이나 공업적으로 생산된 식품의 국제적 유통, 요리 기술의 국제
적 교류, 패스트푸드 체인점의 국제적 전개, 영양학 지식의 국제적 보급
현상을 볼 때, 식문화 분야도 '국제화시대'에 있다고 할 수 있다. 하지만
식문화를 '국제화'라는 시점으로 보는 것이 올바른지에 대한 논의의 여지
는 남아 있다.

'일본문화', '미국문화'라고 말하듯이, 국가 단위로 문화를 논하는 일
이 자주 있다. 사안에 따라서는 그것이 유효한 틀로 기능하는 경우도 있
다. 하지만 본질적으로는 하나로 통합된 문화의 최대 단위는 '국가=국민'
이라는 인공적 기구나 집단이 아니라 민족이다. 근대 국민국가(national

state)의 창출을 맞이해 개별 민족을 넘어서는 국민문화(national culture)가 형성되었고, 그 결과 국가 단위에 문화를 언급하게 되었다. 전 인구 중 압도적으로 다수를 차지하는 민족이 하나의 국가를 형성한 경우 국민문화와 민족문화가 거의 일치하지만, 이런 일은 세계적으로 매우 예외적인 사례이다.

쌀을 시작으로 식료품의 무역자유화에 관한 교섭이 국가 단위로 일어나듯이, 현대 세계에서 정치, 경제, 군사 등은 국가라는 틀에서 수행된다. 음식과 관련된 분야 가운데 식료품의 국제교류를 '국제화'라는 관점에서 논하는 것도 가능하다. 식료품의 국제적 유통 관계가 각 민족의 식문화에 큰 영향을 미친 것은 말할 필요도 없다.

하지만 식문화의 핵심은 각 문화에서 식량과 식품을 가동하는 '조리 체계'와 음식과 관련된 가치관이 행동에 작용하는 '식사행동 체계'로 구성된다.[i] 조리 체계와 식사행동 체계라는 식문화의 핵심은 국가라는 단위와 상관없이 민족을 단위로 형성되었다. 또한 최근까지 국가를 구성한 경험이 없었던 민족에게도 식문화가 존재했다는 점을 주목해야 한다. 냉전 체제가 끝난 뒤 세계에서는 국가와 민족의 갈등이 표면화되고, 종래의 국가가 해체되거나 통합되는 움직임이 나타났다. 국가는 해체되어도 민족은 남는다. 따라서 식문화 간의 상호 교류를 국가의 틀을 중시하는 '국제화'라는 맥락으로 파악할지는 검토할 필요가 있다.

## 국민국가와 요리문화

"언어는 문화의 자동차"라는 말이 있다. 문화는 언어를 매개로 전달되는 성격이 분명해서 언어를 지표로 문화를 분류하는 일이 종종 있다. 이에 따라 식문화를 검토하기 위해 언어를 하나의 '유추(analogy)'로서 논의해보고자 한다.

다민족 국가에서 생활하는 사람들의 언어를 생각해보자. 일상에서 사용하는 언어는 방언이다. 다음으로 친근한 언어는 자신이 사용하는 방언을 포함한 자민족 언어이다. 공문서나 학교 교육의 언어로 공용어와 국어가 있지만, 그것은 자민족의 언어가 아닌 경우가 있다. 국가를 구성하는 다른 민족어가 공용어와 국어로 제정된 곳도 있다. 그 밖에도 다른 나라 민족의 언어인 외국어가 있다. 생활 현장에서 가까운 언어부터 순서를 정하면 방언 → 민족어 → 공용어·국어 → 외국어순이다.

언어를 요리에 대응해보면, 방언에 해당하는 것은 지방 요리＝향토 요리, 민족어에 해당하는 것은 민족 요리, 공용어와 국어에 해당하는 것은 '국민 요리'이다. 그리고 외국어에 해당하는 것은 외국 요리이다.

민족 분포의 경계는 국경과 일치하지 않는다. 복수의 민족 요리권으로 구성되는 식문화를 가진 국가는 지금도 많다. 예를 들어 인구 670만 명인 스위스는 독일어를 쓰는 사람 75%와 프랑스어를 쓰는 사람 20%, 이탈리아어를 쓰는 사람 4% 그리고 레토로만어를 쓰는 사람 1%로 구성되어 있다. 이 4개 언어는 헌법에 의해 국어로 제정되어 있다. 독일어권 주민은 소시지와 감자로 대표되는 독일 요리를 먹고, 제네바를 중심으로 하는 프랑스어권은 프랑스 요리의 영향을 받은 요리를 먹는다. 이탈리아어권 주민은 주로 파스타를 먹는다. 이처럼 언어권과 겹치는 민족별 특징을 갖는 한편, 민족 간의 교류를 통해 전국적으로 보급된 국민 요리도 형성되었다. 예를 들어 퐁듀(fondue)가 그것이다.[ii]

독일어, 프랑스어, 이탈리아어라는 언어 자체는 근대 국민국가의 산물이다. 국민국가란 프랑스혁명으로 대표되는 서구 시민혁명 이후 생긴 국가 모델이다. 현재 프랑스 국경선 안에 살고 있는 주민의 약 절반은 프랑스혁명 당시 제대로 된 프랑스어를 말할 수 없었다고 한다. 바스크어, 카탈루냐어, 프로방스어, 알자스어 등의 민족어를 사용했기 때문이다. 혁명 이후의 프랑스는 국민국가를 형성하기 위해 라마르세예즈(La Marseillaise)를 국가(國歌)로 부르게 하고, 프랑스어를 국어로 제정해 프랑스어를 교육했다. 그런 가운데 지방 요리(향토 요리)와 민족 요리를 넘어 더욱 보편적인 국민 요리로서의 프랑스 요리라는 것이 성립되었다.

한반도를 생각해보자. 한국과 북한은 같은 민족이 2개로 분단되었다. 남북분단 이후 반세기가 지난 현재, 한글 표기법이나 말투는 다소 다르지만, 같은 민족어를 국어로 하고 있고, 음식이나 식습관도 기본적으로는 같다. 즉 역사적으로 형성되는 민족문화는 국가 체계가 달라도 쉽게 변하지 않는다.

이렇게 보면, 세계의 식문화를 비교 검토할 때 기본적 집단 단위는 국가가 아니라 민족이 된다. 물론 식품이나 음식에 관한 정책처럼 국가가 관여하는 음식의 측면은 국가를 단위로 고찰하는 것이 유효하다. 또한 국민문화로 형성된 식문화도 있다. 국민국가의 출현 이후, 국가는 문화의 통합체여야 한다는 생각을 바탕으로 교육을 장악했고, 국민문화를 형성하기 위해 노력해왔다. 그럼에도 불구하고 국민문화가 민족문화를 대체할 수는 없다. 국민국가를 기반으로 하는 오늘날에도 전 세계에서 민족 분쟁이 끊이지 않는 것을 보면 그 이유를 알 수 있다.

그러면 민족 단위로 식문화를 고찰할 것인가? 현실적으로 어렵다. 전 세계에는 3,000개의 민족이 있다. 그 하나하나의 식문화를 비교 검토하기는 어렵고, 그와 관련된 자료도 존재하지 않는다. 따라서 식문화를 논의하기 위해서는 국가 단위로 할 수밖에 없다. 국가시대에 태어난 우리는 일반적으로 국가를 단위로 모든 것을 생각한다. 하지만 문화로서의 음식을 역사적으로 고찰할 때는 국가 이전에 민족을 고려할 필요가 있는지 살펴보아야 한다.

'국제화'를 국가 간 교류라고 볼 때, 음식의 국제화는 그 배후에 있는 국가 세력의 성쇠와도 관련이 있다. 예를 들어 고기를 꼬치에 꽂아 구운 케밥(kebab)이 북서인도에서 아프리카 북동부 모로코에 이르는 광범한 지대에 분포하고 있는 것은 이 지대를 오스만 제국이 지배했기 때문이다. 국민국가가 성립된 이후 시기와 관련해서는 프랑스 요리가 좋은 예가 된다. 19세기 전반 프랑스 요리가 유럽 상류 계급의 요리로 보급된 배경으로 당시 유럽 최강국이었던 프랑스의 지위를 무시할 수 없다. 전 세계에 나이프, 포크, 스푼을 사용하는 요리가 보급된 것도 서구 제국들의 식민지화와 그 배경인 유럽 문명의 근대 세계에 영향이 있다. 1970년대부터 일본 요리점이 세계 도시에 개업하게 된 것도 경제 대국이라는 일본의 국력과 관계가 있다.[1]

하지만 한 나라의 국력과 요리의 세계적인 보급이 반드시 일치하지는 않는다. 맛이 없으면 외부에 보급되기 어렵다. 세계에 그다지 영향을 미치지 않은 영국의 요리와 전 세계에 퍼져나간 중국 요리가 그 사례이다.

### 국민문화에 덮인 일본

국가와 민족의 틀이 중복되는 부분이 많았던 근세 이전의 일본에서는 민족어나 민족 요리를 특별히 고려하지 않아도 좋다. 근세까지 일본 요리는 지방 요리와 도시 요리로 구성되었다. 일반적으로 국민국가 이전의 국가에서는 지방 차이, 민족 차이 외에 사회 계급의 차이가 요리에 반영되었다. 궁중을 중심으로 한 도시가 세련된 요리문화의 중심 지역이 되는 일이 빈번한데, 이는 일본에서도 마찬가지였다. 에도시대에 들어서 사회적 계급은 낮지만 경제력을 갖춘 도시 상인층이 외식을 중심으로 하는 요리문화를 만들어냈고, 이것은 전국으로 보급되었다.[2] 그 예로 주먹밥, 김초밥, 덴푸라, 소바, 우동 등은 외국에서 일본의 국민 요리로 평가된다. 이것들은 현대까지 연속되는 일본의 전통 국민 요리로, 국민 요리의 성립 시기는 에도시대까지 거슬러 올라간다.

메이지시대에 국민국가의 형성이 본격화되었다. 당시 서구 문명을 모델로 했는데, 양식을 먼저 받아들였다. 정부는 부국강병에 힘쓰는 한편 '국민'을 만들었는데 국민 체위 향상을 위해 육식과 유제품을 장려했다. 이는 국민국가가 식생활을 국제화하는 정책으로 볼 수 있다. 민중이 선택한 외국 요리는 이웃 국가의 요리였으나, 양식보다 도입이 훨씬 늦었다. 다이쇼시대 중국 요리가 보급되었고, 전후에는 한국 요리가 보급되었다.

중국 요리와 한국 요리는 젓가락 문화를 공유하는 일본의 이웃 민족 요리임에도 불구하고 양식보다 보급이 늦었다. 이는 청일전쟁과 한반도의 식민지화 등 국가 간의 사건에서 영향을 받은 민족 차별적 문제 때문이다.

양식과 중국 요리 등의 외래 요리는 오랫동안 외식에서 접하는 음식이었다. 가정의 부엌에 도달한 것은 1950년대 후반 이후부터이다. 그 뒤 가정의 일상 식탁에 보통 식단의 일부로 나타나게 되었다. 외래 요리가 가

1. 로스앤젤레스의 일본 요리 조사를 통해 미국의 일본 요리 유행은 일본이라는 나라에 대한 이미지로 유지되는 부분이 크다는 것이 검증되었다.
   이시게 나오미치(石毛直道)·고야마 슈조(小山修三)·야마구치 마사토모(山口昌伴)·에쿠안 쇼지(榮久庵祥二), 『로스앤젤레스의 일본 요리점―그 문화 인류학적 연구(ロスアンジェルスの日本料理店―その文化人類学的研究)』, 도메스 출판, 1985
2. 236쪽 '외식문화사 서론'을 참조하기 바란다.

정의 식탁에 오를 때는 젓가락, 공기, 쌀밥, 절임, 일본차 등과 함께 일상의 식사를 구성하는 요소로 위치했다. 즉 모국의 식사문화에서 탈맥락화해 현대 일본인의 식사문화로 편입된 것이다.[3]

일본 가정에서 먹을 수 있는 외래 요리는 모국의 식사 시스템에서 이탈되고, 일본의 식사 시스템을 구성하는 요소로 편입되어 일본문화로 정착했다. 이는 언어와 동일한 현상이다. 그에 비해 일본식으로 변형시키는 것을 거부하고 본고장 스타일 그대로 고급 레스토랑에서 내놓는 외국 요리는 외국어의 회화로 비교할 수 있을 것이다.

이처럼 외래 요소까지 포함해 현대의 가정에서 보통 먹을 수 있는 요리를 현대의 '일본 요리', 즉 일본의 국민 요리라고 가정해보자. 그러면 방언의 세력을 잃고, 국어의 폭이 넓어짐을 깨달을 수 있다.

100년 전 일반 가정에서 일상으로 먹던 요리는 현재의 구분으로는 지방 요리(향토 요리)이다. 현재 가정 요리의 대부분은 외래 요리를 포함해 일본 전 지역에서 공통된 것으로, 특정 지방에서만 만드는 독자적인 요리는 아주 드물다. 이렇게 국민 요리라고 부를 만한 요리의 보급은 식료품이 지방 단위 유통에서 전국 규모 유통으로 변한 것 등 사회적, 경제적 요인의 영향이 크지만, 한편으로는 방송매체, 인쇄매체가 관여한 영향도 크다. 학교 교육, 방송, 출판물이 표준어(국어)의 보급을 가져오면서 방언이 없어지는 것과 나란히 일어난 현상이라고 볼 수 있다.

## 문화와 문명

문화와 문명이라는 관점에서 식의 교류를 생각해보자. 여기서 문화란 역사적으로 형성된 개별성을 지닌 민족문화를 의미하며, 문명이란 민족문화를 넘어서 보편적으로 퍼져나간 문화를 가리킨다.

거시적으로 보면, 역사적으로 식문화의 교류는 문명 위에서 이루어진 부분이 많다. 젓가락을 사용하는 식사는 동아시아 문명권이고, 포크로 식사하는 습관은 유럽 기독교 문명권에 보급되었다. 이슬람 문명권에서의 식습관이나 식품의 공통성 등 근대 이전 세계의 거대한 문명권을 단위로 역사적 식문화 유형을 구분하는 일도 가능하다. 이들 역사적 거대 문명은 세계적 차원에서 나타나는 것이 아니라 지역적으로 발견된다.

근대에 이르러 유럽 문명이 전 세계에 진출했고, 경제적으로 세계 시장을 형성했다. 정치, 문화, 종교, 언어 등과 별개로, 세계 시장에서 거래되는 상품은 세계 상품으로 존재한다. 차와 커피는 대표적인 세계 상품이다. 동아시아 문명권에서 생겨난 차 마시는 풍습, 중동의 커피 마시는 풍습이 옛날의 지역적 문명의 경계를 넘어 전 세계 속으로 퍼져나갔다.

경제사에서 볼 때 이들 음료를 세계 상품화한 것은 유럽 문명이라고

---

3.  현대의 가정 요리가 외래의 식문화 요소를 대폭으로 받아들이면서도 일본 독자의 시스템을 유지한다. 이와 관련해서는 제6회 식문화 포럼에서 「외래의 식문화」로 발표한 논문에 쓰여 있다. 또한 이 논문에는 일본을 중심으로 한 식사문화에서 문화변용 패턴과 에스닉 요리를 검토하고 있어, 본론과 상호 보완적이다.

할 수 있다. 하지만 차나무 잎을 이용하는 것을 발견한 것은 중국 서남부로부터 아삼에 걸쳐 있는 지역의 소수 민족이었고, 커피를 재배 작물화한 것은 에티오피아의 민족이다. 차와 커피가 세련된 음료로 받아들여진 곳은 각각 중국과 아라비아반도 및 터키로, 그를 통해 차와 커피는 세계적으로 상품화되었다. 문화인류학의 가르침에 따르면, 각 민족문화 요소는 다른 문화와의 교류에 따라 만들어진 것이다. 이러한 과정에서 한 문화 요소를 지표로 특정 문화나 문명의 우월성을 말하는 것은 인류사적으로 그다지 의미가 없다.

근대에 이르러 세계 상품 같은 물질적인 것뿐만 아니라 기술, 예술, 사상 등 다양한 분야가 세계 규모로 확대되었다. 교통과 통신수단이 비약적으로 진보한 20세기 후반이 되면서 세계화는 더욱 가속화되었고, 자동차, 양복, 콘크리트 건물, 대중음악, 환경문제 등이 민족과 문화의 차이를 넘어 전 세계로 확산되었다. 다시 말해 세계가 서구 문명화했다고 할 수 있다.

오늘날의 세계 문명은 인류 문명이 세계적 규모로 보편화함에 따라 형성된다. 예를 들어 유럽의 지식인들은 햄버거 같은 패스트푸드의 세계적 유행을 식문화에 대한 미국 문명의 침략으로 여긴다. 하지만 현대 세계에 보급된 도시적 생활양식이 요구하는 음식의 하나로, 즉 세계 문명의 산물로 생각하는 것이 고찰의 시야를 확대하는 방법이다.[iii] 식품산업 발전에 따른 음식의 공업적 생산 증대, 외식산업의 확대라는 현상도 현대 세계에서 공통으로 나타난다. 그 역시 세계 문명이 나아가는 하나의 방향이라고 할 수 있다.

음식의 물질적 측면만이 아니라 이와 관련된 지식이나 가치관도 현대 세계에서 공통되는 방향성을 나타내고 있다. 예를 들어 음식과 인체 관계에 대한 민속적 과학사상은 개별적인 문화나 문명에서 인정받았지만, 근대 영양학의 지식은 세계 문명으로 보급되어가고 있다.

이러한 현상은 국가 간의 교류라기보다 세계적으로 민중과 문명의 직접적인 관계로 보는 편이 좋을 듯하다. 국가를 매개로 하지 않고, 개인이 세계와 연결되는 것이다. 그런 점에서 식문화 교류는 '국제화'가 아니고 '세계화'의 방향성을 지니며, 이를 생각하는 중요한 관점으로 문화와 세계 문화의 관계가 있다.


## 세계 문명과 음식

문명의 역동성은 보편화를 향한다. 문명은 항상 확대 방향으로 가고, 다른 문화를 덮어 공통의 문화로 확산하는 지향성을 갖는다. 각 문명이 활력을 갖는 시기에 확대 운동이 일어나고, 그것이 퍼져나가면서 다른 문명과 충돌한다. 거기에서 문명 간의 교류가 일어나고, 한 문명이 다른 문명으로 바뀌거나 문명끼리 세력 범위가 정해진다. 그렇게 세계는 복수의 거대 문명권으로 분할되었다.

현대의 세계 문명은 예전의 거대 문명의 경계를 넘어 전 세계로 확산했다. 세계 문명은 경제학에서 말하는 세계 체계론처럼 세계를 하나의 체계로 통합하려는 성격을 가진다. 그에 따라 세계를 네트워크화한 국제금융시장, 다국적 기업의 전개, 정보의 세계적 유통 등 세계 문명의 사회기반 시설 설비가 진행되고 있다.

그렇다면 세계 문명이 음식에 어떠한 영향을 주고 있을까? 이를 논의하기 위해 근대 이후 세계에 보급된 음식의 문화적 요소를 살펴보자. 가장 큰 영향을 미친 것은 식량 생산과 유통 분야이다. 신대륙 원산 작물을 세계 각지에서 재배하게 된 것에서 보듯이, 같은 작물이나 가축을 세계 각지에서 생산하게 되었다. 또한 많은 식료가 세계적으로 유통되면서 자국의 생산량 부족을 보충하거나 자국에서 생산되지 않는 식료를 먹게 되었다. 일상생활의 필수품으로 차와 커피 외에 설탕, 우유, 유제품, 빵 등이 그 식품을 모르던 지역에 보급되었고, 맥주나 청량음료, 아이스크림 등의 기호품은 물론 인스턴트 라면, 레토르트 식품 등 공업적으로 생산된 식품 보급이 전 세계에 보급되었다.

또한 하루 세 끼 식사가 전 세계에 보급되었다. 이는 사무실과 공장에서 노동과 학교 교육 등 시간 분배 시스템이 세계적으로 공통된 것과 관계가 있다. 또 일상 식사에서 의례성이 희박해지는 것도 세계적인 현상으로 들 수 있다. 식전이나 식후에 기도를 하거나 가족 내 남녀가 따로 식사하거나 식사할 때 가장이 특별 대우를 받는 일이 점차 줄어들고 있다. 이는 근대 세계의 문명이 탈종교화, 세속화한 것과 관련이 있다.

외식 시설이 전 세계에 보급된 것도 근대 이후 일이다. 그전에도 돈을 내고 식사하는 레스토랑이나 식당이 있었지만, 지역이 한정되어 있었다.[4] 현대에서 다른 문화 간의 식문화 교류는 외식을 창구로 하는 것이 일반적이다. 외국 요리는 가정에서 만들지 않고 레스토랑에서 체험하는 것에서 시작되었다.

음식에 관한 정보가 늘어난 것은 세계적 현상이다. 근대 영양학을 체계적으로 아는 사람은 전문가로 한정되지만, 영양학의 단편적 지식은 일반인들에게도 널리 알려졌다. 요리가 방송매체, 인쇄매체를 통해 보급된 것도 세계적 현상이다. 조리 기술이나 음식 지식이 가정 내에서 전달되던 것을 넘어서 이제 사회적으로 전달되고 있다. 음식 분야에서 세계 규모로 진행하는 변화의 물질적 측면으로는 식료, 공업화한 식품, 조리 기구, 설비 등을 들 수 있고, 비물질적인 측면으로는 음식의 정보를 들 수 있다.

문명은 음식의 사회적 측면이나 사회 기반 시설 측면에 영향을 줬지만, 식문화의 핵심인 가정 요리에는 영향을 주지 못했다. 전 세계의 가정에 보편화한 요리는 아직 없다. 국민 요리가 형성된 것처럼 전 세계 가정에 세계 요리라는 것이 형성되리라고 보기는 어렵다.

문명은 문화의 위를 덮고 형성되지만, 개별 문화에 의해 바뀌는 일은

---

4.  236쪽 '외식문화사 서론'을 참조하기 바란다.

드물다. 중국을 지배했던 만주인이 여러 세대를 거치는 동안 다수의 한족 문명에 동화되어 만주어를 잊고 민족 고유 요리도 거의 소멸한 사례가 있긴 하지만, 이는 극히 특수한 사례라 할 수 있다. 만약 세계 문명이 세계 문화로서 형성된다면, 그것은 먼 미래의 일이다. 언어를 유추해보면, 인류가 민족어를 버리고 세계어로 사고하고 표현하게 됨으로써 비로소 세계 문명의 세계 문화가 이루어진다.

세계의 금융시장은 국가 간의 틀을 넘어서 런던, 파리, 베를린, 뉴욕, 도쿄 등의 도시를 잇는 네트워크를 움직이고 있다. 이 네트워크를 통해 세계의 다른 도시가 서브 시스템으로 연결되어 있다. 세계 도시론에서는 세계 경제를 움직이는 것은 국가가 아니고 이와 같은 위계를 지닌 도시 간 네트워크라고 설명하는데, 이와 같은 세계적인 현상을 통해 지배와 종속 관계가 생기기도 한다. 식량 공급에 관해서는 전략물자로서 받아들여 국가 간 위계 시스템을 형성할 수도 있다. 그러나 문화를 통해 문명을 바꾸기가 쉽지 않다면, 음식의 문화적 측면에서 세계 문명이 직접적으로 문화 침략을 일으킬 가능성은 적다.

세계 문명이 개별적 문화를 없애는 것이 아니라 여러 민족의 문화에 관한 정보를 풍부하게 할 수도 있다. 잘사는 나라에서는 이제까지 문명에 의해 평가되지 않은 민족문화를 재발견했다. 에스노 음악이나 에스닉 요리의 유행이 그것이다.

음식의 산업화는 세계 문명이 지향하는 하나의 방향이다. 산업화를 위한 사회 기반 시설 정비나 기술 교류가 세계적으로 진행되어 산업화된 식료는 앞으로 더욱 보급될 것이다. 그러나 산업이 공급하는 식품도 개별 문화의 맛을 무시할 수는 없다. 예를 들어 하드웨어로서 TV는 세계적으로 보급되었지만, TV에 방영되는 소프트웨어는 각 언어로 제작되는 것과 마찬가지이다.

음식의 산업화는 사회적 부엌인 식품 산업과 사회적 식탁인 외식산업이 가정 중심으로 일어났던 음식에 진출하는 현상이라 할 수 있다. 산업화한 음식과 가정에서 만든 음식을 둘러싼 논의는 오늘날 세계 공통의 문제로 다루어지고 있다.

## 결론

보편화를 지향하는 문명에서 문화는 개성화를 주장한다. 문화의 개성화를 떠받들고 있는 것은 전통이다. 급속이 변화하는 세계 문명의 시대를 맞아 세계의 여러 문화에는 외부의 문화와 문명 유입에 의해 전통이 파괴된다는 위기감이 감돌고 있다. 프랑스에서 일어난 미국의 햄버거 체인이 들어오는 것을 반대하는 운동은 전통 식문화의 위기감을 표명한 사례이다.

그러나 문화는 항상 변화를 찾고 있으며, 전통은 항상 새롭게 창조된다. 창조성을 잃고 '지켜야 할' 존재가 된 전통은 일상생활에서 사라지고 박물관에 보존되는 수밖에 없다. 외래의 식문화가 미치는 영향만 생각할 것이 아니라 식문화에서 '전통의 창조'가 무엇인지를 검토하는 것이 이제부터의 과제이다.

(i)  이시게 나오미치(石毛直道), 「문화인류학에서 본 조리학(文化人類学からみた調理学)」, 마쓰하라 후미코(松原文子)·이시게 나오미치(편), 『2001년의 조리학(二〇〇一年の調理学)』, 고세이칸(光生館), 1989

(ii)  쓰노다 슌(角田俊), 「스위스의 요리(スイスの料理)」, 『아사히백과 세계의 음식(朝日百科 世界の食べもの)』(합본판) 제4권, 아사히 신문사(朝日新聞社), 1984

(iii)  이시게 나오미치, 『식사의 문명론(食事の文明論)』, 주코신쇼(中公新書), 1982

# 음식의 사상을 생각하다

# 조리의 사회적 고찰

## 남자와 여자

세계 대부분 사회에서 집 안의 조리는 여자, 특히 주부의 일로 여겨진다. 그에 비해 음식점이나 단체급식 조리 같이 사회적 영역에 위치한 조리는 남자의 일로 여겨진다. 왜 이 같은 성별 역할 분담이 생긴 것일까?

먼저, 남성과 여성의 미각이 다르다는 성차설이 있다. 여성보다 남성의 미각이 더 발달했으며, 그 때문에 직업으로 요리를 하는 것은 남성이 더 적합하다는 것이다. 하지만 미각에 성별 차이가 있다는 것은 학술적으로 인정되지 않으므로 미각 성차설은 성립되지 않는다.

많은 사람의 식사를 준비하려면 커다란 냄비와 도구를 사용해야 하고, 힘이 필요한 일에는 남성이 더 적합하다는 설도 있다. 하지만 이것은 남성이 직업 조리사로 활동하기 유리하다는 이유 중 하나에 불과할 뿐, 왜 가정에서 남자가 취사를 맡는 일이 적은지는 설명되지 않는다. 거시적으로 생각해보면, 이 문제는 가족 성립을 둘러싼 남녀 분업의 발생이라는 아주 고전적인 사회인류학의 명제로 돌아간다.

세계적으로 채집·수렵민에게 나타나는 남녀 성별 분업을 조사한 인류학자들의 보고에 따르면, 여성은 수렵 활동에 참여하지 않았다. 수렵·채집사회에서 수렵은 남성의 일이었다.[1] 이는 인류 발생기에도 마찬가지였다. 인류가 원시적 도구를 사용해 적극적으로 수렵 활동을 개시했을 때부터 이미 수렵은 체력이 좋은 남성의 일이었다. 체력이 아니더라도 월경, 임신, 긴 양육 기간이 필요한 출산 및 육아 등 인류의 여성은 수렵 활동에 맞지 않았다.

남성이 수렵으로 얻은 것을 여성에게 분배한 것이 가족 성립을 촉구했던 것으로 추정된다. 한 남성과 지속적 성관계를 갖는 여성, 그리고 그 여성과 남성 사이에서 태어난 아이들에게 고기를 분배하는 현상을 바탕으로 가족이라는 집단이 형성되고, 가족이 인류의 보편적인 식생활 단위가 되었다.

수렵의 연장으로 가정 밖 활동은 주로 남성에 의해 이루어졌고, 가정 내 활동인 양육과 가사(그중 중요한 것이 취사이다)는 여성에 의해 이루어졌다. 이러한 성별 분업이 인류 사회에 공통으로 나타났다. 가사는 여성, 사회적 활동은 남성이라는 원리로 보자면, 사회적 활동이 일어나는 궁중이나 군대의 식사 담당, 음식점 주방의 조리를 오랫동안 남성의 일로 여겨온 것은 당연하다.

그러나 직업으로서 요리사의 출현에는 성별 분업의 원리 외에도 인류 사회사에서 생긴 또 다른 사회적 분업 성립이 연관되어 있다. 농업사회가 발달하면서 사회적 잉여에 기반을 두고 계급과 직업이 발생했다. 여러 직

---

**1.** 단, 식물성 식품과 조개류의 채집은 여성의 일로 여기는 사회가 많다.

업 중에서도 요리사라는 직업은 아마 가장 오래된 직업 중 하나일 것이다. 요리사는 권력과 밀접한 관계를 맺으면서 발생했다. 궁중이나 왕권과 관계가 있는 군대, 신전의 식사를 담당했던 사람이 최초의 직업 요리사이다. 요리사는 세계 각지에서 왕권이나 종교적 권력과 결부되어 국가 성립 단계에서 출현했을 것이다.

## 사회 변화와 남녀의 부엌일 참여도

성별 분업의 결과로 가정에서의 요리가 여성의 몫이 되었다고 해도 그것은 어디까지나 원칙론이다. 수렵·채집사회나 목축사회에서는 남성 집단이 가족을 떠나 생활하기도 하는데 그때는 남성이 취사를 맡았다. 조리 기술도 단순해서 남녀 간의 조리 능력에는 그다지 차이가 없었다. 어떤 사회에서는 터부와 관계되어 남성만 할 수 있는 요리도 있었다. 예를 들어 마사이족은 구이 요리를 남자만 먹을 수 있었는데, 여성이 있는 집을 벗어나 옥외에서 남성이 조리했다.

농업사회 단계에서 가정은 생산과 소비의 기본적 사회 단위로 기능했다. 식생활에서도 농가는 소비하는 식량 대부분을 자가 생산으로 해결했다. 생산 집단 단위가 가족 노동을 원칙으로 하는 생활양식이었기 때문에 남자도 가정에 머무는 시간이 길었고, 조류나 동물, 생선을 다듬는 등 조리와 관계되는 일은 남자가 맡았다.

산업사회 단계에서 생산과 소비의 장(場)이 분리되었다. 가정은 소비만 하는 장소가 되고, 남자는 사회 영역인 공장이나 사무실에서 노동에 종사했다. 근로자형 사회가 되면서 가정에서 조리에 참여하는 남성의 비율은 현저하게 감소했고 요리할 줄 모르는 남성이 늘어났다. 또한 광역 시장을 대상으로 물류를 공급하는 경제 구조였기에 농가라 해도 자급자족이 아니라 사회적으로 공급되는 식료품을 구입했다.

산업혁명 이후 20세기가 될 때까지 산업화사회라고 해도 블루칼라 노동자의 육체노동에 의존하는 부분이 컸다. 그러나 20세기 후반부터 여러 선진 나라는 육체노동보다 정보처리, 경영관리 서비스 등을 주요로 하는 고도산업사회 또는 도시적 생활양식의 사회에 돌입했다. 힘쓰는 일이 필요 없게 된 생산 체제로 이행하면서 여성의 사회적 지위가 향상되었고, 여성의 사회 진출이 높아졌다. 즉 현대 사회는 남녀가 평등하게 된 것이다. 남녀가 모두 일하는 사회가 되고, 맞벌이가 일반화되면서 주부가 가정에서 조리에만 전념하는 것이 불가능해졌다.

한편 산업사회에서는 여성의 사회 진출과 관계없는 부분에서도 가사 노동이 줄어 들었다. 이와 관련해 세계적으로 다음과 같은 두 가지 현상이 진행되기 시작했다.

①가정이 사회적 부엌에 의존한다. 즉 공업 생산된 인스턴트 식품, 완전조리 식품 또는 반조리 식품의 구입과 외식이 많아졌다.
②가정 내 조리가 여성에게만 해당되지 않고 남성이 일상의 식사를

준비하는 데 적극 참여했다.

서구나 일본에서는 ①의 현상이 강하게 나타났다. 하지만 식품산업의 발전이 다소 늦은 중국에서는 남편이 가정에서 식사 준비를 하는 것을 당연하게 여겼다.[2] 이 두 가지 현상은 상호 관계를 가지면서 앞으로 더욱 진행될 것으로 전망된다.

### 부엌일의 변천

과거 필자는 아프리카, 오세아니아, 일본 등 8개 지역사회의 가정에 있는 부엌용품을 비교 연구한 적이 있다.[i] 발효 식품이나 보존 식품의 가공, 또 일상 식사를 조리하는 데 쓰이는 도구들에는 어떤 종류가 있는지 검토했다.

이 연구를 통해 각 사회의 부엌에서 일어나는 조리를 유형화한 것이 그림 1이다. 즉 환경 단계에서 E = 원료를 입수하고, 그 식료품을 P = 먹어 생리적 단계로 이행할 때까지의 요리=조리 단계가 있고, 조리 단계에서 일어나는 조작에는 A = 원료처리, B = 밑준비, C = 가열, D = 혼합·변형, E = 맛 내기, F = 담기라는 여섯 종류가 있다고 가정한다.

---

2.  중국에서도 식품산업이 활발해져 2007년 인스턴트 라면 제조량은 약 478억 개에 달해 세계 최대 생산국이 되었다.

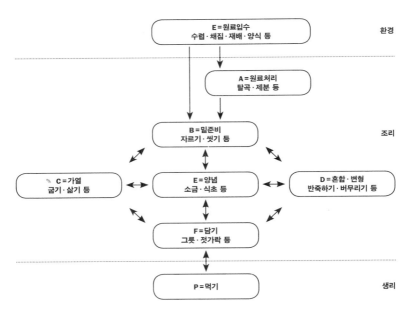

그림 1. 조리 시스템

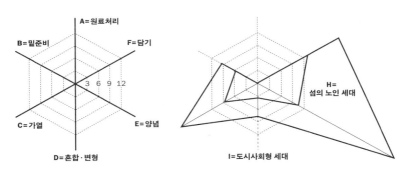

그림 2. 부엌용품 그래프(일본)

이처럼 A에서 F에 이르는 6개 카테고리를 분류해 부엌용품의 항목 수를 좌표 위에 표시했다(예를 들어 냄비라는 가열용 도구가 있으면 C축의 항목에 1이라 기입한다. 단 가족 수 등에 따라 변화하는 항목별 수량은 무시하고, 냄비가 몇 개 있어도 같은 명칭의 냄비는 1로 계산한다). 이같은 방법으로 8개 사회에서 21세대의 부엌용품을 비교해 그래프를 작성했다.

그림 2는 일본 내 두 세대의 사례이다. 그래프 가운데에 있는 H는 섬에 사는 노인 세대로, 섬이라는 환경에서 자급자족적 경향이 강했던 과거의 식생활을 대표한다. 바깥쪽 그래프에 있는 I는 도시의 거주자로, 모든 식품을 사서 먹는 소비경제 식생활을 영위하며, 식사의 취미화를 보여주는 사례이다. 이 두 개의 그래프를 비교해보면, 전통적 식생활 패턴을 나타내는 세대 H보다 현대 도시의 사회형 패턴인 세대 I에서 부엌용품이 증가한 것을 볼 수 있다. 특히 맛 내는 것과 관련한 E축이 유달리 긴 것이 눈에 띈다. 그러나 E축을 빼면 H와 I는 거의 닮은 형의 그래프를 보여준다.

위 두 세대는 현대 일본의 식생활 중에서 양극단을 대표하는 사례라 할 수 있다. 따라서 일본의 보통 세대를 보여주는 부엌용품 그래프를 만들면 세대 H 그래프의 바깥쪽으로, 세대 I 그래프의 안쪽으로 들어갈 것으로 예상된다. 또 패턴으로서는 이 두 사례에서 그리 차이가 없을 것으로 본다.

이 그래프를 통해 원료처리를 나타내는 A축에 위치하는 부엌용품이

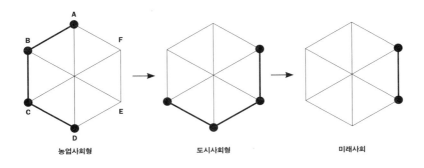

그림 3. 부엌일이 가정에서 사회로 바뀌는 가설 모형

결여되어 있는 특징을 확인할 수 있다. 여기에서 말하는 원료처리란 탈곡, 도정, 제분 등 식품의 원료를 가공하거나 식품으로써 이용할 수 있는 상태로 만드는 행위로, B축의 밑준비와는 다르다. 밑준비는 일단 이 과정을 거치고 나면, 바로 가열과 맛 내기 등의 다른 조리 과정으로 옮겨간다. 그에 비해 원료처리는 조리의 다른 과정과 시간상으로 연속되지 않아도 된다.

세대 H는 부엌 안에 절구, 공이 등 도정용 도구와 제분용 맷돌 등 원료처리용 도구를 가지고 있었다. 하지만 이 그래프 작성의 전제 조건이 일상의 식사를 만드는 데 필요한 도구를 대상으로, 적어도 한 달에 1회 이상 사용하는 도구로 한정했기 때문에 그래프에는 나타나지 않았다. 이 세대의 경우 1955년경까지 자기 밭에서 키운 밀을 직접 도정하고, 경단을 만들기 위해 쌀을 맷돌에 갈았다. 또 두부가게가 없는 섬이었기 때문에 집에서 직접 두부를 만들기 위해 원료처리용 도구를 자주 사용했을 것으로 보인다.

그림 3에서 보는 것처럼 일본 밖의 사례를 보여주는 그래프를 살펴보면, 하나의 경향이 나타난다. 곡물 생산을 주력으로 발전해온 농업사회, 즉 화폐에 의한 소비경제가 별로 발달하지 않았던 자급자족적 시기에는 A=원료처리와 B=밑준비가 가정의 부엌일 가운데 차지하는 비중이 가장 컸을 것으로 생각된다.

가정이 생산의 장소가 아니라 소비의 장소로 바뀌고, 유통과 서비스업 등 사회적 요소가 발달한 도시형 사회에서는 원료처리가 부엌일에서 사라졌다. 쌀농가조차 외부에서 원료처리를 한 도정미를 사용하고, 밑준비도 생선가게, 정육점, 슈퍼에서 손질을 마친 것을 구입해서 사용하게 되었다. 그에 따라 미래 사회의 부엌에서 조리의 중점은 E=담기가 될 가능성도 있다.

### 내식과 외식

가정 밖에서 식사하는 것을 '외식(外食)'이라고 한다면, 가정 내에서 식사하는 것을 '내식(內食)'이라고 해보자. 한편 민속학의 개념을 빌려 보통 식사를 일상 식사로, 잔치나 특별한 일에 동반되는 비일상적 식사를 행사 식사로 분류한다. 행사 식사와 일상 식사의 대립 관계는 일본 민속

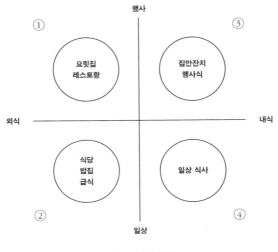

그림 4. 식사의 사분원

을 해명하기 위해 나온 개념이지만, 다음 도식에서는 다른 사회에도 적용할 수 있는 개념으로 이해했으면 한다.

외식과 내식, 일상 식사와 행사 식사 등 두 쌍의 대립적인 식사 장면을 도식화하면, 그림 4와 같이 네 가지 형태로 설정할 수 있다.

① 행사 식사의 외식은 고급 레스토랑 등에서의 식사를 대표한다.
② 일상 식사의 외식은 식당이나 단체급식 등으로 이뤄진다.
③ 행사 식사의 내식은 명절의 식사나 관혼상제 등 가정 안에서 일어

나는 잔치 때 식사이다.

④일상 식사의 내식은 가정에서 일어나는 일상 식사이다.


모든 사회에서 바탕이 되는 기본적인 식사는 말할 필요도 없이 가정에서 이루어지는 일상 식사이다. 다른 세 가지의 형태의 비중이 커지면서 네 번째 식사 형태의 비중이 상대적으로 줄어든다 해도, 일상의 식사를 가정에서 하는 일은 계속될 것이다.

대부분의 사회에서 상업적 기반 위에서 외식이 발달한 것은 근대 이후의 일이다. 최초의 외식 형태는 단체급식이었다. 앞서 정치 권력이나 종교 권위에 의존해 요리사라는 직업이 성립되었다고 설명한 바와 같이, 초기의 요리사 대부분은 단체급식에 종사했다. 일본에서는 율령 국가 체제 안에서 도읍지 관리들에게 단체급식을 했다는 자료가 발견되었고,[3] 절에서도 승려들에게 단체급식을 했다.

또 많은 사회에서 가장 세련된 요리문화를 향수할 수 있었던 층은 전문 요리사를 데리고 있는 권력자들로 한정되었다. 미식의 사회적 편재라고 할 만한 상태가 오랫동안 지속되었던 것이다. 일반 서민 가정에서 잔치를 할 때 마을에서 요리 잘하는 사람이 모여서 칼질을 했고, 최근 들

---

3.  헤이조쿄의 대궐 헤이조큐(平城宮)에서 출토된 대량 젓가락과 토기 등, 고고학적 발굴에 따라 음식 분야에서도 관리 집단의 식사를 나타내는 자료가 발견되었다. 『엔기시키』나 그림 사료 및 문헌 기록이 구체적인 메모에 의해 실증되고 있다.

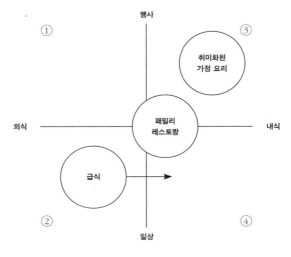

그림 5. 현재 진행형인 식사 장소의 변화

어서는 요리사를 불러 음식을 장만하기도 했다. 하지만 어디든 음식점이 생겨나면서 요리 잘하는 사람이나 요리사를 불러 상을 차리는 관행은 사라졌다.

서구에서 레스토랑이 출현한 것은 시민혁명 이후의 일로, 부르주아라고 불리는 시민계층의 형성과 밀접한 관계를 맺는다. 일본에서도 에도시대 중기 이후에 요릿집이라고 불리는 시설이 발달했다. 미식의 사회적 편재를 지탱하던 계급 구성의 원리가 흔들리면서, 돈만 내면 누구라도 맛있는 음식을 먹을 수 있게 된 것이다. 그러나 빈부의 차이는 남아 있어서 비싼 대가를 지급하고 미식을 즐길 수 있는 계층과 그렇지 않은 계층이 있었다. 현대에 들어서 이 양상이 급속하게 변화했다. 1985년 당시 국민 대부분이 중류 의식을 가지고 빈부 차이가 크게 줄어들면서 내식과 외식, 일상 식사와 행사 식사의 차이도 좁혀지기 시작했다. 이 현상을 표현한 것이 그림 5이다.

과거 집에서 진수성찬을 접할 수 있는 것은 경사스러운 날뿐이었다. 하지만 오늘날에는 일상에서도 맛을 추구하면서 가정 요리의 취미화라고 할 만한 현상이 진행되고 있다. 이처럼 경사스러운 날의 식사가 일상 식사가 되고 일상 식사가 경사스러운 날의 식사가 되면서 나타난 재미있는 현상이 요릿집과 고급 레스토랑의 대중화, 식당과 밥집의 고급화 지향이다.

이 둘 사이에 초점을 맞추고 내식 단위였던 가정을 외식의 장으로 끌어내는, 또는 외식을 내식에 침투시킨 것이 패밀리 레스토랑이다. 또 급식산업이 성장하면서 가정에 급식이 도입되었는데, 도시락의 유행이 그중 하나이다. 고령화사회를 생각하면, 고령자 세대를 위한 가정 급식도 기업화될 가능성을 가지고 있다.[4]

---

4.  이 이론을 발표한 1985년에는 「가까운 장래의 고령화사회」로 발표했지만, 현재의 일본은 이미 '고령화사회'가 되어 있고, 기업화한 고령화 세대의 급식도 실현되었다. 또한 완전조리 식품을 구입해 가정에 돌아와서 먹는다. 외식과 내식의 중간에 위치하는 '중식'이라는 형태도 보급되었다.

## 사회의 부엌이 가정에 침투하다

현대 사회에 접어들어 외식이 내식의 자리에 침투하기 시작한 것만이 아니다. 식품산업이 가정의 부엌일을 변화시키려는 움직임이 도드라졌다. 인스턴트 식품, 레토르트 식품, 통조림 등 공업 생산된 완전조리 식품이나 반조리 식품이 가정의 식탁에 차려지게 되었다.

이는 가사에 드는 노동력을 절약하기 위한 생력화 현상 중 하나이다. 가사의 생력화는 청소기나 세탁기, 밥솥 등을 가정에 도입하는 것 외에, 가정 기능의 외재화 현상에 따라 진행되었다. 육아와 교육은 유치원이나 학교로, 세탁물은 세탁소로, 가정에서 했던 일을 사회 시설에 맡기는 것을 가정 기능의 외재화라고 한다. 조리에서 가정 기능의 외재화를 촉진한 것은 외식산업과 식품산업이다.

그림 6은 사회 경제의 발전과 함께 가정에서 사용하는 소비제품(내구소비재도 포함)의 변화를 도식적으로 나타낸 것이다. 물건 대부분을 가정에서 자급자족하던 시대에서 경제 발전에 따라 그 방면의 전문 기술자의 손에 맡기는 주문 제작 시대로 이행했다. 뒤이어 공업 생산된 기성품의 범람으로 주문품은 사치스러운 물건이 되었고, 대부분의 가정은 기성품으로 채워지게 되었다. 그렇다고 해서 주문품이 사라진 것은 아니다. 그림에 나타나듯이 자급품, 주문품, 기성품이 중복되는 시대로 진행된 것이다.

그림 6을 의복이나 가구 등을 예로 들어 살펴보면 더 이해하기 쉽다.

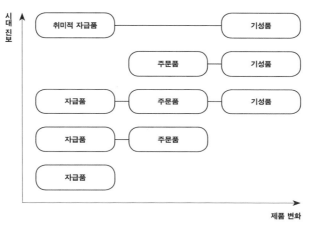

그림 6. 자급품, 주문품에서 기성품으로
출처: 이시게 나오미치, 「인류에게 소비란」, CDI(편), 『인간과 상품 ― 상품 사회학』, CDI, 1974

1900년 초까지만 해도 농촌에서 자란 여성 대부분은 손으로 옷감을 짠 경험이 있다. 이 시대에는 옷을 만드는 일이 모두 집 안에서 이루어졌다. 한편 혼례의상은 집에서 만든 물건이 아니라 주문 제작한 것을 입었다. 즉 1910년도에서 1930년대까지 농촌에서는 의복과 관련해 자급품과 주문품이 공존하는 시대였다.

오늘날 의복은 기성품에 의존하며, 경우에 따라 주문 제작을 한다. 가족의 의복을 만드는 것과는 다른 취미화, 또는 예능화한 제작(그림 6에서 말하는 취미적 자급품)을 하기도 한다. 가재도구나 의복을 염두에 두고 작성한 그림 6에 요리를 대입해볼 수 있다. 즉 그림 6의 자급품을 가정 내의 식사 조리나 식품, 주문품의 메뉴 제도가 발달하기 이전의 요릿집, 쓰임새에 따라 손질해주는 생선가게의 생선, 패밀리 레스토랑으로 대표되는 외식산업이나 거대 식품산업으로 바꾸어 넣을 수 있다. 그렇게 할 경우 그림 5의 취미화한 가정 요리는 그림 6의 취미적 자급품에 해당한다. 물건이나 작업은 실용성을 잃었을 때 예능화, 취미화되면서 살아남을 길을 찾는다. 그런 점에서 오늘날 가정 요리의 취미화는 가정의 부엌이 본래 지녔던 실용성이 사회 영역에 속한 부엌이나 식탁에 침투되어 그 기능을 점차 잃어버리게 될 것이라는 예보일 수 있다.

  그러나 집안일에서 취사가 사라질 것으로는 생각하기 어렵다. 옷 소비와 밥 먹기는 매일 실천 방법이 다르다. 식사는 의복과 달리 매일 반복되는 소비이므로 외재화가 곤란하다. 물론 경제적 여유만 있으면 매일 외식하면서 살 수 있는 사회적 시설이나 조건은 이미 갖춰져 있다. 그럼에도 불구하고 가정에서 부엌이 사라지지 않는 이유는 가정의 식사에는 인체 기능 유지를 위한 음식물의 가공과 소비 이상의 의미가 담겨 있기 때문이다. 앞서 말한 바와 같이, 음식의 분배를 둘러싸고 가족이 생겨났으므로 가족을 기본에 둔 식사가 무의식중에도 중시되고 있는 것이다. 식사에서는 영양이 있는지 없는지, 맛이 있는지 없는지 하는 식탁에 놓인 음식 자체의 가치 기준만이 아니라 '누가 만든 것을, 누구와 먹는가'가 더 중요하다. 이처럼 식사 장소에는 만든 이와 먹는 이의 메시지가 들어 있다. 우리는 무의식중에도 그 메시지를 읽으면서 식사하고 있다.

센트럴 키친(central kitchen, 중앙 공급식 주방형 공장) 방식의 외식 산업이나 거대한 식품산업이 제공하는 음식의 품질은 향상되고 있고 매우 안정된 제품을 만들어내고 있다. 그러나 일정한 품질의 상품을 공급하지만, 오차가 없는 대신 비개성적이어서 똑같은 식품 몇백만 개가 사회에 존재한다. 이와 같은 상품은 만드는 자와 먹는 자 사이의 개별적인 소통이 불가능하다. 그래서 광고를 통해 기계로 만든 상품에 인간미 있는 메시지를 부여하려고 노력한다.

소비자는 비개성적인 상품에도 자신의 개성을 보태려고 한다. 이를테면, 인스턴트 라면도 자기 나름의 방식으로 먹고 싶어 하는 것이다. 조금 과장해서 말하면, 우리는 식품을 통해 자기 정체성을 찾고자 한다. 조리하는 것, 그리고 그것을 먹는 것을 통해 자기를 표현하고 확인하려 하고 있다.

### 기호조작으로서 조리

조리란 음식을 만드는 사람과 먹는 사람 사이에 양해되는 메시지를 부여하는 일일지도 모른다. 메시지는 기호를 조작함에 따라 생겨난다. 그렇다면 조리라는 작업 자체가 기호조작을 포함하는 행위에 해당하는지 살펴보기로 하자.

조리란 자연 상태 그대로는 존재하지 않는 미각, 혀의 감각, 외관 등을 만들어낸다. 자연 산물인 식재는 각각 냄새, 맛 등의 신호를 발하는 존재이다. 이 신호를 인위적으로 조작하는 것이 조리라는 행위이다. 특히 소금을 이용하기 시작한 이래로, 다양한 향신료와 조미료 등 강력한 신호를 발하는 산물을 적극적으로 조작함으로써 재료 자체가 지닌 신호를 전환하게 되었다. 그것은 기호조작의 수준에 도달했다고 볼 수 있다.

추상적으로 말하면, 조리란 식료품을 통해 문화적 기호조작을 하는 행위이기도 하다. 기호를 조작하는 것은 수신자가 이해할 수 있는 의미를 만들어내는 일이기도 하다. 이는 언어 활동과도 비슷한 행위이다. 조리의 일면을 언어학에서 말하는 문장 만들기와 비교해보자.

문장의 기능은 자기 자신을 표현하기 위해 역할을 해내는 것이라 할 수 있다. 조리 또한 마찬가지이다. 사람은 요리를 만들면서 자기를 표현한다. 이를테면, 인스턴트 라면을 그대로 먹는 것은 대필 문장을 읽는 듯 감칠맛이 없어서 자기에게 맞춰 가필하고 싶어지는 것이다. 그렇다면 어머니가 만들어주는 음식 맛을 내는 것은 정형화한 인사 편지를 쓰는 것 같다. 편지에 쓰는 계절 인사처럼, 계절에 따라 토란이 될 수 있고 가지가 될 수 있다. 외식을 즐기는 것은 소설을 읽는 즐거움과 비교할 수 있다. 목판본 시대와 비교하면 오늘날은 압도적으로 많은 책이 서점에 깔려 있는데, 이는 외식 시설의 증가로 비유해볼 수 있다.

칠판에 쓴 달필의 문장을 더 이상 만나기는 어렵지만, 사회적 부엌이 가정에 진출한 오늘날은 워드프로세서를 활용해서 문장을 만들 수 있게 되었다. 아직 기호조작으로서 조리에 관한 이론 구성이 없어 몇 개의 유

추를 드는 정도에 지나지 않지만, 이 같은 각도에서 조리를 논하는 것이
새로운 시야를 개척할 가능성을 지니고 있다. 예를 들어 커뮤니케이션론
으로 요리나 식사의 기반을 준비할 수 있다.

(i)  이시게 나오미치(石毛直道), 「부엌문화의 비교연구(台所文化の比較研究)」, 이시게 나오
미치(편), 『세계의 식사문화(世界の食事文化)』, 도메스 출판(ドメス出版), 1973

# 음식의 예술성

1991년

## 요리는 예술인가

일본 사회에 음식을 문화로 인지하는 관점이 정착했다. 식문화를 고찰하는 기초 작업을 통해 이루어진 개척 분야가 사회적으로 알려진 거라 할 수 있다.

'식문화'라는 말이 정착하면서 '음식의 예술'이라는 말도 사용되기 시작했다. 음식점 간판에 '음식의 예술'이라는 슬로건을 내거는 등 상업적 캐치프레이즈로도 등장했다.

예술은 문화의 한 분야로 자리하고 있다. 음식이 문화라는 사회적 인식이 성립된 다음에 음식의 예술성이 강조되는 것은 당연한 일일지 모른다. 또한 구르메라는 말처럼 음식의 향락성이 공인된 세상에서, 식사에 높은 부가가치를 붙이기 위해 예술이라는 말을 사용하기 시작한 것이라고도 생각할 수 있다.

음식의 예술성이란 다양한 요소가 결합한 종합적인 연출에 따라 생겨난 미적 가치관의 문제이다. 이를 구성하는 요소에는 요리만이 아니라 그릇, 인테리어 디자인, 서비스 방법 등 여러 가지가 있다. 다방면에 걸친 요소가 결합해 성립한 식사 시스템을 표현하는 감각적 분위기가 미적 가치관을 높게 인정할 때, 음식의 예술성이 평가된다.

이 글에서는 식사 시스템의 중심을 이루는 요소인 요리의 예술성에 대해 생각해보기로 한다. '요리는 예술이 될 것인가' '다른 예술과 요리가 다른 점은 무엇인가'라는 질문을 통해 음식의 예술성과 관련된 역사와 현대적 의의에 대한 전망을 시도하고자 한다.

### 예술의 개념을 둘러싸고

'요리는 예술인가? 아닌가?' 이 질문에 대한 답을 얻기 위해 먼저 무엇이 예술인지를 정의해보자. 예술학이나 미학에서 설명하는 예술의 규정 개념은 난해한 경우가 많다. 『대백과사전』[i]에서는 예술을 다음과 같이 해설하고 있다.

"(예술이란) 독자적 가치를 창조하려고 하는 인간 고유 활동의 하나를 총칭하는 말."

이 개념을 엄밀히 따르면, 요리를 예술의 한 분야로 인정하기는 어렵다. 프랑스의 미식가 브리야 사바랭(Brillat Savarin)은 『미식예찬』에서 다음과 같이 서술했다.

"새로운 진수성찬의 발견은 인류의 행복에서 천체 발견 이상의 것이다."

브리야 사바랭은 "요리란 모방 또는 선행하는 요리 응용의 연속이고, 새로운 요리의 창조란 있을 수 없다"고 말했다. 그의 말대로 요리에 '독자적인 가치 창조'가 없다고 한다면, 요리는 예술로서 인정하기 어렵다. 그러나 이 백과사전의 개념은 예술을 지나치게 '독자적인 가치 창조'를 추구하는 '예술을 위한 예술'로 규정하려는 성향이 있다. 더 완만한 개념을 찾기 위해 예술이라는 말의 유래를 간단히 소개한다.

예술을 나타내는 어휘는 영어, 프랑스어로는 'art', 이탈리아어, 스페인어로는 'arte'로, 이는 라틴어 'ars'에서 어원을 갖는다. 'ars'는 그리스어로 '제작, 기술'을 의미하는 'techne'를 라틴어로 번역해 만든 말이다. 르네상스를 거쳐 18세기가 되자, 예술 원리학으로서 미학이 성립되고, 예술의 본질은 미의 창조에 있다고 일컬어졌다. 거기서 예술은 'fine arts', 'beaux-arts'라는 말로 표현되어 '아름다운 arts'가 예술이 되었다. 그 뒤 19세기에 '아름답다'는 형용사가 사라지고, 지금의 용법이 되었다. 중국 고전에서 말하는 예술의 의미는 '학예'나 '무장의 기술'을 나타냈다. 한자 '藝術'은 1887년경 'art'를 번역해 만든 단어이다.

이 같은 경위에 따라 오늘날 예술이라는 말을 미학적 정의에 충실한 용법으로 쓰는 경향이 강하다. 그러나 서구의 'art'라는 단어에는 '제작, 기술'이라는 원어적 의미가 남아 있다. 예를 들어, 내용을 보면 '요리 기술'이라는 제목이 어울릴 법한 책이 'The Art of Cuisine'이라는 제목으로 출판되는 경우도 있다. 또 유명 요리사를 칭송하는 의미를 담아 요리사를 '위대한 아티스트'로 표현하기도 한다. 요리에 'art'라는 단어를 가져온 것은 가정의 일상 요리가 아니라 고급 요리로, 고급 요리에는 예술에 가까운 관념이 담겨 있다. 그러나 '독자적인 가치 창조'라는 엄격한 정의에 구애받지 않고, 요리를 'arts'의 한 분야로 여기는 기풍이 있다. 그에 따라 '요리는 예술인가? 아닌가?'라는 질문은 예술이라는 개념의 적용 범위 문제에 포함한다.

### 정신성과 육체성

예술도 요리도 감각적 가치관에 의존하는 점에서는 똑같다. 근대 미학에서 말하는 '예술성을 중시하는 예술'과 요리의 다른 점은 무엇일까?

'요리를 하는 동물'[1]인 인간은 예술이 없어도 살아갈 수 있지만, 요리 없이는 살 수 없는 존재가 되었다. 인간에게 예술은 정신적 자극을 주지만, 요리는 육체적 신진대사와 관계를 갖는다. 미는 인간 정신의 가치관 문제이지만, 요리는 육체와 감성 모두에 작용한다.

그림 1은 '예술성이 높은 식사'와 '생존을 위한 식사'를 표로 대비시켰다. '일상의 식사'에 비하면, '예술성이 높은 식사'는 정신에 작용하는 가치관을 중시한다. 예술성이 높은 식사에서 추구하는 것은 미적 감동으로, 극단의 경우에는 영양을 희생해서라도 맛이나 아름다움을 추구한다. 이러한 식사를 만드는 요리사를 예술가라 할 수 있다. 반면 '생존을 위한 식사'에서는 육체를 생존 가능한 상태로 유지하기 위해 식사의 미적 가치관은 물론 맛을 무시하고, 음식의 가치를 신진대사에 필요한 영양소 수

---

1.   요리하는 것과 함께 먹는 것에 따라 인간의 식사 행위는 다른 동물과 구별된다.

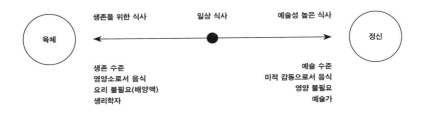

그림 1. 예술성 높은 식사와 생존을 위한 식사 대비

준에서 판단한다. 극단의 경우에는 요리라는 행위도 불필요하고, 영양 주사를 통해 육체를 생존 상태로 유지하기도 한다. 이 부분에 관여하는 사람은 생리학자나 영양학자이다.

예술성이 극치에 달한 '예술을 위한 식사'를 매일 먹는다면, 건강은 유지할 수 없다. 한편 생존을 위한 영양 보급만 생각한 '요리 불필요'의 식사가 계속된다면 먹는 즐거움이 없는 삶을 견뎌야 한다. 이처럼 식사에는 예술 수준과 생존 수준 모두가 요구된다. 어느 한쪽으로만 그칠 수 없다. 따라서 '예술을 위한 예술'처럼 순수예술로서 요리는 성립하기 어렵다.

### 식사의 기호성

모든 예술은 기호화된 존재라 할 수 있다. 예술의 소재는 자연과 사회에도 있다. 그러나 예술이라는 활동에 따라 표현된 것은, 있는 그대로의 자연이나 사회를 그대로 비추는 것이 아니라 감상하는 사람의 감성이 옮겨지듯이 소재를 가공하고 기호화한 것이다.

문학은 말이라는 기호에 따라 표현된다. 작은 새의 지저귐을 표현하는 음악도 악음(樂音)이라는 기호 체계로 표현된다. 그것은 현실의 작은 새가 내는 소리와는 다른 것이다. 무용이나 연극에서도 신체를 기호적으로 조작해서 상징적인 연기, 몸의 동작으로 표현한다. 얼핏 보면 자연을 충실하게 찍은 것 같은 사진이나 그림도 삼차원의 존재를 이차원으로 추상화해 표현한 것이다. 이러한 화상 예술은 기호론에서 말하는 아이콘(icon)에 포함된다.

예술로 표현되는 기호에 감상을 구사해 해독하는 것이 예술 감상이다. 해석에 따라 감상자는 심상을 만들어낸다. 즉 기호를 촉발해 마음 안에 어떤 이야기를 만들어내는 것이다.

앞서 요리는 기호조작의 성격을 지닌다고 지적했다.[2] 그렇다면 요리의 기호성에 착안해 '예술성이 높은 식사'와 '생존을 위한 식사'를 설명할 수도 있다. 그 시도를 모식화한 것이 그림 2이다. 영화, 사진, 연극, 무용처럼 예술은 사회에서 소재를 얻는 것이 있는데, 요리의 소재는 자연계에서 나온다. 일반적으로 소재에 부가되는 기호성이 높을수록, 다시 말해 인공성이 높을수록 이야깃거리를 감지하기 쉽고 예술성이 높은 요리가 된다.

---

**2.** 269쪽 '조리의 사회사적 고찰'을 참조하기 바란다.

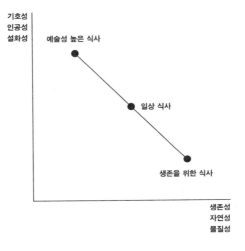

그림 2. 예술성 높은 식사와 생존을 위한 식사의 차이

 일본의 전통 요리를 살펴보면, 소재가 지닌 맛은 중시하고, 가공도 높은 요리 기술은 높게 평가하지 않는다. 그렇다고 해서 전통 요리가 예술성과 거리가 멀다는 뜻은 아니다. 생선회를 예로 들어보면, 소재에 손질을 안 한 것 같지만 잘린 면의 단정함, 곁들이는 세공, 담는 방법, 그릇 등과 함께 기호성이 아주 높다는 것을 알 수 있다. 또 다른 예로 3월 초의 요릿집 요리를 살펴보자. 유채꽃 무침을 대합껍데기에 담고, 국그릇에는 마름모꼴의 떡인 하시모치(菱餠)를 담는다. 유채꽃, 대합, 히시모치 등은 '봄'이나 어린이의 무병장수와 행복을 기원하는 '히나마쓰리(ひな祭り)'를 상

징하는 기호이다. 이 기호를 알아차린 손님은 자기 마음에 이야기를 그릴 수 있다. 일본의 오트퀴진은 인공성이 높음에도 불구하고, 그것을 직접 나타내지 않고, 소재의 종류, 담는 방법, 다양한 그릇 등을 기호로 하여 계절성에 관한 이야기를 연출한다.

그림 2의 생존성, 자연성, 물질성의 축은 그림 1에 대응한다. 그것은 음식이 지닌 물질성을 중시하는 식사이다. 나무에서 얻은 과실을 그대로 깨무는 행위에는 요리가 가진 기호성은 없지만, 생존을 위한 식사로서는 의미가 있다. 이 수준에서 의미가 있는 기호는 물질로서 음식이 본래 지니고 있는 영양이라는 기호뿐이다.

**예능으로서 요리**

예술을 조형예술, 문학, 예능이라는 3개 분야로 분류할 수도 있다. 이때 예능이라는 말은 일본 고유의 용법을 갖고 있다. 『대백과사전』에 실린 예능의 해설을 인용해보면 다음과 같다.

"메이지시대 이것(예술)을 영어 arts나 독일어 kunst의 번역어로 쓰게 되면서, 창조성이 있는 풍부한 기예를 예술이라고 부르고, 전승성을 중시하는 전통적인 민속적 기예를 예능이라고 말하는 경향이 생겼다."[ii]

요리라는 행위는 전승성과 민속성이 아주 높아서 일본에서는 요리를 예술로 보기보다는 예능에 가까운 성질로 본다. 요리에 담긴 높은 민속성에 주목할 경우에는 특정 개인의 창조성을 중시하고, 창작자로서의 예술

가상을 중시하는 근대 예술에 예술이라는 단어를 사용한다면 요리는 에
스닉 예술, 즉 민족성 예술에 해당한다.

우메자오 다다오(梅棹忠夫)의 이론에 '예식(藝食)'과 '민식(民食)'의
대비가 있다. 서민의 일상생활에 밀착한 소박한 노래를 민요라고 한다면,
고도의 수련이 필요한 예술성 높은 노래를 '예요(藝謠)'라고 부른다. 그와
마찬가지로, 고급 레스토랑이나 요릿집의 식사를 '예식'이라 하고, 가정의
일상 식사를 '민식'이라고 부른다.(iii) 앞에서 언급한 예술의 세 분야로 말
하면, 음악은 예능으로 분류할 수 있고, '예식'은 예능에 가까운 성질을
갖는 식사라고 할 수 있다.

무용과 노래, 연극 등 예능의 기원은 종교에서 찾을 수 있는데, 인간
과 신의 교류 수단으로 예능이 성립되었다는 설이 있다. 신전에 공물을 바
치고, 희생 종교에서는 동물의 피나 동물을 구운 연기가 신과의 교신 수
단이었다. 일본 마쓰리(祭)에서 음복은 원래 신과 사람이 함께 먹는다는
신인공식(神人共食)으로 여겨졌는데, 이는 종교와 예술의 연관성을 나타
내는 예식의 일부 사례로 볼 수 있다.[3]

'예식'은 행사에서 자주 나타난다. 행사의 배경에는 신이 있다. '예식'
의 원초적 형태는 행사의 공물에서 알 수 있다. 일본의 신찬(神饌)과 한
국의 의례상에 올리는 고임이나 발리섬에서 바치는 공물은 얇고 단단하
게 대칭형으로 담고, 인공 착색한 여러 가지 종류의 음식을 늘어놓는다
는 공통점이 있다. 담기의 인공성과 양, 종류가 다양함을 강조한다. 그것

은 요리에서 예술성을 주장하는 연출 수단의 원형 중 하나이다. 종교행
사와 관계있는 식사 형식은 권력의 향연에서 격식을 차리는 것으로도 나
타나는데, 이렇듯 종교행사에서 시작된 '예식'은 세속적인 향연으로 이어
진다.

### 예능인과 요리사

세속적 권력이 발달하자 가무 등의 예능 전문업은 궁중이나 귀족, 영
주 등에 소속되었다. 예능인이 권력자에 고용되는 것은 세계적인 현상으
로, 요리사에게도 같은 일이 일어났다.

예능을 전업으로 하는 사람들에게 기회를 제공한 곳은 권력자의 저
택이었다. '예식' 행사가 일어난 곳도 같은 장소였다. 향연에서는 예능을
즐기면서 예식을 먹었다. 즉 예능과 예식은 밀접한 관계를 지녔다. 서구에
서는 르네상스 시기부터 예술의 지위가 높아지고 화가와 조각가 등이 권
력으로부터 자립하면서 예능인들의 지위도 향상되었다. 그러나 권력에서
완전히 분리된 게 아니라 인신 지배를 받는 종속 관계에서 왕후 귀족을
후원자로 두는 관계로 이행한 것이다.

서구에서는 근세에 이르러 극장이 들어섰다. 왕립극장이나 오페라하

---

**3.** 음식을 통해 신과의 커뮤니케이션의 사례는 미주 (iii) 문헌의 '먹는 방법과 마시는 방법
(食べ方と飲み方)'을 참조하기 바란다.

우스의 설립 배경에서 권력 후원자의 존재를 찾아볼 수 있다. 도시의 극장이나 연극 공연장이 생기면서 예능은 권력자의 저택을 떠나 상업화되었고, 흥행제도에 따라 운영되었다. 서구에서 극장이 성립된 것과 거의 같은 시기에 일본에서도 소극장이 생겨났는데, 그것은 문명사의 병행 현상으로 볼 수 있다.

예식의 상업화는 예능의 상업화보다 늦었다. 서구에서는 프랑스혁명을 계기로 권력자의 주방에서 나온 요리사들이 도시로 이동해 레스토랑을 개업했다. 그것이 고급 요리 상업화의 시초이다. 거의 같은 시기에 일본에서는 요릿집이 출현했다.

예능이나 예식이 상업화한 배경에는 신분제도의 붕괴와 함께 시민계층의 성장이라는 사건이 있다. 사회적 실권을 획득한 부르주아들이 흥행제도나 레스토랑 같은 요릿집을 후원했다. 요정이 출현한 18세기 후반의 일본은 사실상의 시민사회가 성립한 것으로 생각해도 좋다. 시민사회를 바탕으로 권력에서 독립한 '자유로운 예술가'들이 출현했지만, 요리사의 위치가 예술가로서 인정된 것은 훨씬 이후의 일이다.

19세기 프랑스에서는 신문이나 잡지 등을 통해 요리를 예술에 비교하기 시작했는데, 그것을 실현한 사람이 고급 프랑스 요리 체계를 만들고 '요리장의 제왕, 제왕의 요리장'으로 불리는 오귀스트 에스코피에(Georges Auguste Escoffier)[4]이다. 19세기 후반부터 20세기 초에 활약한 에스코피에는 리츠 등의 고급 호텔에서 일을 했고, 그곳에는 그의 요리를 즐기려는 왕후귀족이 모여들었다. 이때부터 실력 있는 요리사는 권력자의 저택에서가 아니라 레스토랑이나 호텔에서 요리를 했고, 유명한 요리사가 있는 곳에는 손님들이 찾아왔다. 에스코피에는 다른 예술가들처럼 프랑스 국가 훈장을 받았다. 요리의 예술가가 사회적으로 인정받게 된 것이다.

일본에서는 1925년에 초판이 발간된 기노시타 겐지로(木下謙次郎)의 『비미큐신(美味求眞)』의 본문 앞 각주에 "지미(至味)한 것은 예술이다"라는 말이 쓰여 있다. 이때부터 이미 요리의 예술성에 대한 관심이 높아진 것을 알 수 있다.

일본의 요리사 가운데 요리의 예술성을 최초로 주장한 사람은 기타오지 로산진(北大路魯山人)일 것이다. 로산진은 요리에 관심을 가지기 전부터 서예, 전각, 도예 등의 예술 분야에서 일가를 이룬 인물이다. 로산진을 이어 요리의 예술성을 강조하는 요리사가 나타난 것은 현대에 이르러서이다. 그때까지 요리사는 기술자의 위치에 있었다. 이 경우 '기술자'란 예능인이라는 의미에서 '예인'에 가까운 존재로 볼 수 있다.

---

**4.** 1847~1935. 프랑스의 유명 요리장으로 『조리지침』 『메뉴북』 『나의 요리』 등 뛰어난 저술이 많다. 옛날 조리법을 현대적으로 고친 것만이 아니라, Pêche Melba(복숭아멜바)를 비롯해 새로운 요리를 다수 창작했다. "요리를 알고, 새로운 프랑스 요리를 만들기 위해서는 우선 에스코피에의 기본을 배우지 않으면 안 된다"고도 일컬어진다.

## 요리의 퍼포먼스

　예능이라는 말을 영어로 옮기면 '퍼포밍 아트(performing art)'이다. 퍼포먼스는 청중, 관중 앞에서 연기하는 것이다. 하지만 다른 점도 있다. 예능과 달리 요리는 사람 앞에서 기(技)를 나타내는 연기성이 희박하다. 보통 요리는 관객이 없는 주방에서 만들어진다. 그림이나 조각 등 시각예술이 관객이 없는 아틀리에에서 만들어지는 것과 같다. 만들어진 요리는 '작품'으로 보존되지 않고 먹는 사람들에게 옮겨진다. 요리가 그림이나 조각 같은 작품과 다른 점은 보존되지 않고 바로 사라지는 것이다. 이런 점에서 볼 때 요리는 작품의 공간성에 바탕을 둔 시각예술과 달리 시간성에 의존하는 음악과 같은 청각예술과도 공통점을 갖는다.

　요리는 본질적으로 요리사와 '작품'이 분리되어 있다. 그런 점에서 '예술로서의 음식'은 퍼포먼스를 강조한다. 초밥, 덴푸라는 예능이라는 관점에서 보자면, 대도예(大道藝)에 해당한다. 카운터에서 초밥을 만드는 일이나 좌석 덴푸라는 퍼포먼스성이 높은 요리가 되었다. 고급 요리 중에 카운터 너머에서 조리 과정을 보여주는 할팽(割烹) 또한 점포라는 무대에서 연기를 하는 것이다. 주방과 객석을 떼어놓지 않는 배치나 요리할 때 퍼포먼스를 연출하는 '요리의 퍼포밍 아트화'는 '예술로서의 음식'을 찾는 하나의 방향을 나타냈다. 유럽에서도 하나의 공간 안에서 주방과 객석을 두는 오픈 키친의 고급 레스토랑이 출현하기 시작했다.

## 요리의 가라오케화

창조성을 강조하는 종래의 미학에서는 예술을 즐기는 사람들보다 예술가들의 논의가 우선이었다. 예술을 논하면 바로 작가론이 된다. 말하자면, 소비자보다도 제조자 쪽의 논리에 무게를 두었다.

산업혁명 이후 산업사회에서는 물건의 대량생산이 사회의 기반을 마련하고 근대화로 이어지는 것으로 여겼다. 근대라는 시대는 물건 생산자의 논리가 사회를 움직인다고 여겨졌다. 하지만 산업사회의 성숙에 따라 대중소비시대를 맞은 여러 선진 나라에서는 물건을 소비하는 측, 즉 소비자의 논리가 강조되는 것으로 변했다. 만드는 것보다 소비하는 것이 중요해진 것이다.

예술도 마찬가지라고 할 수 있다. 예술의 대중소비가 시작되었다. 예술가의 서명이 들어간 진본을 소수의 후원자가 감상하는 것이 아니라 대중이 예술이나 예능을 즐기게 되었다. 요컨대 복제예술의 시대가 된 것이다. 사진, 영화, 비디오 레코드, 음악 테이프, 인쇄 등 복제 가능한 미디어의 출현으로 대량의 예술, 예술 작품이 일상생활 속으로 들어왔다. 복제예술에서는 원본과 복제의 구별이 없다. 즉 복제라서 가짜인 것은 아니다.

요리도 마찬가지이다. 유명 요리사가 레시피를 만들고 그 레시피에 따라 공장에서 똑같은 요리를 대량생산하기 시작했다. 요리가 복제예술로서 가정의 식탁에 들어오게 된 것이다. 유명 요리사의 레시피는 TV요리 프로그램이나 잡지에도 소개된다. 요리는 저널리즘의 한 분야를 형성하고, 방대한 요리 정보가 유통된다.

레시피를 음악으로 말하면 악보에 해당한다. 작곡가의 작품을 연주하는 것과 마찬가지로, 유명한 요리사의 레시피를 가정에서 만드는 사람들도 있다. 프로의 연주가 아닌, 애호가들의 연주가 많아진 것처럼 요리 퍼포먼스를 향락하는 사람들도 증가하고 있다.

퍼포먼스의 프로인 음악가, 무용가, 배우 등에게는 입장료를 지급하고 연기를 감상해주는 관객과 청중이 필요하다. 그러나 아마추어가 하는 예능에 관객과 청중이 반드시 필요한 것은 아니다. 연기자는 동시에 감상자도 되기에, 자신의 퍼포먼스에 자기가 도취하면 그만이다. 그 경우 연기자와 청중, 제조자와 소비자의 구별은 사라진다. 이와 같은 예술의 대중화시대를 상징하는 것이 가라오케이다. 가라오케는 자기가 노래하는 것에 의미가 있고, 노래를 부르는 자에게 청중의 존재는 제2 의미를 가진다. 부르는 자와 감상자가 일체화한 가라오케는 예능의 최후 형태일지도 모른다.[5]

먹으면 사라지는 요리라는 작품을 가장 잘 감상할 수 있는 것은 요리를 만든 사람이다. 요리가 예술인지 아닌지와는 별도로, 가사노동에서 분리된 취미로서 요리는 예술 작품의 창조와 통하는 만드는 기쁨을 지니고 있다.

---

5. 자신이 취미로서 만든 요리를 자신이 먹는 것을 요리의 가라오케화 현상이라고 말할 수 있다. 즉 요리의 가라오케화 현상이란 요리가 단순히 소비자의 '소비'에 머무르지 않고 소비자의 '참가' 또는 '창출'도 병행해간다는 것을 가리킨다.

(i)     나카무라 시게코(中村茂子)·미스미 하루오(三偶治雄),「예능(藝能)」,『대백과사전(大百
        科事典)』4권, 헤이본샤(平凡社), 1984

(ii)    (i)과 동일

(iii)   우메자오 다다오(梅棹忠夫),「식사학 입문(食事学入門)」 우메자오 다다오·이시게 나
        오미치·나카오 사스케(中尾佐助)·스기모토 히사쓰구(杉本尙次)·고야마 슈죠(小山修
        三)·후쿠이 기쓰요시(福井勝義)·쓰지 시즈오(辻靜雄),『식사의 문화(食事の文化)』, 아
        사히 신문사(朝日新聞社), 1980

# 식사예법과 식사양식

1990년

## 함께 먹기와 분배

"짐승처럼 게걸스럽게 먹는다"는 말이 있다. 이것은 극한 상태에 처한 인간의 모습을 묘사할 때 쓰는 말이다. 다른 사람의 눈을 의식하지 않고 생리적 욕구 그대로 먹는 모습을 가리킨다. 즉 인간의 정상적인 식사 모습이란 본능대로 먹는 것이 아니라 자기 억제 속에 다른 사람의 눈을 의식하면서 먹는 것으로, 이와 같은 식사법이 문화를 가진 인간을 특징짓는 것이라고 표명된다.[1]

자기 억제를 하면서 먹는 것과 타인의 눈을 의식하면서 먹는 것에는 식사예법의 근원이 있다. 이 둘은 사물의 표리와 관계가 있다. 자기 억제를 하지 않고 탐하면 비난의 눈길을 받아야 하고, 타인의 눈을 의식하면 자기 억제를 해야 한다. 자기 억제와 타인의 시선에 신경을 쓰는 것은 식사 때만이 아니라 예법의 일반적인 기본 원리이기도 하다. 이 글에서는 식사 장소에 한정해 논하기로 한다.

인류 식사의 특징은 음식을 나누어 함께 먹는 것이다. 인류가 가족이라는 집단을 형성한 데서 함께 먹기의 기원은 요구된다. 동물은 개별 단위로 식사하지만, 인류는 가족이라는 집단 안에서 음식을 분배하는 관계를 맺는다. 달리 말하면, 음식을 분배하는 관계를 둘러싸고 가족이라는

사회집단이 성립된 것이다.[i]

함께 먹을 때 최대 문제는 음식의 분배이다. 한정된 분량의 음식을 힘이 강한 사람이 자기 욕구에 따라 탐내면 다른 이들의 몫이 없어져 버리므로 모든 구성원이 고르게 먹기 위해서는 자기 규제가 필요하다. 즉 분배의 규칙은 식사예법 기원의 하나가 된다.

음식을 함께 먹을 때 서로 간에 상호 간섭이 생긴다. 상호 간섭에 따른 갈등을 최소화하도록 조정하는 장치, 즉 식사의 질서를 유지하는 장치가 필요하다. 그 장치는 식사 때마다 조정하는 것이 아니라 습관화된 규율 또는 규칙의 의례화에 의해 이뤄졌다. 이것이 식사예법이라는 이름으로 발전했다.

필자가 조사한 아프리카 탄자니아에서 수렵생활을 하는 소수 부족인 하드자(Hadza)족은 대형 동물의 특정 부위를 '신의 고기'라고 부르고, 남자에게만 허용한다. 이 고기를 여자가 먹는 것은 금지되었다. 또한 동물의 뇌는 남자 중에서도 그 동물을 쓰러뜨린 남자만 먹을 수 있는 것으로, 뇌를 먹은 남자는 그 동물과 특정한 관계로 묶여 이후 수렵할 때 그 동물을 잘 찾을 수 있게 된다고 믿었다.[ii]

1. 브리야 사바랭의 『미식예찬』 아포리즘에는 "가축은 처먹고 인간은 먹는다. 교양 있는 사람으로서 처음 먹는 방법을 알다"라고 쓰고 있다. "교양 있는 사람"이란 나중에 다룰 '문명화'된 사람을 가리키는 것으로 해석해도 좋다.

작은 동물은 이를 잡은 사람의 가족만 먹지만, 큰 동물은 여러 가족 단위로 형성된 부락의 전원이 함께 먹는다. 이때 남자 집단과 여자 집단으로 나누어 요리해 먹는데, 이는 남자 집단과 여자 집단의 갈등을 방지하는 장치이기도 하다.

이와 같이 식사행동을 규정한 질서의 배경에는 인류 생활양식의 원초적 단계에서부터 신이 출현하고 있다. 기독교의 식사 전 기도에 나타나듯, 식탁 질서의 배경에는 신(神), 불(佛), 선조(先祖) 등의 존재가 깃든 문화가 많다. 초인적인 존재의 눈을 의식함으로써 자기 규제를 하는 것이다. 가장이 식탁에서 고기를 썰어 가족들에게 분배하는 문화에서 가장의 권위는 신을 배경으로 한다. 따라서 가장이 사제 역할을 하는 셈이며, 식사는 의례적 성격을 갖는다.

1988년도에 개최된 식문화 포럼 「가정의 식사 공간」에서 구마쿠라 이사오(熊倉功夫)는 다음과 같이 말했다. "예법(作法)이란 인간이 사회생활을 하는 것과 동시에 생겨난 부분과 사회생활 속에 있는 어떤 종(種)이 도시화 현상이 진행하면서 획득한 부분이 있는데, 특히 후자가 훨씬 많은 부분을 차지하고 있다."(iii)

분배를 둘러싼 규칙은 구마쿠라가 말하는, 인간이 사회생활을 시작하는 시점으로 거슬러 올라가는 문제이다. 오늘날 우리를 옥죄고 있는 식사예법의 많은 부분이 도시화 또는 문명화 과정에서 형성되었다. 서로 알지 못하는 사람들이 만났을 때, 어떤 공통 행동을 하느냐에 따라 갈등을 방지하는 공통 규칙의 예법이 있다. 타인과 공생하는 기회가 많은 사회는 도시화 또는 문명화 과정에서 형성되었다. 이 문명화 과정과 관련된 식사 예법에 대해서는 사회심리학자 이노우에 다다시(井上忠司)가 식문화 포럼에서 설명한 바 있다.[iv]

### 식사예법을 생각하는 틀

인류 전체의 안건으로 도시화와 문명화 과정의 식사예법을 논의할 때 식사문화의 연구 측면에서 생각하지 않으면 안 된다.

### 인간의 속성

식사 장소에서 취하는 행동에는 자기 자신을 표현하는 것도 있다. 그때 자기 자신이란 사회적 인간관계에 따라 규정되는 자신을 가리킨다. 타인이 기대하는 자기를 표현할 필요가 있는데, 타인의 눈을 의식하지 않고 자기주장을 하는 행동은 무례하다고 여겨진다. 예법이라는 형식화된 성격은 아주 강해서 상식적인 사회적 틀 안에서 분류된 자신의 위치를 만드는 것이다.

이와 같은 자신의 위치는 타인과의 관계에서 상대적으로 변화한다. 자기보다 신분이 높은 사람이 있는지 없는지에 따라 상좌(上座), 하좌(下座)로 자리의 순서가 바뀐다. 이는 계급 같은 사회적 지위에 따라 규정되어 있고, 그 순위는 각 사회에 따라 다르다.

어떤 문화권에나 공유하는 분류 원리에 따라 자기의 위치라는 것이 있다. 가족 집단 가운데 사람들의 위치를 규정하는 기본 원리로 성과 연령이 작용한다. 1988년 식문화 포럼 「가정의 식사 공간」에 제시되었던 과거 한국의 사례처럼 성별과 연령의 차이가 식사 때 행동의 차별화 요인이 되는 사회가 많다.[2] 그 밖의 종교와 직업 등 인간의 속성을 분류하는 원리가 여러 가지 있다. 함께 식사할 때 자기가 위치하는 속성에서 먼 거리에 있는 사람일수록 긴장 관계가 생기고, '타인에 대한 예의'를 지키는 행동을 하게 된다.

### 식사의 종류

질서를 중요하게 여기는 관혼상제 같은 행사에서는 식사 종류에 따라 예법이 다르다. 이는 식사 장소와도 관계가 있다. 가정에서 식사할 때와 외식할 때의 몸가짐이 다르고, 외식에서도 단체급식과 고급 레스토랑에서 식사는 상당히 다른 몸가짐이 나타난다.

### 음식의 종류

나이프, 포크, 스푼을 사용하는 문화에서도 빵은 손으로 먹는다. 젓가락으로 먹는 것을 원칙으로 하는 나라에서도 어떤 음식은 손으로 먹는 것처럼, 먹는 음식의 종류에 따라 먹는 방법이 규정되기도 한다. 국물이 있는 음식과 음료를 먹을 때의 예절은 개별성을 넘어 일반화의 문제를 초래한다. 액체로 된 음식은 용기가 필요하므로 먹는 방법이 다르다.[3] 액체 음식 가운데서도 차 마시기와 술 마시기는 식사와는 별개로 독자적인 예법 체계를 따르는 경우가 많다.

### 자세와 식사 도구

인간의 속성이나 행사 종류, 행위 장소에 따라 예법이 규정되어 있다는 것은 식사에만 한정된 것이 아니라 예법 일반에 공통된다. 동양뿐 아니라 서양에서도 좋은 몸가짐과 우아한 태도는 문명화 과정에서 가장 중요한 식사예법이었다. 음식을 입으로 옮기려면 젓가락이나 나이프·포크·스푼이라는 도구가 필요하다. 이와 같은 물질적 장치를 단서로 식사예법을 생각해보자.

먹는 자세는 방바닥에 앉는 방법과 의자·테이블을 이용하는 방법으로 나뉜다. 좀 더 자세히 살펴보면, 앉는 방법에도 무릎을 꿇고 단정하게 앉기, 책상다리를 하고 앉기, 한쪽 다리를 세우고 앉기 등 여러 가지 방법이 있다. 테이블에 앉아서 먹을 때도 낮은 상을 사용하는 문화와 중근동이나 서아시아와 같이 식탁을 사용하지 않고 주단이 깔린 바닥 위에 직접 식기를 놓는 문화도 있다. 고대 그리스와 로마의 연회처럼 침대의자에 옆

---

2.  111쪽 '동아시아의 가족과 식탁'의 '한반도'를 참조하기 바란다.
3.  일본은 국그릇을 입에 대지만, 한반도나 유럽에서는 그릇에 입을 대지 않고 숟가락으로 국물을 먹는 것이 예의이다.

으로 누워 개인별 테이블에서 먹는 문화도 있다. 이와 마찬가지로 음식을 입으로 옮기는 방법은 손가락으로 먹는 수식, 젓가락으로 먹는 법, 나이프·포크·스푼을 사용하는 법으로 나눌 수 있다.

과거의 모든 인류는 손으로 음식을 먹었다. 지금도 손으로 먹는 문화가 남아 있다. 모로코의 베르베르(Berber)족 속담에는 "한 손가락으로 먹는 것은 미움을 상징하고, 두 손가락으로 먹는 것은 오만함을 나타낸다. 세 손가락으로 먹는 것은 마호메트의 가르침에 충실한 사람이고, 네 손가락이나 다섯 손가락으로 먹는 것은 대식가이다"가 있다. 즉 손으로 먹을 때도 그 나름의 식사예법이 있다. 하지만 손으로 먹지 않는 문화를 지닌 사람들은 손으로 먹는 것을 야만적이라고 생각하기도 한다. 다시 말해 도구를 사용해 먹는 것이 문명의 식사예법이라는 편견이 생겨난 것이다.

젓가락 사용은 전국시대 중국에서 성립된 습관이다. 중국인들은 오랫동안 젓가락과 숟가락을 함께 사용했는데, 밥은 숟가락으로 먹었다. 명나라 때부터 밥은 젓가락을 사용하고 숟가락은 국물을 먹는 도구가 되었지만, 한반도에서는 여전히 숟가락으로 밥을 먹는다. 그림 1은 젓가락과 숟가락으로 표기하고, 젓가락과 숟가락을 병용하는 문화도 포함하는 항목을 나타낸다.

이와 같은 도구 사용법을 더욱 세분해서 고찰해보면, 식기를 손에 들고 먹는 것이 식사예법에서 허용되는지와도 관계가 있다. 예를 들어 식기를 들고 입에 대고 먹는 것이 허용되는 일본에서 숟가락은 불필요하지

그림 1. 식사 자세와 식기 도구

만, 한반도나 서양에서는 음료 이외의 음식은 식기를 손으로 들지 않고 먹는 것이 원칙이라 숟가락이 필요하다. 유럽에서 나이프·포크·스푼으로 식사하게 된 것은 근대에 들어서이다.[v] 20세기 후반에 이르러 손으로 먹던 동남아시아에서는 오른쪽에 스푼, 왼손에 포크를 사용해 식사하는 풍습이 진행되기 시작했다. 그것은 타인의 시선에 신경을 쓰는 외식에서 시작된 것으로, 그 배후에는 손을 안 쓰고 먹는 방법이 근대화 또는 문명화를 상징하는 관념이 깔려 있다.

이렇게 그림 1처럼 좌식/의자식, 손/젓가락(숟가락)/나이프·포크·스푼 사용이라는 2개의 무리로 분류한 뒤 세로축과 가로축으로 배치한 매트릭스가 성립한다. 이와 같은 항목을 더 분류해보면, 세계의 식사문화를 매트릭스 칸에 표시할 수 있다. 그림 1을 보면 바닥에 앉아 젓가락을 사용해 먹는 방법은 좌식과 젓가락(숟가락)이 교차하는 C란에, 서양에서 의자에 앉아 먹는 방법은 의자식과 나이프·포크·스푼이 교차하는 F란에 표시할 수 있다.


## 배선법의 종류

배선은 상차림을 말한다. 전 세계 문화권 중에는 상이나 식탁을 사용하지 않는 문화도 많다. 여기서는 식탁 유무와 관계없이 식사 장소에서 어떻게 음식을 제공하는지 그 분배와 서비스를 살펴보기로 한다.

그릇 하나에 담은 음식을 모두가 손을 뻗어 먹거나, 한 사람 몫씩 차려진 음식을 먹거나, 음식물을 한꺼번에 차려내거나, 한 가지 음식을 먹고 나서 다음 음식이 나오는 등 배선법의 차이에서 식사예법은 달라진다.

음식의 분배는 개인형과 공통형으로 나뉜다. 한 사람 몫의 음식을 상 단위로 차리거나 금속 쟁반 등에 차리는 방법이 있다. 또 서양에서처럼 개별 접시에 담아 음식을 식탁에 차리는 방법도 있다. 이처럼 개인 단위로 음식을 분배하는 배선법을 '개별형'이라고 한다. 반면 '공통형'이란 커다란 식기 하나에 담은 음식을 사람들이 함께 나눠 먹는 방법이다. 서아시아나 중근동, 아프리카, 오세아니아, 아메리카 대륙의 선주민문화 등지에서 볼 수 있는 식사법으로, 전통적으로는 공통형이 주류였을 거로 짐작한다.

이 두 가지 분배법은 거시적인 관점으로 분류한 것으로, 현실에서는 두 가지 유형을 병용한 식사법도 있다. 중국과 동남아시아 대부분 지역에서 주식인 밥은 개인별로 담고 그 외의 부식물(반찬)은 공통 식기에 담아서 먹는다. 반면 서양에서는 19세기 러시아식 서비스라는 개인별 배선법이 보급되기 이전에는 공통형이었지만, 빵은 개인별로 분배된다. 일반적으로 주식에 해당하는 음식은 개인별로 분배하고, 부식물에는 개별형과 공통형으로 구별하는 편이 유효한 분류 개념일지도 모른다. 공통형이 일반적인 문화라 해도 단체급식이나 식당·레스토랑에서 식사할 때는 개인형이 채용된다. 균등한 분배량의 보증, 요금의 징수에는 개별형이 편리하다.

식사할 때 음식의 배치 방법에 관해 검토해보자. 공간 전개형이라는 것은 식사에 모든 요리를 차려내는 방법이다. 전통 향연 요리에서처럼 둘째 상(二の膳), 셋째 상(三の膳) 등 음식을 놓은 상을 동시에 공간적으로 전개하는 배선법이다.

시간 계열형이란 레스토랑에서 서양 요리를 제공하는 방법처럼 한 가지 음식을 먹고 나면 다음 음식이 나오는 것처럼, 시간에 따라 음식이 나오는 배선법이다. 이 배선법에는 배선을 담당하는 사람이 있다. 따라서 일반 가정에서는 이 방법을 채용하기 어렵다. 서양의 일반 가정에서 시간 계열형이 보급된 것은 러시아식 서비스 이후의 일이다.

|  | 개별형 | 공통형 |
|---|---|---|
| 공간 전개형 | 1 | 2 |
| 시간 계열형 | 3 | 4 |

□ 일본의 전통 식사법　■ 서양의 현재 식사법

그림 2. 상차림법의 유형

그림 2는 개별형과 공통형, 공간 전개형과 시간 계열형의 두 가지 분류를 나타낸 것이다. 각상 위에 1인분씩 음식을 차려서 배선하는 배선법은 그림 2의 개별형과 공간 전개형이 교차하는 1에 위치한다. 한편 한 접시씩 음식을 담아 한 사람 앞에 놓는 배선법은 개별형과 시간 계열형이 교차하는 3에 위치한다.

**식사양식의 유형**

그림 1의 식사 자세와 도구는 크게 여섯 종류로 나타나고, 그림 2의 배선법은 네 종류로 나타난다. 그림 1과 그림 2를 합친 것이 그림 3이다. 여기서 가로축은 그림 1의 유형을, 가로축에 그림 2의 유형을 배치함에 따

| | A | B | C | D | E | F |
|---|---|---|---|---|---|---|
| 1 | A1 | B1 | C1 | D1 | E1 | F1 |
| 2 | A2 | B2 | C2 | D2 | E2 | F2 |
| 3 | A3 | B3 | C3 | D3 | E3 | F3 |
| 4 | A4 | B4 | C4 | D4 | E4 | F4 |

☐ 일본 식사양식의 변천  A2 → C1 → D4    ■ 서양 식사양식의 변천  B2 → F3

**그림 3. 식사양식의 유형**

라 합계 24칸이 배치된다.

그림 3은 자세와 식사 도구, 배선법에 관한 분류표라고 할 수 있다. 다시 말해 식사 방법 또는 식사양식의 유형을 나타내는 매트릭스이다. 그림 3을 토대로 식사양식을 설명할 수 있다. 예를 들어 각상을 받아 바닥에 앉아 상 위에 모든 음식이 배선된 식사를 젓가락을 사용해 먹는 것이 좌식·젓가락(그림 1의 C), 개별형·공간 전개형(그림 2의 1)이다. 그림 3에

서 이 식사법은 가로축의 C와 세로축의 1이 교차하는 C1의 칸에 위치한다. 마찬가지로 의자식·나이프·포크·스푼(그림 1의 F)로 개별형·시간 계열형(그림 2의 3)의 식사법은 F3에 위치한다.

식사양식의 역사적 변천은 그림 3으로 나타낼 수 있다. 일본을 예로 들면, 고분시대까지 좌식·수식·공통형·공간 전개형인 A2 유형이 주류였다. 아스카·나라시대부터 중국과 한반도의 영향을 받아 좌식·젓가락·개별형·공간 전개형인 C1으로 변화하고, 그것이 오랫동안 전통적인 식사양식으로 정착했다. 20세기 전반에는 각상이 빠지고 자부다이 사용이 보급되었지만, 그것은 C1 유형 내의 변화에 그쳤다. 또한 개인 전용 식탁에서 공용 식탁으로 변화했지만, 개별형·공간 전개형이라는 배선법의 원리에는 변함이 없었다.

1960년대부터 식탁에서 식사하는 가정이 늘기 시작했다. 부엌과 식탁이 근접하고, 가스 보급으로 따뜻한 요리를 먹기 직전에 바로 식탁에 내오는 시간 계열형 배선법이 보급되었고, 밥·국 이외에는 공용 식기에 담아서 각자 젓가락으로 덜어 먹는 식으로 바뀌었다. 의자식·젓가락·공통형·시간 계열형, 즉 D4 유형으로 재편성이 진행된 것이다. 즉 일본인의 식사양식은 A2 → C1 → D4로 변해왔다.

이처럼 식사양식의 유형을 설정함에 따라 세계 식사예법의 공통지표를 비교할 수 있게 되었다. 이는 기술 수단의 틀로써 설정한 것인데, 그 틀이야말로 문화 속 식사예법의 기본 규범으로 작용하고 있다.

각 문화에서 일반적인 식사양식의 유형을 이탈하면 무례한 행위로 여겨진다. 예를 들어, 앉아서 먹는 문화권에서 혼자 서서 먹는다거나 공통형의 상차림이 보통인 문화에서 혼자 따로 차려달라고 요구하면, 무례하다고 평가받을 수 있다. 그림 3의 유형에 나타나는 식사양식을 식사예법 체계의 중심 사항으로 봐도 무방하다. 식사예법으로 나이프, 포크, 스푼 등의 사용법들을 운운하지만, 이것을 적절하게 사용해야 하는 장소에서 기본 도구를 제대로 사용하지 못하는 것보다 손으로 식사하는 쪽이 더 무례한 일이다.

오늘날 식사예법의 체계는 앞에서 설명한 인간의 속성, 식사의 종류, 음식의 종류 등과 식사양식의 유형을 구성하는 복잡한 틀에 따라 만들어졌다. 이렇게 만들어진 체계는 전 세계에서 발견되는 문화의 숫자만큼이나 많다. 이 많은 식사예법의 비교연구를 위해서는 정리 수단을 고안할 필요가 있다.

약간 거친 시도이지만, 정리를 위한 도구로 이용할 수 있는 것이 식사양식 유형이다. 예를 들면, 문명화의 한 과정으로서 식사예법을 고찰할 때 유럽 문명에서는 의자식·손으로 먹기·공통형·공간 전개형(B2)을 기저 문화의 유형으로 간주한다. 이러한 식사예법이 의자식·나이프·포크·스푼 사용·공통형·개별형·시간 계열형(F3)으로 재편성되는 맥락에서 각 문화에 어떻게 대응되었는지 고찰할 수 있다. 이와 같이 개별 문화와 보편 문명의 관계를 생각하는 것도 식사양식을 구별하는 유형의 틀이 될 수 있다.

**다양화와 식사예법**

앞에서 현대 일본인의 식사양식은 의자에 앉아 식탁에서 밥과 국 이외에는 공통 식기에 담아 시간 계열형으로 배선하는 식사를 젓가락으로 먹는 D4 유형으로 향하고 있다. 그러나 이는 큰 맥락에서 바라본 것으로, 현실에서는 그 외의 유형으로 운영되는 가정도 많다.

의자에 앉아 식탁에서 먹는 가정도 많지만, 자부다이 등 상을 놓고 먹는 가정도 있다. 보통 때는 식탁을 사용하지만, 어떤 때는 바닥에 상을 펴고 먹는 가정도 있다. 아침에는 출근이나 통학 시간에 맞춰 시차를 갖고 먹는 개별형으로, 저녁에는 가족이 한자리에 모여 함께 먹는 공통형으로 먹는 등 때에 따라 변하는 가정도 있다.

이렇듯 규범에서 벗어남에 따라 식사예법의 다양화가 진행했다. 일본의 가정생활 규범은 대부분 에도시대의 무사 계급이 만들어낸 것이다. 메이지시대 정부는 근대 국민국가를 수립하기 위해 무사의 도덕률을 국민문화로써 전 국민에게 보급하려고 시도했다. 식사 장소의 자리 순서나 자세, 젓가락 사용법, 기타 규범이나 예법은 메이지 이후에 보급되었다. 그 예법은 한 사람씩 음식을 공간 전개형으로 분배하고, 젓가락을 쓰고 바닥에 앉아서 먹는 C1 유형을 제안했다. 하지만 2차 세계대전 이후에 일어난 민주화에 따라 일본 사회는 무규범적인 대중문화시대를 맞이했다.[4]

그 결과 성별, 연령별 질서를 나타내는 식사 장소에서 자리 순서, 음식을 담거나 젓가락 놓는 순서, 신불에 음선을 올리는 습관, 일상생활 속

가족의 공식행사 또는 예법 교육의 장이 되는 식탁에서의 행동 규범이 사라졌다. 그러나 다양화에 보조를 맞춘 새로운 규범은 창출되지 않았다. 가정에 따라 그 가정 나름의 식사법이 생겨났고, 가정 안에서도 가족 구성원이 제각기 다른 시간에 다른 내용의 식사를 하는 '개인 식사화'가 나타났다. 결과적으로, 타인의 시선을 신경 쓰지 않고 자기식의 밥 먹기가 가능해진 것이다. 앞으로는 어떤 변화가 일어날까? 식사관의 다양성을 강조하는 '탈 식사예법'의 방향으로 기우는 것일까?

4. '가정의 민주화' 현상은 식탁에서 성별, 연령별을 제외하고 핵가족을 공식 단위로 하는 경향을 지닌다. 그것은 포스트산업사회에서 일어난 현상으로, 종교나 이데올로기를 넘어서 세계적으로 현저해졌다. 자세히는 다음 문헌을 참조하기 바란다.
이시게 나오미치(石毛直道), 「식탁문화론(食卓文化論)」, 이시게 나오미치·이노우에 다다시(井上忠司)(편), 『현대 일본에서의 가정과 식탁―각상에서 자부다이로(現代日本における家庭と食卓―銘々膳からチャブ台へ)』, 국립민족학박물관 연구보고 별책16호, 국립민족학박물관(国立民族学博物館), 1991

(i)    이시게 나오미치(石毛直道), 『식사의 문명론(食事の文明論)』, 주코신쇼(中公新書), 1982, 46~61쪽

(ii)   도미다 고조(富田浩造), 「하드자족의 식생활에 관해(Hadzapi族の食生活について)」, 가와기타 지로(川喜田次郎)·우메자오 다다오(梅棹忠夫)·우에야마 슌베이(上山春平)(편), 『인간·인류학적 연구(人間·人類学的研究)』, 주오코론샤(中央公論社), 1966

(iii)  구마쿠라 이사오(熊倉功夫), 「식탁의 변천과 식사예법(食卓の変遷と食事作法)」, 야마구치 마사토모(山口昌伴)·이시게 나오미치(편), 『가정의 식사 공간(家庭の食事空間)』, 도메스 출판(ドメス出版), 1982, 200쪽

(iv)   이노우에 다다시(井上忠司), 「식사예법의 문화심리(食事作法の文化心理)」, 이노우에 다다시·이시게 나오미치(편), 『식사예법의 사상(食事作法の思想)』, 도메스 출판, 1990

(v)    노무라 마사이치(野村雅一), 「유럽의 식사예법의 사상(ヨーロッパの食事作法の思想)」, 이노우에 다다시·이시게 나오미치(편), 전게서, 1990

# 식사의 향락과 금욕사상

1992년

## 향락형과 금욕형

식사의 문제는 문명론이고 동시에 인생론이다. 향락주의도 금욕사상도, 식사를 통해 인생에서 무엇인가를 구한다는 점에서는 마찬가지이다.

식욕을 충족할 때 생리적 쾌감이 함께 일어난다. 그 쾌감을 증폭하고 즐기려는 사람에게 식사는 인생의 중요한 목적 중 하나이다. 한편 이와 같은 쾌감에 빠지는 것은 본능이 향하는 대로 살아가는 것으로, 본능적인 욕망을 억제해야 인간다운 삶을 실현할 수 있다고 보는 사람도 있다. 이런 사람들에게 식사는 다른 가치관을 실현하기 위해 인생을 유지하는 수단에 지나지 않는다.

어느 특정 상황에서 개체의 욕구를 억제하는 행동이 나타나는 것은 고등동물에게만 관찰된다. 야생 침팬지가 다른 개체가 달라고 조르면 자기 손에 든 음식을 나누어주는 것이 그 예이다. 하지만 금욕사상은 동물계에는 없다.

인간은 인류사의 어느 단계에서 금욕사상이라는 것을 만들어냈다. 현존하는 모든 사회에는 음식의 분배를 둘러싸고 규칙이 존재한다. 그 규칙에 따라 행동할 때는 개인이 음식을 독점하지 않고 다른 사람에게 분배해야 한다. 즉 금욕을 강요당한다. 음식이나 성에 관한 터부도 향락을 규제하고, 금욕을 강요하는 성격을 갖는다. 이와 같은 사회적 관습에 따른 금욕은 인류사의 오랜 단계에서부터 존재했음이 분명하다.

그렇지만 인생관이나 세계관과 연결되어 하나의 통합된 논리 구조를 갖는 정신적 가치관의 표명인 '사상(思想)'으로서 금욕의 사회 출현은 인류사의 새로운 가능성을 지닌다. 이는 사상을 정의함에 따라 나타나는 것으로, 미개 사회에는 금욕사상이라고 말할 수 있는 것이 없었을지도 모른다. 다만 금욕사상의 형성에는 불교, 그리스도교, 이슬람교 등 문명의 종교가 많은 영향을 미쳤음이 틀림없다.

인생론에는 어느 문명사회든 향락형과 금욕형의 개인이 살아가는 방법이 있을 것이다. 한편 사회를 고정적으로 본 경우, 향락형이 우세한 문명과 금욕형이 우세한 문명으로 나누어볼 수 있다. 예를 들어 중국과 일본을 역사적으로 비교해볼 때, 중국은 향락형, 일본은 금욕형이 우세하다.

공자는 『논어』에 요리와 음식에 대한 향락형을 비롯해 여러 가지 발언을 하고 있다. 맹자도 "금욕과 색욕을 인간의 본성"으로 보고, 중국 사상의 본류에는 고대부터 식욕의 쾌락이 있었음을 긍정했다. 따라서 남성에게 음식에 대한 지식은 부끄러운 것이 아니라 교양의 일부였다.

일본은 역사적으로 음식에 관한 발언이 적은 사회였다. 하지만 에도 시대에 무사의 도덕률에 영향을 받아 최근까지도 남성이 음식에 대해 이러쿵저러쿵하는 것은 별 볼 일 없는 것이라는 금욕적 식사관이 우세했다. 메이지 정부는 근대 국민국가의 형성에 무사의 논리를 중심으로 하는 국민문화를 창조하기 위해 금욕적 가치관을 전국으로 퍼트렸다. 음식에 대한 향락적 관심을 비교적 긍정적으로 여기게 된 곳은 역사적으로 서민문화의 거점이었던 간사이 지방의 도시였다.

유럽에서는 향락형의 라틴 문명권과 금욕형의 서유럽 문명권이 대비된다. 식량자원이 풍부한 지중해와 한랭한 북방이라는 환경 문제도 있지만, 사상적으로는 향락형의 천주교와 금욕적인 개신교 문화권이 대응한다. 향락형의 생활은 사회 에너지의 많은 부분이 개인의 낭비를 위해 번창하고, 사회의 발전을 위해 소비되는 몫이 적다. 앵글로색슨족에서 알 수 있듯이 근대 세계를 제패한 것은 금욕적 문명권이라고 할 수 있다.

그러나 사회적 생산력이 증대한 현대 문명 단계에서 음식을 생산하고 유통하는 인적 물적 에너지는 사회 전체가 소비하는 에너지의 아주 작은 부분이 된다. 이와 같은 사회에서는 사람들이 음식을 향락해도 반사회적으로 바라보지 않는다. 구르메 붐도 이를 배경으로 일어난 현상일 것이다. 어떤 사회에서 향락형과 금욕형 중 어느 쪽이 우세한지는 일반론이 아닌 그 문명의 역사적 과정에 따라 형성된다.

### 체형론의 접근

성욕과 식욕의 쾌락이 극단화하면 반사회적인 측면을 갖는다. 성적 방종을 그대로 방치하면, 혼인제도는 무의미해진다. 결혼을 통해 형성된 가족 제도로 구성된 친족의 결속은 세계 어디에서나 사회의 기본 단위로 여겨지고 있다. 음식은 식품이라는 물질을 조작하는 데에 쾌락의 기본이 있지만, 성적 쾌락의 기본은 인체 그 자체이다. 그래서 성적 쾌락을 파고들면 근친까지 포함하는 파트너의 선택과 교환의 문제를 초래한다. 사회 구성원 전원이 성적 쾌락을 추구한다면 가족은 붕괴할 것이고, 그것은 곧 사회의 붕괴를 의미한다.

그에 비해 음식의 향락 추구는 식량자원 분배의 불공평을 만들고 굶는 사람들과 낭비하는 사람들의 대립을 불러온다. 음식과 성에 관한 향락 추구 원리를 사회 표면으로 내놓고 싶지 않은 것은, 그것이 사회질서를 파괴할 염려가 있기 때문이다. 일찍이 사회주의 국가에서는 식과 성의 향락에 대한 정보를 반사회적인 것, 즉 부르주아적 퇴폐로 비난했다.

사회의 생산력이 비교적 작은 단계에서는 '만족할 줄 모르는' 형태의 쾌락 추구가 강력한 부와 권력이 집중된 소수에 한정되어 있었다. 피지배 계급이 지배 계급의 낭비를 비판할 수 없었으며, 이러한 불평등 사회가 오랜 시간 이류 문명을 지배하고 있었다.

이 사회에서는 음식의 향락을 추구할 수 있는 신분이 삶의 이상으로 간주되었다. 병적인 비만을 제외하고는 대부분 사회에서 비만형 체형을 풍요의 상징으로 보았다. 힌두교의 신들은 풍만한 체형으로 그려져 있고, 중국 사대부의 초상화도 비만 체형을 그린 것이 많다.

현대 사회에서도 비만 체형을 좋은 체형으로 여기는 사회가 있다. '영양이 좋고 둥글둥글하다'라는 뜻의 프랑스어 'bien nourri'는 젊은 여성을

비대한 체형을 과시하듯 그려진 귀족(왼쪽)
마른 체형을 강조한 승려(오른쪽)

넉넉한 의복으로 덮인 허릿매가 숨겨진 궁녀 옷차림(오른쪽)
폭이 넓은 허리띠를 한 날씬한 미인(왼쪽)

일본 옷을 입었을 때 마른 사람과 뚱뚱한 사람

그림 1. 일본에서 바람직한 체형의 변천

| 체형 | 연상되는 속성 | 변화 | 현재 평가 |
|---|---|---|---|
| 뚱뚱한 사람 | 바람직하지 않은 체형 ········· 불건강 | → | 바람직하지 않은 체형 ········· 불건강 |
| 약간 통통한 사람 | 바람직한 체형 ····················· 건강 | → | 바람직하지 않은 체형 ········· 불건강 |
| 보통 사람 | 보통 체형 ························· 건강 | → | 바람직한 체형 ····················· 건강 |
| 마른 사람 | 바람직하지 않은 체형 ········· 불건강 | → | 바람직한 체형 ····················· 건강 |

표 1. 바람직한 체형에 관한 관념 변천

| 체형 | 연상되는 속성 | 현재 평가 | | | | | |
|---|---|---|---|---|---|---|---|
| 약간 통통한 사람 | 바람직한 체형 | 건강 | 아름다움 | 포식 | 부유 | 상위계층 | 관대 |
| | | ↕ | ↕ | ↕ | ↕ | ↕ | ↕ |
| 마른 사람 | 바람직하지 않은 체형 | 불건강 | 추함 | 기아 | 빈곤 | 하위계층 | 인색 |

표 2. 체형과 그 속성에 관한 전통적 관념

칭찬하는 말로 자주 쓰였고,(i) 과거 한국어에도 통통한 여성을 칭찬하는
말이 있었다.

일본인이 그려온 전통적 체형관도 마찬가지였다. 약간 통통한 체형은
건강한 신체로 그려졌고, 마른 사람은 건강하지 않은 신체로 그려졌다. 하
지만 오늘날은 통통한 사람을 성인병(생활습관병) 예비군에 속하는 건강
하지 않은 사람으로 평가한다.(표 1)

역사적으로 통통한 사람은 건강하고 아름다운 인체이고, 먹을 것이
풍족한 부유한 상류 계급의 관대함을 상징하며, 바람직한 체형으로 평가
되었다. 그에 비해 마른 사람은 건강하지 않고 보기 싫은 체형인 데다 기

| 체형 | 연상되는 속성 | | | | | |
|---|---|---|---|---|---|---|
| 뚱뚱한 여자 | 오리궁둥이 | 못생김 | 촌스러움 | 시골 | 노동 | 건강 |
| | ↕ | ↕ | ↕ | ↕ | ↕ | ↕ |
| 날씬한 여자 | 개미허리 | 아름다움 | 우아함 | 도시 | 감상 | 불건강 |

표 3. 에도시대 중엽부터 20세기 전반까지의 여성 체형과 그 속성에 관한 관념

| 체형 | 연상되는 속성 | | | |
|---|---|---|---|---|
| 약간 통통한 사람 | 속됨 | 타락 | 권위 | 교단의 종교 |
| | ↕ | ↕ | ↕ | ↕ |
| 마른 사람 | 성스러움 | 정진 | 재야 | 개인적 영력 |

표 4. 종교자의 체형과 그 속성에 관한 전통적 관념

아와 빈곤을 떠올리는 하층민을 연상시켰다. 즉 부정적인 평가의 대상이 되었다.(표 2)

일본에서는 1970년대 후반에 비만을 비난하는 사회적 풍조가 우세해질 때까지, 남성의 경우 기모노를 입었을 때 관록 있는 신체를 보여주는 체격이 풍요의 상징으로 평가되었다. 반면 여성의 경우는 조금 달랐다. 고대부터 풍만한 신체가 여성의 아름다움으로 여겨졌지만, 18세기가 되면서 날씬한 미인이 높이 평가되었다. 이는 근대 도시의 문화에서 생긴 허리띠인 오비(帶)를 매력 포인트로 하는 기모노 입음새의 아름다움을 강조하는 감상용 미인상이다. 이 죽 뻗은 날씬한 미인은 메이지 이후로도 이

어졌다.(그림 1) 화가이자 시인인 다케히사 유메지(竹久夢二)의 미인화가 그 전형이다. 단, 날씬한 미인은 아기를 낳는 데는 적합하지 않아서 건강하지 않다는 이미지가 있다.(표 3) 일반론으로는 약간 살진 몸매가 전통적으로 좋은 체형으로 여겨졌지만, 종교인에 한해서는 마른 체형이 긍정적으로 평가되었다.

헤이안시대 중기 후지와라 데이시(藤原定子)를 섬긴 아내이자 여류작가인 세이쇼 나곤(清少納言)이 집필한 수필『마구라소우시(枕草子)』에도 "천박한 것은 (…) 승려의 뚱뚱한 몸매"라는 말이 있다. 살찐 성직자는 세속의 기성교단에 권위를 지녔어도 추락하는 존재로 보이고, 마른 성직자는 세속적 권위에서 먼 재야의 성자로서 정진하는 영력(靈力)이 강한 인물로 보였다.(표 4) 고행 중인 기독교 성자들, 도를 얻기 이전의 석가모니를 떠올릴 때, 그것은 종교인에 관한 세계 각지의 체형 평가이기도 하다.[ii]

### 종교적 금욕사상

최근까지도 가톨릭교회에서는 그리스도의 죽음을 기념해 금요일에는 육식을 하지 않았다. 유대교도 부모의 제사에는 단식을 하고, 불교도 친족 제사에 채식을 한다. 이렇듯 많은 종교에서 종교적 기념행사, 가족의 기념행사에 금욕적인 단식이나 채식을 한다.

단식을 통해 생리적 기능을 저하시켜 비일상적 상태를 만들어냄으로써 일상에서 체험할 수 없는 초자연적 존재인 신이나 죽은 자와 커뮤니케이션하는 것은 샤머니즘이나 주술에서도 이루어진다. 신비 체험이나 초능력을 얻기 위해 단식하는 일은 세계의 많은 종교에서 행해진다.

이슬람의 라마단처럼 신자 모두가 단식하는 경우도 있다. 사회적으로는 이슬람교도의 연대를 강화하는 기능을 가지고, 종교적으로는 "단식은 신에게 바치는 것이고, 신은 그것을 갚아주신다"는 마호메트의 말을 표명한다. 단식을 지키려는 사람들은 모두 과거의 죄를 용서받고, 정신적인 은혜를 신으로부터 받는다고 여겼다.

종교에 따라 조금씩 다르지만, 단식이나 채식 등 음식의 금욕을 통해 인간이 신으로부터 무언가의 보수를 약속받는다는 점은 많은 종교에서 공통으로 발견된다. 종교인들에게 현세의 향락을 부정하고, 금욕생활은 현세의 불평등을 저세상에서 해결하려는 수단이기도 했다. 이 세상에서는 신이라 해도 사회적, 물질적 평등을 실현해줄 수 없으므로 이 세상의 욕망을 방임하지 않고 금욕생활을 하는 사람은 저세상에서 좋은 삶을 보증한다는 것이다.

음식에서 종교적 금욕의 한 형태로 육식의 쾌락을 부정하는 채식주의가 있다. 채식은 금욕적인 식생활을 강조하는 이데올로기의 하나이다. 이데올로기란 목적을 설정하고 이를 위해 실천하는 사상이다. 현대의 채식주의를 지지하는 이데올로기는 종교와는 무관하지만, 오래전부터 있던 채식주의는 종교와 관계가 깊었다. 불교 승려는 살생을 금지하는 교의(敎

義)에 따라 고기를 먹지 않는 식생활을 전통적으로 지켜왔다. 힌두교에서도 윤회전생(輪廻轉生) 관념에서 채식주의를 지키려는 신도가 많다. 자이나교(Jainism)에서는 매우 엄격한 채식주의가 지켜지고 있다.

육식을 기피하는 사상의 근간에는 자연계에서 동물과 인간의 관계에 관한 위치 정하기의 문제가 있다. 인간과 동물의 생명을 어떻게 받아들이는지, 말하자면 세계관에 연관된 이데올로기이다. 일반으로 인도계의 종교에서 육식을 피하는 경향이 강한 것과 달리 유대교, 그리스도교, 이슬람교의 주류에서는 인간의 생명을 지키기 위해 동물의 생명을 빼앗는 것은 신이 허락한 행위로 받아들인다.

그런데 유럽에서도 피타고라스 교단 이래에 육식 기피의 사상이 존재했다. 그것은 동물을 죽인다는 것에 대한 윤리관에 기본을 둔 동시에 채식하는 것이 건강에 좋다는 주장이 함께 거론된다. 19세기 유럽에서 전개된 채식주의 운동은 육식의 폐해를 설득함과 동시에 채식은 건강에 좋다는 것을 강조했다. 그 계보는 현재의 건강식품이나 자연식 운동으로 이어진다. 새로운 채식주의의 이데올로기에서 나온 것은 생태학적 관점의 주장이다. 고기를 생산하는 에너지 비용보다 식물성 식품을 섭취하는 것이 훨씬 경제적이고, 그것이 인구증가에 대응하고 지구 자원과 환경 보전에 유효한 수단이라는 것이다.

---

1.  334쪽 '영양의 사상'의 '국가학문으로서 의약학과 영양학'을 참조하기 바란다.

## 종교에서 과학으로

환경 운동에 연계된 채식주의나 자연식, 건강식품의 붐도 그 이데올로기의 이론적 기반은 생태학, 근대 영양학 등의 과학에 있다. 단, 그에 대한 적용은 종종 유사 과학에 지나지 않는 측면이 있음을 부정할 수는 없다. 어느 쪽이든 현대인들에게 금욕이나 절제를 납득시키는 유효한 논리는 종교가 아니라 과학에 그 역할이 있다. 즉 근대에 들어서 종교에 바탕을 둔 규제력과 터부가 감소한 것이다.

아직도 빈곤과 기아로 고민하는 세계 인구는 많지만, 거시적으로 볼 때 극단의 불평등 사회는 해소의 방향으로 향하고 있다. 선진국에서는 사람들의 물질적 욕망이 어느 정도 달성되었다고 볼 수 있지만, 만약 사람들의 물질적 욕망이 현세에 달성된다면 종교는 그 힘을 잃을 수밖에 없다. 이와 같은 종교적 도덕률을 바꾼 것이 바로 과학이다.

근대 국민국가의 성립 이후 의약학이나 영양학은 '국가의 학문'이라는 성격이 강해졌다. 근대 사회 성립 이전에 동양이나 서양에서 건강을 관리하는 것은 개인적 차원의 행위였다. 그러나 국민국가에서 국민은 최대의 자원이다. 국민 건강이 개인의 문제가 아니라 국가의 문제로 여겨지면서 의약학과 영양학은 국가 운영을 위한 사회적 영향력을 행사하게 되었다. 과학은 국민국가의 이데올로기를 떠받들게 된 것이다. 식생활 역시 개인이 자유롭게 두지 않고, 국가가 간섭하는 것이 되었다.[1]

이와 같은 사항을 바탕으로, 건강을 악화시키는 음식의 향락에 빠지는 개인은 사회적 악이라는 사상이 강화되었다. 그리고 음식의 쾌락 추구를 멈추게 하는 데 과학이 이용되었다. 예전의 종교가 해낸 역할을 이제 과학이 대신하게 된 것이다.

미국에서 금주법을 제정할 당시 운동을 떠맡은 동부의 지식계층 청교도들은 비교적 풍족한 백인들이었다. 그 뒤 흡연 반대권 운동을 주장하는 계층은 금주법을 지지하던 사람들과 거의 같았지만, 다른 점이 있다면 지지자가 청교도에 한정되지 않았다는 점이다. 금주 운동은 음주가 신에 대한 악덕이라는 관점에서 전개되었지만, 금연 운동에 신은 표면적으로 드러나지 않고 의학적 근거가 운동의 원리적 지지가 되었다. 음주나 끽연이라는 쾌락을 부정하는 일종의 금연 이데올로기에 과학이 종교를 대신한 사례이다.

술과 미식의 향락을 절제하라고 권고할 때 성인병(생활습관병) 위험을 설득하는 의학이 있다. 건강 유지는 평소에 마음 쓰기 어려운 일이다. 방심하거나 쾌락에 빠지면 징벌로 병이 기다리고 있다는 것이다. 이 세상에서 금욕을 지키고 청아한 생활을 하는 신자에게는 내세의 행복을 약속되고, 그것을 멀리하는 사람에게는 신의 징벌이 있다는 종교적 논리와 같은 구조이다. 체형론으로 설명하자면, 식욕을 방치하는 것은 악이고, 그 결과 뚱뚱한 체형이 되는 것 또한 악이다. 현대 사회는 금욕과 연관된 다이어트가 세계적으로 유행하고 있다.

(i)  노무라 마사이치(野村雅一), 「다이어트의 유럽(ダイエットのヨーロッパ)」, 이시게 나오미 치(石毛直道)(편), 『세계 여행 민족의 삶 (2) 먹기·마시기(世界旅行 民族の暮らし(2) 食べ る·飲む)』, 일본교통공사 출판사업국(日本交通公社出版事業局), 1982

(ii)  이시게 나오미치, 「잘록한 허리와 튀어나온 엉덩이 — 체형론의 시도(柳腰と出尻—体型論 の試み)」, 『계간 인류학(季刊人類学)』 20권 3호, 1989

# 영양의 사상

## 뇌를 잊은 영양학

인체는 입과 항문을 통해 외부 환경과 이어져 있다. 중국어로 사람에게 욕설을 퍼부을 때는 '똥관'이라고 표현한다. 음식을 먹고 배설하는 배변 제조기 역할만 할 뿐 능력이 없는 인간이라는 뜻이다. 1개의 관으로 된 소화기관을 에워싸고 육체가 있다는 인식이지만, 소화생리에 관한 과학은 기본적으로 이와 같은 발상을 바탕으로 한다.

생리학적으로 소화란 음식물을 입으로 섭취해 소화관의 벽을 통과할 수 있는 상태가 되도록 변화시키는 생리작용을 말한다. 소화와 관계된 신진대사는 인체 외부의 존재인 음식물이 소화기관을 통과해 최후에는 노폐물로서 체외로 배설되는 것이다. 그런 점에서 인체는 1개의 관이다.

그 관 안에서 음식물을 분해한 뒤부터는 영양소의 양과 종류의 문제로 음식물과 건강을 논할 수 있다. 인체 내에서 영양소라는 말은 식도 이후 위장부터를 가리킨다. 영양소를 중심으로 하는 영양학은 소화기관 단계를 중시하는 것이라고 말할 수 있다. 하지만 관의 바깥에서는 이미 음식물이 선택되어 있다. 즉 우리가 선택한 것은 영양소가 아니라 식품이고, 요리이다.

어떤 음식물을 소화기관으로 보내기 위해 결정하는 요인은 영양학적 선택보다 사회 문화적 요인이나 개인의 기호가 강하게 작용한다. 제아무리 영양이 풍부한 음식이라도 그것이 사회 문화적으로 터부 대상일 경우 식용으로 나오지 않고, 음식의 카테고리에도 들어가지 않는다. 또 빈부격차 등으로 음식을 선택하는 범위가 달라지기도 한다. 음식의 색이나 외관, 요리를 담는 방법, 향 등에 따른 선택도 있다. 이 선택은 식욕에 영향을 주고, 음식이 소화기관에 보내지는 양과도 연관된다. 이것들이 관의 바깥에서 일어나는 사례들이다.

다음으로 관의 입구, 즉 입과 소화기관이다. 여기에서는 미각이나 온도 등에 따라 '맛있다, 맛없다'를 판단하고, 그에 따라 식도 이외의 기관에 들어가는 양을 좌우한다.

이러한 사회 문화적 선택과 감각기관에 의한 판단은 뇌에서 처리된다. 큰 의미에서 보면 정보가 관여하고 있는 것이다. 우리는 영양소를 먹는 것도 아니고 물체로서 음식물만 먹는 것도 아니다. 정보도 함께 먹고 있는 것이다. 영양소를 중점으로 하는 영양학은 식사에서 뇌의 움직임을 잊고 있다. 영양학을 실천하기 위해서는 대뇌를 대비한 학문으로써 탈피가 필요하다.

## 음식과 약

동양에서는 장어나 산마가 정력에 좋다고 말한다. 이처럼 특정 식물이 체력이나 정력에 효과가 있다는 신념은 모든 문화에 존재한다. 음식과 건강의 관계는 어느 민족에게나 잘 알려져 있지만, 그것이 체계적 지식으로까지 발전한 사례는 적다. 유럽의 의약학 체계, 인도 힌두교의 건강 관리 체계를 정리한 『아유르베다(Ayurveda)』의 의약학 체계, 중국의 본초학 등 과거에는 거대 문명 안에서만 성립되었다.

유럽에서는 허브와 향신료 등 약효를 지닌 식물을 이용하는 데서부터 약학 체계가 성립했다. 향기가 있는 식물은 약효가 있다고 생각하고, 약용 겸 요리용으로 사용되었다.

이들 식물의 약효는 히포크라테스 이후에 기록되었다. 근대 과학에 의해 많은 약품이 보급된 현재, 허브와 향신료는 요리용 재료로 여겨지고 있지만, 여전히 민간요법으로도 활용되고 있다. 허브라는 말에는 약초라는 의미도 있지만, 향신료의 어원은 라틴어 'spicies'에서 유래한 '종류(種類)'라는 의미로, 생물의 분류학에서 '종'을 가리키는 단어와 같았다. 후기 라틴어에서는 '약품'의 의미로 사용되었는데, 향신료는 약이기도 했다.

요리와 약의 처방은 밀접한 관계가 있다는 관념이 있다. 르네상스 이후 알프스 이북의 유럽에서는 각종 요리서가 나왔는데, 초기 요리서의 저자는 의사가 많았다. 요리법을 영어로 'recipe', 프랑스어로 'recette', 이탈리아어로 'ricetta'라고 하는데, 이 어원은 모두 약 처방전과 같은 말이다.

『아유르베다』에 정리된 인도 전통의 약학 체계에 따르면, 심신의 움직임이 평형상태를 이룰 때 인간은 건강하다고 한다. 평형상태가 깨지고 불균형이 될 때, 건강이 나빠지고 질병이 생긴다. 심선의 불균형 상태를 일으키는 인자는 식사, 행위(운동, 노동, 수면, 성교, 화, 공포 등), 환경(기후, 계절 등)이다. 이 불균형 상태부터 심신을 회복시키는 것은 식사요법에 있다고 여겨 모든 식품은 곡류, 두류, 육류 등의 카테고리로 분류되고, 이들 식품을 다시 유동성 음식과 고형 음식으로 나눈다. 한편 맛으로 분류하면 단맛, 신맛, 쓴맛, 매운맛, 짠맛, 떫은맛의 6미로 나눈다. 이와 같이 세분되어 모든 음식의 성질을 규정한다. 음식은 약리적 적용을 갖기 때문에 특정 음식을 과잉으로 섭취하는 것도 건강하지 않은 상태가 되는 원인이다.

식사, 행위, 환경이라는 3인자가 신체의 특정 부분에 축적되면 건강하지 않은 상태가 된다. 건강을 회복하기 위해서는 우선 그것에 효과가 있는 음식을 섭취해야 한다. 약초는 보조수단일 뿐 주역은 어디까지나 음식물이다. 이는 근대 과학과는 다르지만, 정교한 체계성을 가진 생리학, 의약학으로 정리되어 있다.

한편 중국에서 『주례(周禮)』에 식의(食醫) 제도가 있는 것으로 보아 고대부터 음식과 건강의 상관관계를 생각했다고 추정된다. 그 후 도교사상의 불로장생(不老長生)을 추구하는 것이 중요한 화두가 되었고, 그를 위해 식사 본연의 상태를 쓴 교전(敎典)이 많았다.

중국의 전통적 의약학 체계는 음양오행설(陰陽五行說)에 따라 구성되고, 그 철학에 따라 훌륭한 체계성을 이루었다. 하지만 그 철학의 짜임새가 강고해지기 위해 현상을 있는 그대로 관찰해 이론을 형성하지 않았다는 약점이 있다.

음양오행설은 오축(五畜), 오곡(五穀)으로 식품을 분류하고, 그것을 오장(五臟)이나 5개로 분류한 계절에 어떻게 대응하는지에 따라 어떤 음식물을 먹을 것인지, 어떤 병에는 어느 식품을 어느 정도 먹어야 할 것인지를 정했다. 이론적으로는 모든 물질에 약효가 있다고 생각했고, 그를 추구하기 위해 박물학적인 약학인 본초학(本草學)이 중국의 자연과학으로 발전했다. 1596년경 명대의 의약학자인 이시진(李時珍)은 『본초강목(本草綱目)』에 1,892종에 이르는 동식물, 광물을 계통적으로 분류하고, 각 성질과 산지, 인체에 어떠한 약리작용을 하는지에 관해 기재했다. 중국은 자연계 모든 산물을 약으로써 분류하고자 했다. 따라서 모든 음식은 약효를 가지므로 먹는 사람의 몸 상태에 맞춰 약을 배합하듯이 식품을 조합해 요리를 만들어야 했다. 이와 같은 중국의 식사 사상을 대표하는 말로 '의식동원(醫食同源)' '약식일여(藥醫一如)' 등이 있다.

하지만 중국의 약학 체계를 바탕으로 한 식사법이 어느 정도까지 철저한지는 다른 문제이다. 서민의 식사에는 오히려 미신적 신앙이 식품 선택에 영향을 주었지만, 어찌 되었든 중국에서는 식사를 통해 적극적인 건강을 개선하려는 지향성이 강했다. 그에 비해 일본에서는 에도시대에 중국 선인들의 학문 틀을 떠나 일본적 자연과학으로 본초학이 성립했다. 그러나 식품 약효를 통해 건강을 증진하려는 생각은 별로 하지 않았다. 이는 도교사상이 일본문화에 그다지 영향을 주지 않았고, 음양오행설도 체계적인 이론으로 침투하지 않은 것과 관련이 있다.

일본의 독자적인 본초학 성립에 공헌한 『야마토혼조(大和本草)』의 저자이자 중국의 약학의 영향을 받은 가이바라 에키켄(貝原益軒)의 『요조쿤(養生訓)』에는 "약을 먹는 것보다 식사를 통해 건강을 유지해야 한다"고 쓰여 있다.[1] 이는 중국의 '의식동원'과 통하지만, 적극적으로 약효가 있는 음식을 섭취하라는 지시는 없다. 음식, 성욕, 수면 등의 욕망을 억제하고 금욕하는 것에 따라 "원기를 없애지 않고, 병을 없애서 천년을 오래 견디자"고 주장했다. 이를 위해 담백한 것을 먹고, 진한 맛이나 기름진 것은 먹지 말고, "진미 음식을 접해도 8, 9할로 멈추라"는 음식에 대한 욕망을 줄이고 억제하라는 내용을 담고 있다.

일본에서는 병이나 허약 체질인 경우 자양이 있다고 믿는 음식을 먹는 정도일 뿐, 음식과 약은 별개의 것이었다. 네발 달린 짐승을 '약'으로 먹었다고 알려져 있지만, 이는 고기의 약리작용을 특정해서 먹기보다는 체력을 키우기 위한 자양 식품으로 섭취했다. 건강한 사람이 고기를 드러내고 먹는 것이 어려워 핑계로 '약'이라 부르는 경우도 있었다. 일본에서는 절제와 자양이 음식물과 몸의 관계에서 전통적 키워드였을 뿐, 적극적으로 음식물과 몸의 관계를 연구한 민속영양학은 출현하지 않았다.

---

1. 『요조쿤』(1712)은 에도시대에 베스트셀러가 될 정도로 많은 사람에게 읽혔고, 쾌락을 부정하고 금욕함으로써 건강을 지킨다는 사상은 일본인 건강 사상의 근간을 이루었다.

## 국가 학문으로서 의약학과 영양학

근대 사회가 출범하기 전까지 동서양을 불문하고 건강 관리는 개인적인 일이었다. 의약학, 식양생(食養生) 사상 등도 사회를 대상으로 하는 것이 아니라 개인 건강을 유지하기 위한 것이라는 차원에 머물러 있었고, 사회적 의료 활동 역시 빈민을 대상으로 한 권력자나 종교가의 자선사업이라는 성격에 멈추어 있었다.

유럽의 근대에서는 의학, 약학, 영양학은 과학적 논리에 바탕을 둔 보편성을 유지하는 한편, '국가의 학문'이라는 성격을 갖추면서 발전했다. 근대에 성립한 국민국가는 영주나 귀족 체제에 의존하지 않고 국민 한 사람 한 사람을 직접 국가가 통치하는 시스템이다. 이 같은 체제에서 국민은 국가의 중요한 자원이 된다. 국가는 국민에 대한 징세권을 갖는 반면, 병역의무를 부과함으로써 존립 기반을 갖게 되었다. 국가는 최대 재산인 인적 자원으로서 국민의 건강에 관여하는 권리와 의무가 있다는 이론을 내세우며, 국민의 건강에 깊은 관련이 있는 근대 의약학, 영양학 등을 국가 체제에 편입한 학문으로 발전시키며 사회적 영향력을 행사해왔다.

질병 예방을 둘러싸고 의료 활동의 사회화가 국가의 몫이 되면서 19세기 중기부터 유럽의 의학은 '국가의 학문'이 되었다. 의약이 개인 치료의 대상에서 사회 그 자체의 건강관리에도 책임을 갖게 되고, 예방의학, 공중위생 등 행정과 밀착한 의학 분야가 개척되어온 것이다.

일본에서도 메이지시대에 첫 국가 체제의 재편성과 함께 의사 자격이

면허제도가 되고, 의학이 국가의 관리로 귀속되었다. 한방의학을 국가에서 의학으로 인정할 것인지를 둘러싸고 일련의 논쟁이 있었지만, 결국은 서양 의학만 '국가의 학문'으로 채용되었다. 그 이유 가운데 하나는 한방의학이 '개인의 병만 고치는 것'이라서, 사회 위생의 의학적 성격이 결여되었다고 여겨졌기 때문이다. 근대 영양학이나 의학이 개인의 식사에도 발언권을 얻게 된 데는 이와 같은 배경에 깔려 있다.

1897년 간행된 『위생신편(衛生新編)』에서 모리린 다로(森林太郞)는 "자양(滋養)이라는 말은 비과학적이고, 학술 용어로 영양(榮養)이라는 단어를 채용할 것"을 논증했다. 병참 군의였고, 나중에 군의총감이 된 모리린 다로가 근대 영양학의 소개자였다는 사실은 '국가의 학문'으로 영양학을 상징한다.

과거 일본에서 영양학의 최대 과제는 각기병(脚氣病)의 극복이었다. 각기와 식생활의 관계에 관해서 가장 열심히 연구한 곳이 육해군이었던 것을 생각해보면, 영양학은 '부국강병(富國強兵)'을 목표로 한 국가 학문이라고 할 수 있다.

### 문화를 갖춘 영양학

국민의 영양 상태는 국가가 관리해야 한다는 사상을 바탕으로, 근대 영양학의 사회적 적용이 이루어졌다. 그것을 단적으로 상징하는 것이 국가적 사업으로 행해진 '영양 소요량'의 책정이다.

　국민에게 필요한 '영양 소요량'에 적힌 영양의 종류와 그 수치는, 그 시대 영양학의 진보 단계와 국가의 경제 상태와 사람들의 생활양식을 반영해 변동한다. 예를 들어 2차 세계대전 중 일본의 '영양 소요량'은 국민이 섭취하는 것을 바라는 수치를 적은 것이 아니고, 전시 경제 속에서 섭취해야 하는 영양소의 최저 가이드라인을 산정한 것이었다. 한편 '포식의 시대'가 되어 사람들의 육체 노동량이 경감한 현대에는 과잉영양을 방지하는 것을 소요량 산정에 고려하지 않으면 안 되게 되었다.

　이처럼 국가 상태에 맞춰 국민을 연령, 성별, 육체 활동 정도에 따라 몇 개의 집단 모형으로 나누어 산출한 평균치인 '국민'의 영양 소요량과 '개인'의 영양 소요량은 다르다. 그것은 국가의 학문과 개인의 식생활의 차이라고도 할 수 있다. 음식물과 몸에 관한 여러 분야의 영역을 생각해 보자. 그림 1과 2는 의학박사 도요카와 히로유키(豊川裕之)가 작성한 것으로, 두 그림 모두 가로축은 효소에서 국가에 이르기까지의 분포도를 지표로 한 것이다. 그림 1은 의학 관계의 영역을 나타내는 것이고, 그림 2는 그에 대응시켜 물체로서 인체를 둘러싸고 있는 음식이나 영양소 등을 카테고리로 분류한 것이다.

　그림 2의 '식료' 단계에 대응하는 의학 분야는 공중위생학, 공중영양학이고, 영양 소요량은 이 영역에 포함된다. 다른 학문 분야에서는 식료 생산과 관계있는 농학의 여러 분야와 무역 등을 둘러싼 경제학적 영역이다. 그림 2의 '식품' 단계에 관련된 영역에는 경제와 관계된 것 이외에, 식

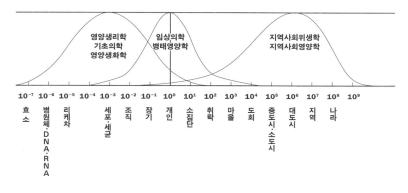

그림 1. 의학의 기능 영역
출처: 도요카와 히로유키, 「영양역학의 전략」, 『공중위생』 vol 49, No.2, 1985, 76~80쪽

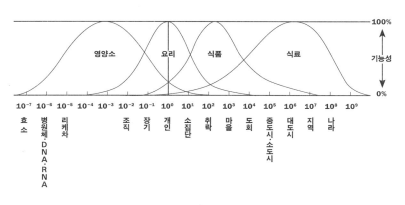

그림 2. 네 가지 요소로 본 영양학 이론 체계의 기능 영역
출처: 그림 1과 동일

품가공에 관한 과학이 자리하고 있다. 식품산업을 통해 완전조리 식품이나 반조리 식품의 공급이 많아지고 식품과 요리에 접근하는 경향이 뚜렷해졌다. 그림 2의 '영양소' 단계는 기초의학, 영양생리학, 영양생화학의 영역과 그 응용으로서 영양학이 포괄하는 분야이다. 화학물질인 영양소는 신체와 보편적인 인체생리와의 관계에서 추구되는 것으로, 개인이나 가정의 식생활 문제와는 기본적으로는 다르다.

단, '식품'과 '요리'를 포함한 영양소의 평가를 둘러싸고, 영양학적 응용이 실천되어온 경위도 있어 영양소 중심주의의 영양사상은 오늘날에도 강하다. 이와 같은 논의에서는 인간이 '요리'와 '식품'을 먹는다는 것을 잊고, '영양소'를 먹는 것으로 간주하는 입장이 되기 쉽다. 또한 '식량' 단계에서는 '식품정책'이 국가의 존립기반과 관계가 있다는 사실에서 알 수 있듯이, 국가의 학문 성격이 강한 반면, 개인이나 가정의 식생활에서는 거리가 멀다. 다시 말해 우리가 먹는 것은 '영양학'이나 '식품'이 아니다. 또 '식품 성분표'에 적힌 영양을 그대로 먹는 것도 아니다. 우리가 먹고 있는 것은 '요리'와 '식품'이다.

식문화의 핵심은 가정의 부엌이나 식탁에 있다. 가정이나 개인 수준에서 먹는 '요리'나 '식품'과 몸과의 관계 고찰은 식문화에서 중요하지만, 국가의 학문적 경향의 기존 연구에서는 방법론적으로도 확립되어 있지 않은 분야이다. 또 우리가 먹고 있는 것은 인체를 유지하는 영양을 포함하는 음식만이 아니다. 앞에서 말한 바와 같이 인간은 정보를 먹고 있다.

식품을 선택하는 데 영양소가 있느냐 없느냐는 가치 기준 이외에, 식품에 관련된 '식도 이전 단계'에 있는 정보가 무엇을 먹을지에 크게 영향을 주고 있다. 예를 들어, 풍족한 식생활을 영위할 수 있게 된 오늘날 '맛있다'는 정보는 꼭 필요한 것이 되었다. 학교나 병원 급식의 경우, 영양소 중심주의와 작업의 합리화를 축으로 만들어졌다는 점을 부정할 수 없지만, 이제는 '맛있다'는 정보가 음식의 중요한 부분이 되었고, 담기의 미학까지 고려하지 않으면 사람들에게 환영받지 못하게 되었다.

### 개인을 대상으로 하는 영양학

음식에 관한 정보가 어떤 문화적 배경을 이루는지 확인하는 자세가 중요하다. 영양소를 표준으로 논의하자면, 무엇이든 영양가 있는 음식을 먹으면 좋다. 하지만 음식을 영양 가치 기준만으로 선택하는 안일한 방법을 취할 때는 그 결과가 사회적 문제까지 일으킬 수 있다는 사실을 알아야 한다.

예를 들어 1945~1955년대 일본에서는 '단백질이 부족하다'는 문구와 함께 고기와 유제품, 유지를 많이 먹고 빵을 먹자는 주장이 있었다. 당시 국민의 영양 상태를 고려하면 꼭 필요한 주장이었을지도 모른다. 하지만 고기, 유제품, 유지, 빵의 추천은 일본인의 전통적 식사문화에 바탕을 두기보다 서양의 식사를 모델로 한 영양학적 인간상을 설정한 경향이 엿보인다. 이 전통적인 식사문화가 부족한 영양소는 '식사의 서양화'를 초래

했고, 그 결과 쌀이 남아도는 현상이 일어났다. 또한 과잉영양으로 국가는 쌀을 주체로 하는 식생활을 제창하지 않으면 안 되게 되었다.

정보가 있는 가치관을 획득하고 특정 음식이나 식사 방식에 관한 관념이 성립했다. 돼지를 더러운 동물로 여겨 식용하지 않고, 단식월 점심에 음식을 금하는 이슬람교도의 식생활이 그 사례이다. 비합리적이라 해도 각 민족이나 집단, 혹은 개인의 식사와 음식에 대한 관념이나 관행을 무시한 영양학의 실천은 불가능할 것이다.

음식에 대한 기대는 사회 상태에 따라 변화한다. 2차 세계대전 이후 일본에서 나타난 음식에 대한 요구의 변천을 살펴보면, 식량난 시대에는 무엇보다 양이 최대의 문제였다. 기아의 공포를 벗어난 뒤에는 영양 있는 음식이 좋은 음식이었고, 경제성장기에는 인스턴트 식품의 증가에서 알 수 있듯이 조리가 간단한 음식을 찾게 되었다. 경제적으로 풍요로워지자 식도락처럼 맛을 추구하는 한편 건강식품 붐이 일어나 몸에 좋은 음식에 대한 욕구가 두드러졌다.

이것은 일본뿐 아니라 다른 나라에서도 비슷한 경향을 나타내고 있어, 역사적인 현상으로 볼 수 있다. 단, 사회 전체가 이 같은 절차를 밟는 것은 곤란한 데다 역사적으로 일반 사람이 배불리 먹기를 희망하는 단계 이상은 좀처럼 벗어날 수 없었다. 중국에서도 불로장생을 달성한다고 믿어온 식생활을 실현할 수 있는 사람은 일부 부자로 한정되었다.

현대 사회에서 맛의 추구는 성인병(생활습관병)으로 연결된다. 국가의 학문인 영양학과 의학의 관점에서 보면 절제하지 않아 건강이 악화하는 것은 자업자득으로 정리된다. 이는 쾌락을 추구하면 천벌을 받는다는 종교적 사상과도 통한다. 현대 사회는 과학이 종교에 의해 변하는 역할을 한다. 그에 따라 징벌 의학이라고도 할 수 있는 사상이 있다는 것을 부정할 수 없다.

하지만 인간이 무엇을 위해 사는지를 고려할 필요가 있다. 국민을 인적자원으로 보고 건강관리를 추구하는 국가의 입장에서는 탐식과 미식이 악(惡)이지만, 개인에게는 현세적 쾌락을 내맡기는 것도 삶의 방법 중 하나이다. '살기 위해서 먹는다'가 아니라 예전의 수단이 목적화되어 '먹기 위해서 산다'는 인간도 출현했다.

쾌락을 추구해 빨리 죽거나 절제해 오래 사는 것은 개인 철학의 문제이고, 의학이나 영양학이 미치지 않는 영역일지도 모른다. 이때 자기 삶의 방식을 정하는 개인이 무지해서는 안 된다. 의학이나 영양학의 개인적 수준에서 바른 지식의 보급이 중요하다. 그것은 건강식품의 선택에서도 마찬가지이다. 국가 수준의 학문만이 아니라 개인의 개성과 신체적 조건을 대상으로 음식과 몸에 관한 지식, 개인 문제로서의 식생활 안내가 필요하다.

영양사는 국가가 정한 영양지도자이다. 그들의 역할은 학교나 병원 등의 단체급식 장소에서 영양을 관리한다. 집단을 대상으로 하기 때문에 음식에 대한 개인적 차이는 무시되기 쉽다. 그러나 그것을 먹는 개인은 신체적 차이를 갖고, 문화적으로 형성된 음식에 대한 독자의 가치관(예를 들어 기호 등)을 따로 하는 사람들이다. 의사는 환자의 직업, 가족 구성, 체질, 병력, 경제상태 등을 숙지하고 환자의 처치나 건강유지를 위한 조언을 한다. 그와 마찬가지로 앞으로의 영양학은 집단이 아니라 개인을 대상으로 하는 컨설턴트가 필요하다.

음식에 대한 가족이나 개인의 차이는 타고난 신체적 차이 이외에 개인 문화 또는 각 가정문화에 영향을 받는다. 머잖아 가족이나 개인의 개별 사정을 인지하고 식사 상담을 해주는 전속 영양사가 필요하리라 생각한다. 그것은 국가의 학문이었던 영양학의 대상을 집단에서 개인으로 돌리는 것이라 할 수 있다.

문화라고 꼭 합리적인 것은 아니다. 하지만 현실의 식생활에서 규정하고 있는 것은 영양소 중심주의가 아니라 역사적으로 형성된 식문화이다. 이제는 문화를 담은 영양학, 개인과 가정을 배려한 영양학의 발달이 필요한 시점이다.

# 악식과 터부

## 사반나의 마을에서

1967년부터 1년 동안 필자는 탄자니아 에야시호 부근의 사반나 지대에 위치한 망골라 마을에서 민족학 조사를 한 적이 있다. 마을이라고 해도 그 크기는 일본의 가나가와현 정도로 넓은 지역이었다. 그곳에는 수렵·채집민 하드자족, 목축민 다토가(Datoga)족, 반농반목민 이라쿠(Iraqw)족, 농경민 스와힐리(Swahili)족이라는 네 가지 생활양식을 지닌 부족들이 살고 있었다.[i] 이들 각 식생활에 나타난 터부 관행과 다른 민족의 관점에서는 '이상한 식습관'으로 보이는 내용을 간략하게 기술해보자.

하드자족은 나무 열매나 야생 식물의 뿌리, 줄기를 채집하고 남성들이 활과 화살로 수렵을 해서 식생활을 영위한다. 영양 같은 큰 동물의 고기는 성인 남성들만 먹을 수 있는 부위가 있는데, '신의 고기'라고 부르는 심장, 가슴 일부, 어깨, 목 부위, 내장 일부는 남자들만 먹을 수 있었다. 동물의 뇌는 그 동물을 쓰러트린 남자만 먹는 부위로 여겨졌다. 그 이유는 수렵 주술로 설명할 수 있는데, 뇌를 먹는 남자는 그 동물과 이어져 수렵할 때 그 동물을 잘 발견한다고 믿는다.[ii]

하드자족이 수렵 동물을 식량으로 나누는 규칙은 동물의 크기에 따라 달랐다. 작은 동물은 남자와 여자가 먹을 수 있는 부위를 구분하지 않왔다. 이때는 그 동물을 잡은 사람의 가족들만 그 동물을 먹었다. 그러나 큰 동물은 달랐다. 몇 가족이 모여 형성된 부족의 전원이 나누어 먹었다. 단, 앞에서 설명한 대로 '신의 고기'는 남자만 먹을 수 있었다. 이와 같은 터부에는 수렵 의례로서의 성격도 있다.

하드자족의 조미료는 소금호수인 에야시호에서 채집한 소금 결정이다. 그 외에 동물의 내장 분비물을 구운 고기에 발라 먹거나, 고기 삶는 냄비에 넣을 때도 있다. 이 경우 대변 냄새와 담즙의 강한 쓴맛 때문에 망골라 마을의 다른 민족들은 이 음식을 악식(惡食)이라고 말하지만, 하드자족은 아주 좋아하는 맛이다.

동물 내장의 분비물을 진미로 생각하는 사람들은 일본에도 있다. 도호쿠 지방의 산지에 '마다키'라 불리는 수렵민들이 있는데, 이들은 영양의 소장에 든 내용물을 '청영양의 똥'이라고 부르며 여기에 소금을 묻혀서 먹거나, 누룩을 넣어서 젓갈로 만들거나, 냄비 요리의 조미료로 사용한다. 산토끼의 내장 분비물도 마찬가지로 식용되고 있다.(iii)

소를 중요한 가축으로 방목하는 목축민 다토가족과, 옥수수를 주작물로 하는 농경과 소의 방목을 겸하는 반농반목민 이라쿠족에게는 생선이 터부이다. 세계의 많은 유목민은 생선을 먹지 않는 풍습이 있다. 이동성 높은 방목은 건조 지대 초원이나 사반나에 적응하는 생활양식이다. 생선잡이에 유리한 해안, 큰 강의 강가, 습지 등 생선잡기에 적합한 환경은 방목에 적합하지 않으므로, 유목민들이 생선잡이에 힘을 기울이지 않는 것은 당연하다고 볼 수 있다. 그러나 유목민이 생선을 안 먹는 풍습의 기원을 명확히 증명하는 내용은 없다.

목축민인 다토가족은 소고기를 구워 먹지 않고 삶아 먹는다. 같은 목축민인 마사이족과 다른 요리법을 사용한다. 마사이족과의 싸움에서 패해 망골라 마을로 이주해온 다토가족은 마사이족과 역사적으로 적대 관계에 있다. 한편 고기를 구워 먹는 마사이족은 고기를 삶아 먹는 것은 여자들이 먹는 방법이라고 여겼다. 여자의 요리법은 집 안에서 이루어진 데 비해 남자의 요리법인 구이는 여자들과 떨어진 야외에서 이루어졌다. 이처럼 고기 요리법을 두고 부족과 성별에 따라 요리법과 식사 장소의 차이가 나타난다.

스와힐리로 불리는 농경민 중에서 이슬람교도들은 돼지고기를 먹지 않는다. 밭을 망치는 산돼지를 잡아도 돼지의 일종이라는 이유로 먹지 않는다. 식용 가능한 조수류는 기도를 한 뒤 칼로 단숨에 목을 베어 피를 뽑는 것으로 한정한다. 또한 이슬람력의 9월 단식월에 성인은 낮 동안 음식을 먹지 않는다. 하드자족은 뱀을 식용하기도 하지만, 스와힐리족은 뱀이 증오심을 불러오는 동물이라는 이유로 악식으로 여긴다.

이처럼 같은 환경에 살아도 소속된 집단의 문화에 따라 특정 식품이나 요리법에 대한 기피와 터부가 관찰되었다. 민족이나 종교의 차이에 따라 인체에 유해하지 않은 것도 먹고 마시는 일을 기피하는 터부가 존재한다.

## 인류사에서

### 문화로서의 기호

동물성 음식에 의존하는 육식성 동물, 식물성 식품에 한정하는 식성을 갖는 초식 동물 등 생물의 대부분은 편식을 한다. 뽕잎만 먹는 누에처럼 편식이 철저한 생물도 있다. 그에 비해 영장류 대부분은 잡식성이고, 인류의 선조도 잡식성이었다. 인류가 되고 나서 편식에서 잡식으로 이행한 것이 아니라 원래 잡식을 하는 동물이 진화해 인류라는 종이 성립된 것이다.[iv]

대형 유인원은 여러 가지를 먹고 싶다는 욕구가 있어 같은 것만 먹는 것을 견디지 못했는데,[v] 인류의 선조도 마찬가지 습성을 가지고 있었다. 인류는 점차 새로운 식품이나 먹는 방법을 개발했다. 그것이 요리법이다.

인류는 '요리하는 동물'이다. 인류 이외의 영장류도 견과를 두들겨 깨거나 식물을 씻는 등 요리의 기초적 행동을 하는 것이 관찰된다. '도구를 쓰는 동물'인 인류는 여러 가지 도구와 사용 기술을 습득하면서 식료품의 종류를 늘려갔다. 불을 이용해 식료품을 가열함으로써 그대로 먹을 수 없는 재료를 먹을 수 있게 했고, 부패의 진행을 멈추고 살균함으로써 더 안전하게 먹을 수 있게 했다. 열을 이용한 조리로 인류의 식량자원이 비약적으로 확대된 것이다.

신석기시대에 농경과 목축이 시작되면서 인류는 '먹을 것을 생산하는 동물'이 되었다. 그로 인해 식생활의 계획적 디자인이 가능해진 한편, 특정 작물이나 가축을 식용으로 수렴하는 방향으로 향하게 되었다. 지역에서 생산되는 주요 식료품을 중심으로 요리 체계가 형성되고, 문화에 따라 다른 미각의 가치관이 발달해온 것이다.

전 지구적 물류가 이뤄지면서 현대의 인류는 다른 환경에서 생산된 식료품을 이용할 수 있게 되고, 이문화 간 요리 기술의 교류가 활발해졌다. 하지만 특정 재료와 요리법을 싫어하거나 먹는 것을 거부하는 관행이 존재한다. 개인 수준에서는 기호 문제이지만, 문화를 공유하는 사람들의 집단 수준에서는 식용을 기피하는 것을 '음식 터부'라고 한다. 음식 터부란 '먹어보지 않고 싫어하는 것'을 가리킨다.

### 미각의 기호

맛이나 냄새는 음식이 발신하는 신호이다. 생리학적으로 단맛은 당분을 의미하며, 짠맛은 나트륨이나 염소, 감칠맛은 각종 아미노산의 존재를 나타낸다. 이처럼 미각은 인체에 필요한 영양소를 나타내는 신호이다. 썩은 냄새나 끈적끈적한 식감은 부패의 신호이다. 음식에 관한 후각이나 질감의 의미도 생리학에서 설명된 것이 많은데, 인류가 신호를 읽어내는 것은 필요한 영양을 안전하게 섭취할 수 있는 능력을 지녔음을 가리킨다.

'요리하는 동물'이 된 인류는 신호를 조작하게 되었다. 요리하는 데 따라 자연의 상태와는 다른 맛이나 질감을 창조할 수 있게 되었다. 맛이나 냄새가 다른 여러 가지 재료를 함께 요리함으로써 제3의 맛을 만들어내거나,

신호만으로 특화된 조미료와 향신료를 주재료에 추가하는 것이다.

인체가 요구하는 영양소를 갖추고 있으므로 맛있다는 생리학적 합리주의만으로 미각에 관한 기호를 설명할 수는 없다. 요리에서 맛있다는 것은 복잡한 신호조작 기술의 산물이다. 요리를 즐기는 것은 영양보다는 신호 자체를 즐기는 경우가 많다.

맛있다는 기호는 학습에 의해 획득된다. 갓난아기도 당분이 있는 단맛을 좋아하고 쓴맛이나 신맛에는 거부 반응을 보인다. 그것은 생리학적 수준에서의 음식 선택이다. 그러나 나이가 들고 여러 가지 미각을 경험하면서 '맛'을 찾아간다. '학습되어 몸에 익힌다'는 문학의 고전적인 정의에 따르면, 개인이 지닌 맛의 기호나 음식 선택에 관한 것들은 대부분 문화적으로 형성되었다.

## 음식 선택의 집단 단위

알레르기 체질인 사람이 특정 음식을 거부하듯이, 생리학적 요인은 음식 선택에서 당연히 중요한 역할을 지닌다. 이가 나지 않는 어린이나 이가 없는 노인은 딱딱한 음식을 먹을 수 없지만, 일반적으로 남성이 알코올에 대한 내성이 강하다고 하듯이, 연령 차이나 성별 차이도 음식 선택과 관계가 있다.

생물로서 인간의 음식 선택에 관여되는 요인으로 인종 차이가 있다. 유전적 요인으로 인종 차이를 보여주는 사례 가운데 하나가 유당불내증

(乳糖不耐症)이다. 젖이나 유제품에 함유된 유당을 분해하는 효소의 주요 성분인 락타아제(lactase) 분비량이 적으면 유제품에 설사를 일으킨다. 어른이 되면 대량의 우유나 유제품을 소화하기 어려운데, 북서유럽이나 아프리카에는 어른이 되어서도 유당을 소화할 수 있는 사람들이 있다. 유아 때는 모유를 소화하기 위해 유당분해 효소가 분비된다. 하지만 젖을 떼는 나이가 되면, 유당분해 효소의 분비가 멈춘다. 가축의 젖을 대량으로 마시는 지역 사람들은 성인이 되어서도 유당분해 효소를 만드는 체질의 유전자를 획득하고 있는 것이다.[vi]

하지만 인종 차이와 공통 유전자를 가진 집단의 차이가 음식 선택에서 결정요인이 되는 것은 매우 드문 일이다. 인종 차이는 피부나 머리카락 색깔처럼 외관의 차이가 두드러지지만, 인체 내부의 메커니즘에서는 인종 차이가 거의 없다. 생리학적으로 어떤 인종은 식용할 수 있고, 어떤 인종은 식용할 수 없는 음식은 거의 존재하지 않는다.

특정 집단을 특징짓는 음식 선택의 공통점은 그 집단의 거주환경에서 얻은 자원과 집단의 문화에 따라 규정되었다. 인류의 보편적 사회 집단의 최소 단위는 가족이고, 가족은 먹는 일을 함께하는 집단이다. 어린이들은 가정 요리를 통해 여러 가지 맛을 체험하면서 좋아하는 맛과 싫어하는 맛 등 미각에 관한 사회적 규범을 학습한다. 좋아하는 음식의 종류와 맛의 신호조작이 가정마다 묘하게 다르기 때문에 '어머니의 맛'이 성립한다.

같은 지역 사람에게서 공통문화로 나타나는 것이 사투리이다. 같은 자연환경의 산물을 식량자원으로 가진 사람들은 공통의 식문화가 성립한다. 그것이 '향토 요리'에서의 음식 선택이다.

더 상위 수준은 음식이나 식사에 대한 공통의 가치관, 즉 식문화의 공통성을 나타내는 최대 범위의 집단이 민족이다. 따라서 세계적인 규모에서 음식 선택을 비교할 때의 단위는 인종이 아니고 민족이다. 불교, 이슬람교도 등 세계 종교의 계율에 연관된 음식 터부는 민족을 넘어서 존재한다. 인류 공통의 음식 터부로 되어 있는 것이 인육식(人肉食)이다. 동종을 먹는 것은 종의 멸망으로 이어지는 행위이다. 이를 회피하는 것은 인간뿐 아니라 생물 일반에서도 해당한다. 하지만 인류 보편의 터부인 인육식의 기피조차도 때로는 동종포식(cannibalism)이라는 관행으로 깨지기도 한다. 이를 통해 우리는 깨지지 않는 터부는 없다는 사실을 확인하게 된다.

## 음식 터부를 둘러싸고

### 악식과 터부

네오포비아(neophobia)라는 말이 있다. 익숙한 것을 좋아하고, 새로운 것을 싫어하거나 공포심을 갖는다. 특히 음식에 대해서는 어느 민족이나 보수적으로 네오포비아의 경향이 현저하다. 각자 식문화의 전통 규범에서 벗어난 음식을 입에 대는 것을 거부하고, 남다른 것을 먹는 사람을

'별난 사람' '색다른 사람'으로 구분한다. 자기가 속한 식문화의 음식에서 이탈한 음식을 먹는 것을 '악식'으로 여긴다. 개인적인 취향으로 별난 것을 먹는 것은 악식이지만, 사회적 수준에서 다른 문화의 음식을 싫어하고 배제하는 것은 '터부'이다. 음식 터부의 기준에서 그 음식을 먹는 다른 문화의 사람들을 악식이라고 차별한다.

악식과 음식의 터부의 사이에는 여러 가지 단계가 존재한다. 예를 들어, 포유류의 육식을 터부로 한 일본에서는 고기만이 아니고 내장도 먹지 않았다. 메이지시대가 되어 육식 터부가 해금되었어도 내장을 먹는 것은 보급되지 않았다. 일본에서 호르몬구이, 곱창구이집이 유행하게 된 것은 1950년경이었는데, 처음에는 그런 음식점에 드나드는 사람을 악식으로 보는 경향이 있었다. 이는 터부가 감소하는 과정에서 악식이 자리하게 된 것이다. 닭고기 역시 마찬가지이다. 일본에서는 에도시대부터 닭고기를 먹었지만 지금도 닭발이나 볏은 먹지 않는다.

프랑스나 이탈리아에서는 예전부터 개구리 요리를 먹었지만, 같은 기독교문화권인 미국에서는 이를 악식으로 여기고 프랑스 사람을 '개구리 먹는 인종'이라고 천대했다. 중국의 벼농사 지대에서도 개구리를 먹었다. 하지만 개구리를 잡기 쉬운 벼농사 문화권인 일본에서는 개구리를 악식으로 여겼다.

음식 터부라는 말은 말 그대로 특정 음식을 기피하는 것이다. 그뿐만 아니라 문화적으로 식용이 허용된 식재라도 기피하는 요리법이나 식사법이 있는데, 이 역시 음식 터부라고 부른다. 앞에서 말한 다토가족과 마사이족의 소고기 요리법이 그 예이다. 우유와 고기를 함께 요리하는 것은 유대교의 터부이다. 일반적으로 유럽이나 중국에서는 날달걀을 먹는 데 혐오감을 나타냈다. 한편 중국 남부와 동남아시아에서는 부화 직전의 병아리가 든 달걀을 가열해 먹는 습관이 있었다. 일찍이 가톨릭은 사순절에 육식을 금했고, 어린아이와 임신 중인 여성은 고기를 기피해야 할 음식으로 여겼다. 마찬가지로 시기와 나이, 성별, 행사와 관련해서 추천하는 음식, 금지하는 음식들이 있었다. 하지만 어떤 것이 음식 터부이고, 어떤 것이 악식인지 분명하게 범주를 구분하는 학문적 기준은 없다.

### 음식 터부와 종교

개인에게 악식은 '괴상한 음식을 먹는 이'로 비난받아도 처벌받는 일이 없다. 악식이 원인이 되어 신체 이상을 일으켜도, 그것은 개인이 책임져야 하는 일이었다. 사회적으로 공유된 금지사항인 터부는 그것을 범한 사람이 화를 입을 뿐 당사자 이외의 사람이나 그 사람이 소속된 사회에도 화를 미칠 가능성이 있는 금기이다. 제도화되어 법적으로 금지된 터부를 범할 때는 법에 따라 처벌을 받는다. 인간에 의한 처벌 이외에 종교와 관련된 초자연적인 힘에 의해 처형된다고 믿는 금기가 많다. 신불에게 벌을 받거나 재앙 때문에 터부를 지키게 되는 것이다.

음식 터부에는 종교와 관계된 것이 많다. 식사와 종교가 밀접한 관계를 지녀왔기 때문이다. 이는 인간이 식사를 함께 먹는 것을 원칙으로 하는 것과 관계가 있다. 제한된 음식을 나누어서 함께 먹을 때, 힘이 센 사람이 독차지할 수 없도록 식사의 질서를 지키는 규칙이 필요한데, 그 규칙이 식사예법의 원점이다. 때로는 식탁에 함께 앉지 않는 존재에게도 분배한다. 식사의 배후에는 선조와 신불이 있다. 기독교도나 이슬람교도는 식사 전에 기도를 하듯이, 식사의 질서는 눈에 보이지 않는 선조의 영혼이나 신 등의 초자연적인 힘에 따라 유지되어왔다. 그를 바탕으로 먹을 수 있는 음식과 입에 넣지 말아야 할 음식은 신의 뜻에 따라 정한 것이라는 관념이 발달했다. 그리고 음식 터부를 범한 사람은 신으로부터 징벌을 받는다고 여겼다.

종교 자체에 음식 터부의 기원이 있었던 것이 아니라 이미 존재하고 있던 금지사항이 특정 종교와 결합하면서 터부가 강화되었다고 생각한다. 음식 터부는 종교적 권위를 갖는 계율이나 성전에 쓰여 있는 것이 아니라 신도들 사이에서 보편화한 것이다. 예를 들어 유대교도와 이슬람교도는 돼지고기와 피를 마시는 것을 금하고 있는데, 이 두 종교가 성전으로 여기는 구약성서에 그 바탕이 있다. 유대교의 음식 터부로는 비늘 없는 생선을 먹지 않고, 고기와 우유를 함께 요리하거나 한 번의 식사에 고기와 우유, 유제품을 함께 먹으면 안 된다. 이는 구약성서에 그 근거가 있다.

브라만 계급의 열성 힌두교도 중에는 채식주의자가 많은데, 고대 인도의 신성한 법률인 『마누법전』에 동물을 죽여서 육식하는 것을 금지한

데 그 바탕이 있다. 힌두교의 일파로 성립된 불교에도 살생계가 이어져서 성직자는 육식이나 어식이 금지되어 있다.

불교권 중에서도 육식의 기피가 가장 심한 곳이 일본이다. 765년, 천무천왕이 음력 4월 1일부터 9월 30일 사이에는 소, 말, 개, 원숭이, 닭의 식용을 금지하는 최초의 육식금지령을 내렸다. 이후 13세기에 이르기까지 육식금지령을 몇 번이나 내렸다는 것은 사람들이 고기 맛을 잊지 못했다는 것을 말해준다.

10세기가 되어 승려, 귀족, 도시민 사이에 포유류 고기와 닭고기를 먹는 것을 죄악시하는 관념이 퍼졌다. 윤회전생의 개념이 시골에까지 보급되어 고기를 먹으면 사후에 그 동물로 다시 태어난다고 여겼다. 육식을 하면 재앙이 생긴다는 믿음이 신도의 부정(不淨) 개념과 결합하면서 육식 기피가 진행되었다. 들짐승과 들새는 금지에서 제외되었지만, 일반 서민이 수렵으로 고기를 얻을 기회는 아주 적었다.

일반적으로 음식 터부에 포함되는 식품에는 동물성 식품이 많다. 식물에는 독이 있는 것이 있지만, 곤충, 조류, 포유류 등 동물성 고기는 몇몇 어류, 조개류만 제외하면 거의 식용으로 쓸 수 있었다. 또 동물성 식품은 단백질이 많고 영양이 높은 데다 맛있다. 그래서 세계의 많은 민족은 식물성 식품보다 동물성 식품을 고급으로 여겼다. 음식 터부를 보면, 인간에게 가치가 높은 식료 가운데 특정 종류가 전면적으로 식용 금지되거나 특정 기간 중 섭취를 금하는 대상으로 선택되었다. 이를 통해 터부의 역할이 사회적 규제라는 것을 알 수 있다.

동물은 식물에 비해 인간과 심리적 거리가 가까운 존재이다. 식물보다는 동물에게 감정 이입이 쉽고, 좋아하는 동물과 싫어하는 동물을 구별한다. 많은 동물이 가축화되면서 애완동물이나 일하는 동물이 되었다. 이처럼 인간과 함께 살거나 인간의 노동을 도와주는 동물에 특별한 감정을 갖기 쉽고, 이것이 터부의 원인이 된다. 애완동물을 식용하지 않는 문화가 그 대표적인 예이다.

인간과 거리가 가까운 포유류, 특히 가축을 죽이는 것은 떳떳하지 못하다는 감정을 만들어냈다. 그 때문에 종교를 핑계로 터부가 생기거나 도살할 때 의례를 지낸다. 가축이라는 생활의식이 결여된 일본에서는 소와 말을 무리로 사육하지 않고, 농가에서 한두 마리 키울 뿐이다. 한 마리씩 이름을 붙여 키우며 가족의 일원에 가깝게 취급하다 보니 애완동물에 가까운 존재가 되었다.

곤충은 새와 동물에 비해 형태나 생태가 인간과는 멀기 때문에 감정을 이입하기 어렵다. 그러나 영양원으로 삼기 위해 한 번에 많은 양의 확보가 곤란하므로, 일반적으로 식량자원이 되기 어렵다. 세계 각지에서 곤충식을 하는데, 이는 악식으로는 간주하지만 터부로 여기는 일은 적다. 곤충에 대한 터부는 구약성서 「레위기」에 나와 있다.

## 음식 터부의 해석 이론

유대교와 이슬람교의 돼지고기 터부와 관련해서는 구약성서 「레위기」(11장 1~8절)에 다음과 같이 쓰여 있다.

"여호와께서 모세와 아론에게 이르시되, 너희는 이스라엘 자손들에게 이렇게 일러라. '땅 위에 사는 모든 짐승 가운데 너희가 먹을 수 있는 동물은 이런 것들이다. 짐승 가운데 굽이 갈라지고 그 틈이 벌어져 있으며 새김질하는 것은 모두 너희가 먹을 수 있다. 그러나 새김질하거나 굽이 갈라졌더라도 이런 것들은 먹어서는 안 된다. 낙타는 새김질은 하지만 굽이 갈라지지 않았으므로 너희에게 부정한 것이다. 오소리도 새김질은 하지만 굽이 갈라지지 않았으므로 너희에게 부정한 것이다. 토끼도 새김질은 하지만 굽이 갈라지지 않았으므로 너희에게 부정한 것이다. 돼지는 굽이 갈라지고 그 틈이 벌어져 있지만 새김질을 하지 않으므로 너희에게 부정한 것이다. 너희는 이런 짐승의 고기를 먹어서도 안 되고, 그 주검에 몸이 닿아서도 안 된다. 그것들은 너희에게 부정한 것이다."(vii)

왜 신의 이름으로 이와 같은 계율을 만들었을까? 그 기원을 놓고 중세 이래 신학자들이 고민해왔다. 사회인류학자인 에드먼드 리치(Edmund Leach)는 터부의 기원과 관련해 "A와 B, 2개의 대립한 카테고리가 존재할 AB 쌍방의 속성을 공유하는 경계영역에 있는 제3의 카테고리를 C라 하고, 이를 터부로 여긴다"는 일반 이론을 내놓았다. 인류학자 메리 더글러스(Mary Douglas)는 리치의 이론을 음식 터부에 적용해 해석했다.

구약시대의 유대인들은 목축민이었다. 이들이 식용으로 하는 소, 양, 염소는 반추(反芻) 동물로, 발굽이 갈라져 있는 우제(偶蹄)류 가축이다. 그것들은 신과 사람과의 계약 중에 포함되어 있어 신의 축복을 받은 청정한 가축으로 여겨졌다. 그러나 반추 동물이라도 발굽이 갈라지지 않은 동물이나 발굽이 갈라져도 반추 동물이 아닌 동물은 터부가 있는 경계 영역에 소속되었다.

마찬가지로, 비늘이나 지느러미를 갖춘 보통의 생선과 달리 뱀장어나 새우, 게는 수중에 살아도 비늘이나 지느러미가 없어 터부에 속한다. 날 수 없는 조류인 타조, 걸을 수 없어 기어 다니는 파충류 등 민속분류학에서는 양의성을 가진 생물이 터부로 여겨졌다. 「레위기」에서 식용을 금한 동물들이 바로 여기 해당한다.

사람은 정체를 알 수 없는 존재에게는 어쩐지 싫은 기분이 든다는 이론이 있다. 이 이론으로 기원을 설명할 수 있는 터부도 있지만, 모든 터부를 해석하는 것은 불가능하다.

신과 악마, 선과 악, 진리와 허구 등 모든 현상을 두 항으로 대립으로 분류하는 일신교 세계에서는 설득력을 가진 사고방식이 있다. 신과 인간 사이에는 넘을 수 없는 단절이 있고, 인간은 신이 될 수 없다. 한편 신과 계약을 맺은 존재인 인간은 다른 동물을 관리할 권한을 받았고, 인간과 동물 사이에는 단절이 있고 인간은 동물을 관리하는 입장이라는 것이 서방 일신의 이론이다. 일본에서는 인간이 사후에 신으로 모셔지기도 하고, 원숭이를 인간의 동지로 여기기도 했다. 만물에 영혼이 있다고 믿는 애니미즘 세계관에서는 신과 인간과 동물 사이에 단절이 없고 연속된 존재이다. 이와 같은 인식론의 차이가 터부의 기원과도 관계가 있을 것이다.

마빈 해리스(Mavin Harris)는 경제학 이론을 채용해 인간이 식료 획득을 위해 쏟은 노력 등의 비용과 그로써 얻어지는 이익 균형에서 계산이 맞지 않는 음식이 기피 대상이 된다는 설을 내세웠다. 해리스에 따르면, 돼지는 중동의 건조지대 유목민이 사육하기에는 비용이 맞지 않는 동물이기에 터부가 되었다.

땀샘이 없는 돼지는 기온이 높으면 더위를 먹는다. 사막 지대에서 돼지의 체온을 낮추기 위해서는 인공적으로 물을 뿌려줘야 한다. 방목 동물이라 먼 거리를 이동할 수도 없다. 또 잡식성인 돼지는 곡물, 콩 등 사람이 먹는 음식을 놓고 경합한다. 즉 돼지는 정주 농경민의 가축인 데다 중동의 건조지대에 있는 유목민에게는 비용이 맞지 않으므로 터부가 되었다는 논지이다.

해리스의 학설은 이를테면 문화 유물론으로, 힌두교도가 소를 식용하지 않는 이유 등 여러 동물의 식용과 관련한 터부를 합리적으로 설명한다. 그것은 '인간은 이익을 추구하는 동물'이라는 경제학에 있는 호모 에코노미쿠스(homo economicus) 개념을 전제로 한 논리이다. 하지만 비합리적인 행동을 하는 것도 오히려 인간적이다.[viii]

## 터부의 효용

많은 수렵민에게 새끼를 밴 동물은 수렵 금지 대상이다. 식료품의 증가를 담보하고 있기 때문에 합리적인 터부라 할 수 있다. 하지만 합리적인 해석이 가능한 음식 터부는 오히려 적다. 특정 터부의 기원은 합리적, 논리적으로 해명될 수 있지만, 논리를 다시 정리함에 따라 합리적으로 개혁할 수 있다. 현재 남아 있는 터부의 원인은 역사에 가려졌지만, 문화의 심층에 숨어 논리를 초월한 사항으로 계속 남아왔다.

음식 터부란 다른 문화 집단에서는 식용되는 것을 특정 집단에서는 기피 대상이 된다는 점에서 흥미롭다. 문화의 관점에서 보면 어떤 터부는 아주 비합리적이고 엉뚱한 편견으로 여겨진다. 음식 터부는 문화의 차이에 따라 달라지는 상대적 가치관과도 관련이 있다. 따라서 세계 곳곳에서 발견되는 음식 터부의 기원을 일반 이론으로 설명할 수는 없다.

그러나 많은 터부는 공통적인 사회적 기능이 있다. 터부를 통해 집단을 차별화하고, 터부를 공유하는 사람들의 연대를 강화하는 것이다. 망골라 마을 다토가족의 고기 요리법이 대표적이다. 이들은 고기를 삶아 먹는데, 그 이유는 구이가 이들과 적대관계에 있는 마사이족 남성의 요리법이기 때문이다. 고기를 먹는 방법을 통해 두 부족이 서로 차별화하는데, 마사이족이나 하드자족에서 성별에 따라 고기 먹는 방법이 다른 것도 같은 문화집단 안에서 남자 그룹과 여자 그룹을 차별화하는 사례이다. 반면 차별화는 함께 먹는 사람들 사이의 동지의식을 강화한다.

종교에서도 음식 터부의 역할은 중요하다. 먹는 일에 관한 계율을 공유함으로써 민족집단을 넘어선 신도들의 연대감을 만들어낸다. 이슬람교도는 돼지고기를 먹지 않고 단식월 낮에는 음식을 먹지 않으며 이슬람 신자가 정한 절차에 따라 처리한 고기만 먹는다. 이러한 음식 터부가 이슬람의 결속을 강화해왔다.

필자는 리비아 사막을 종단해 차드까지 여행한 적이 있다. 이 여행에 참여한 상인들은 모두 이슬람교도였다. 저녁 무렵 차드 남부의 비이슬람 지대에 들어가 길가의 작은 시장으로 갔다. 그러자 시장에 물건을 사러 온 이슬람교도가 접근해서 모르는 여행자들을 자기 집으로 데리러 가서 하룻밤을 재우고 음식을 제공해주는 것이었다. 여행자들과 주인은 알라의 인도에 따라 만남을 감사하고, 이슬람의 계율에 따라 식사를 함께했다. 비이슬람 지대에 사는 이슬람교도에서 종교를 함께하는 여행자들을 보호하는 것은 종교적 의무에 가까운 듯했다.

이교도 사회 안에서 종교를 따로 하는 소수 그룹이 살려면 예배 장소와 식사에 관한 종교상의 터부를 지키기 위한 시설이 필요하다. 현대 중국 대도시에는 회(回)족이라고 하는 중국인 이슬람교도의 예배 장소로 청진사(淸眞寺)라는 모스크와 청진관(淸眞館)이라는 회족식당이 있다. 이곳에서는 돼지고기를 사용하지 않는 요리를 제공하는 한편, 이슬람 계율에 따라 가공한 식품을 팔고 있다.

조국을 잃고 사방으로 흩어진 유대인들이 민족으로서 정체성을 유지

할 수 있었던 것도 종교와 음식 터부를 공유함으로써 연대의식이 큰 힘을 얻은 결과일 것이다.(ix)

### 악식과 미래의 음식

알레르기 체질인 사람이 특정 식품을 받아들이지 않은 것 같은 생리적 이유에 바탕을 둔 음식 선택과는 달리, 터부나 악식은 문화적 가치관의 차이와 관련된 심리학적 음식 선택이다. 오랜 역사 속에서 음식에 관한 가치관도 변했고 터부도 사라진 것도 많다.

예를 들어, 구약성서의 「레위기」에서는 돼지고기 식용을 금지하고 있다. 초기 기독교에서는 「레위기」의 음식 터부에 대해 논란이 있었고, 돼지고기를 기피하는 유대교의 견해를 받아들이지 않기로 했다. 구약성서를 공유하는 이슬람교에서는 예수가 낙타고기의 금지를 해제해준 것으로 간주하고, 낙타를 약효가 있는 식품으로 여겼다.(x) 일본에서는 메이지 초기 근대화 정책에서 육식 터부를 해금한 뒤 세계적으로 드물게 음식 터부가 없는 민족이 되었다.

개인적인 행위로서의 악식에 대한 사회적 평가도 시대와 함께 변했다. 옛날 일본 농촌에서 메뚜기는 일반적인 식품이었다. 『모리사다만코』를 보면, 메뚜기 꼬치구이를 파는 행상이 있었다. 2차 세계대전 중 농촌의 초등학교 학생들은 논에서 해충을 잡는 작업에 동원되어 메뚜기를 잡아먹었다. 지금은 벼농사에 농약을 사용하면서 메뚜기가 없어졌는데, 통조림이나 병조림 메뚜기가 값비싼 진미 식품이 되었다. 하지만 그것은 어디까지나 메뚜기를 먹어본 경험이 있는 사람들을 위한 향수의 음식으로, 젊은 세대는 메뚜기 먹는 것을 악식으로 보고 있다.

사회적 기호로 정착한 곤충도 있다. 태국의 물장군이 그렇다. 물장군의 수놈은 땀샘에서 독특한 냄새를 풍기는데, 일단 이 냄새에 익숙해지면 빼놓을 수 없는 조미료로 쓰인다. 물장군을 생으로 먹거나 삶거나 튀겨서 먹는데, 으깨서 요리에 넣거나 쪄서 어장인 남플라에 재워서 조미료로 쓰기도 한다. 현재 물장군은 민물고기 양식의 부산물로 생산된다.(xi)

세계 각지에 곤충식 관행이 있지만, 식량 사정이 좋아지면서 곤충식은 쇠퇴하는 경향이 보였다. 잡는 수고가 많이 드는 곤충을 멀리하게 된 것이다. 앞에서 설명한 해리스의 효율론을 적용하면, 야생 곤충을 대량 채집하는 데는 수고가 많이 들기 때문에 식량자원으로서는 효율이 낮아 일상 식품 리스트에서 제외되었고, 곤충을 먹는 사람들을 악식으로 여기게 되었다.

가까운 미래로 예측되는 세계적 식량 위기를 생각할 때, 곤충은 단백질 보급에 유망한 새로운 식량자원이다. 그러므로 식용 곤충 양식 시스템을 개발해야 한다는 의견도 있다. 고기를 얻기 위한 가축 사료는 인간의 식량으로 만들어낼 수 있지만, 곤충의 먹이는 인간이 먹지 않기 때문에 곤충은 인간과의 경합 관계없이 양식이 가능하다. 저항감 없이 식용으로 하기 위해서는 분말로 가공하는 방법도 생각할 수 있다. 뽕나무를 키우고 누에를 키워서 생사를 생산하는 것을 생각하면 동양에는 곤충 양식의 전통이 있다고 볼 수 있다.

과연 미래의 일상식탁에 곤충을 기원으로 한 음식이 나오게 될까? 곤충식은 악식으로 여겨지고, 곤충을 먹는 데 대한 심리적 저항감이 매우 강하다. 그러나 호기심으로 악식을 행하는 등 인류는 다른 동물과는 비교할 수 없는 다양한 식량자원을 개발해온 역사를 지니고 있다는 사실을 잊지 말아야 할 것이다.

(i) 이시게 나오미치(石毛直道), 「망골라 마을의 네 가지 생활양식(マンゴーラ村における四つの生活様式)」, 이마니시 긴지(今西錦司)·우메자오 다다오(梅棹忠夫)(편), 『아프리카 사회의 연구(アフリカ社会の研究)』, 니시무라쇼텐(西村書店), 1968

(ii) 도미타 고조(富田浩造), 「하드자족 식생활에 관해(Hadzapi族の食生活について)」, 가와기타 지로(川喜田次郎)·우메자오 다다오(梅棹忠夫)·우에야마 슌베이(上山春平)(편), 『인간·인류학적 연구(人間·人類学的研究)』, 주오코론샤(中央公論社), 1966

(iii) 오타 유지(太田雄治), 『미치노쿠의 음식지(みちのくのたべもの誌)』, 현대미술(現代美術), 1974, 131쪽, 150~151쪽

(iv) 이다니 준이치로(伊谷純一郎), 「영장류의 음식(霊長類の食)」, 이시게 나오미치(편), 『인간·음식·문화(人間·たべもの·文化)』, 헤이본샤(平凡社), 1980

(v) 우에노 요시카즈(上野吉一), 「인류의 식도락 성립—사람의 음식 진화(人類におけるグルメの成立—ヒトの食の進化)」, 후시키 도오루(伏木亨)(편), 『미각과 기호(味覚と嗜好)』, 도메스 출판, 2006

(vi) 이시게 나오미치·다니 유타카(谷泰)·나카오 사스케(中尾佐助)·와니 고메이(和仁皓明), 「유식문화의 계보(乳食文化の系譜)」, 이시게 나오미치·와니 고메이(和仁皓明)(편), 『우유 이용의 민족지(乳利用の民族誌)』, 주오호키 출판(中央法規出版), 1992

(vii) 구약성서 번역위원회(역), 『구약성서』, 이와나미쇼텐(岩波書店), 2004, 348쪽

(viii) 야마우치 히사시(山内昶), 「음식 터부와 문화이론(食物タブーと文化理論)」, 『음식의 역사인류학—비교문화론의 지평(「食」の歴史人類学—比較文化論の地平)』, 진분쇼인(人文書院), 1994
야마우치 히사시(山内昶), 『사람은 왜 애완동물을 먹지 않는가(人はなぜペットを食べないか)』, 분게이슌주(文藝春秋), 2005

(ix) 이시게 나오미치, 『식사의 문명론(食事の文明論)』, 주코신쇼(中公新書), 1982, 62~77쪽

(x) 프레데릭 시문스(Frederick. J Simoons), 야마우치 히사시(山内昶)(감수), 『육식 터부의 세계사(肉食タブーの世界史)』, 호세이대학출판국(法政大学出版局), 2001, 42쪽, 274~286쪽

(xi) 미쓰하시 준(三橋淳), 『벌레를 먹는 사람들(虫を食べる人びと)』, 헤이본샤, 1997, 140~141쪽

# 문헌 일람표

### 서장─왜 식문화인가

이시게 나오미치(石毛直道)(감수), 요시다 슈지(吉田集而)(편), 『강좌 식문화 제1권 인류의 식문화(講座食の文化 第一巻 人類の食文化)』, 재단법인 아지노모토 식문화센터(財団法人味の素食の文化センター), 1998에 수록된 '이시게 나오미치(편), 『식문화 심포지엄 '80 인간, 음식, 문화(食の文化シンポジウム '80 人間·たべもの·文化)』, 헤이본샤(平凡社), 1980의 「왜 식문화인가(なぜ食の文化なのか)」 공개 토론 / 이시게 나오미치(편), 『세계의 식사문화(世界の食事文化)』, 도메스 출판(ドメス出版), 1973을 추가 재구성'한 내용을 바탕으로 수정함

### 제1장─풍토를 바라보다

일본의 풍토와 식탁─아시아 속에서

다무라 신하치로(田村真八郎)·이시게 나오미치(石毛直道)(편), 『일본의 풍토와 음식(日本の風土と食)』, 도메스 출판(ドメス出版), 1984에 수록된 「일본의 풍토와 식탁─아시아 속에서(日本の風土と食卓─アジアの中で)」를 수정함

동아시아의 식문화

이시게 나오미치(石毛直道)(감수), 요시다 슈지(吉田集而)(편), 1998, 전게서에 수록된 '『식문화 심포지엄 '81 동아시아의 식문화(食の文化シン

ポジウム’81 東アジアの食の文化)』, 헤이본샤(平凡社), 1981에 실린 「식문화―세계 속의 동아시아(食の文化―世界の中の東アジア)」를 가필 수정’한 내용을 바탕으로 수정함

### 발효문화권

이시게 나오미치(石毛直道)(감수), 요시다 슈지(吉田集而)(편), 1998, 전게서에 수록된 ‘고자키 미치오(小崎道雄)·이시게 나오미치 (편), 『발효와 식문화(醗酵と食の文化)』, 도메스 출판(ドメス出版), 1986를 수정’한 내용을 바탕으로 수정함

### 동아시아의 가족과 식탁

이시게 나오미치(石毛直道)(감수), 야마구치 마사토모(山口昌伴)(편), 『강좌 식문화 제4권 가정의 식사 공간(講座食の文化 第四巻 家庭の食事空間)』, 재단법인 아지노모토 식문화센터(財団法人味の素食の文化センター), 1999에 수록된 ‘야마구치 마사토모·이시게 나오미치(편), 『가정의 식사 공간(家庭の食事空間)』, 도메스 출판(ドメス出版), 1989을 보필’한 내용을 바탕으로 수정함

## 제2장—식문화의 변화를 좇다

### 이문화와 음식 시스템

이시게 나오미치(石毛直道)(감수), 구마쿠라 이사오(熊倉功夫)(편), 『강좌 식문화 제2권 일본의 식사문화(講座食の文化 第二巻 日本の食事文化)』, 재단법인 아지노모토 식문화센터(財団法人味の素食の文化センター), 1999에 수록된 '구마쿠라 이사오·이시게 나오미치(편), 『외래의 식문화(外来の食の文化)』, 도메스 출판(ドメス出版), 1988을 개제'한 내용을 바탕으로 수정함

### 가정의 식탁 풍경 100년

다무라 신하치로(田村真八郎)·이시게 나오미치(石毛直道)(편), 『일본의 음식, 100년 '먹다'(日本の食·一〇〇年〈たべる〉)』, 도메스 출판(ドメス出版), 1998에 수록된 내용을 수정함

### 가정 요리 100년

스기타 고이치(杉田浩一)·이시게 나오미치(石毛直道)(편), 『일본의 음식, 100년 '만들다'(日本の食·一〇〇年〈つくる〉)』, 도메스 출판(ドメス出版), 1997에 수록된 내용을 수정함

## 음료 100년

구마쿠라 이사오(熊倉功夫)·이시게 나오미치(石毛直道)(편), 『일본의 음식, 100년 '마시다'(日本の食·一○○年〈のむ〉)』, 도메스 출판(ドメス出版), 1996에 수록된 내용을 수정함

## 쇼와의 음식─음식의 혁명기

이시게 나오미치(石毛直道)·고마쓰 사쿄(小松左京)·도요가와 히로유키(豊川裕之)(편), 『식문화 심포지엄 '89 쇼와의 음식(食の文化シンポジウム'89 昭和の食)』, 도메스 출판(ドメス出版), 1989에 수록된 내용을 수정함

## 도시화와 식사문화

이시게 나오미치(石毛直道)(감수), 이노우에 다다시(井上忠司)(편), 『강좌 식문화 제5권 음식의 정보화(講座 食の文化 第五卷 食の情報化)』, 재단법인 아지노모토 식문화센터(財団法人味の素食の文化センター), 1999에 수록된 '다카다 마사토시(高田公理)·이시게 나오미치(편), 『도시화와 음식(都市化と食)』, 도메스 출판(ドメス出版), 1995를 수정'한 내용을 바탕으로 수정함

### 외식문화사 서론

이시게 나오미치(石毛直道)(감수), 이노우에 다다시(井上忠司)(편), 1999, 전게서에 수록된 '다무라 신하치로(田村真八郎)·이시게 나오미치(편),『외식문화(外食の文化)』, 도메스 출판(ドメス出版), 1993'을 바탕으로 수정함

### 식문화 변용의 문명론

다무라 신하치로(田村真八郎)·이시게 나오미치(石毛直道)(편),『국제화시대의 음식(国際化時代の食)』, 도메스 출판(ドメス出版), 1994에 수록된 내용을 수정함

### 제3장—음식의 사상을 생각하다

### 조리의 사회사적 고찰

이시게 나오미치(石毛直道)(감수), 스기타 고이치(杉田浩一)(편),『강좌 식문화 제3권 조리와 음식(講座食の文化 第三巻 調理とたべもの)』, 재단법인 아지노모토 식문화센터(財団法人味の素食の文化センター), 1999에 수록된 '스기타 고이치·이시게 나오미치(편),『조리의 문화(調理の文化)』, 도메스 출판(ドメス出版), 1985'를 바탕으로 수정함

<u>음식의 예술성</u>

이시게 나오미치(石毛直道)(감수), 구마쿠라 이사오(熊倉功夫)(편), 『음식의 미학(食の美学)』, 1999, 전게서에 수록된 '구마쿠라 이사오·이시게 나오미치(편), 『음식의 미학(食の美学)』, 도메스 출판(ドメス出版), 1991을 수정'한 내용을 바탕으로 수정함

<u>식사예법과 식사양식</u>

이시게 나오미치(石毛直道)(감수), 이노우에 다다시(井上忠司)(편), 1999, 전게서에 수록된 '이노우에 다다시·이시게 나오미치(편), 『식사예법의 사상(食事作法の思想)』, 도메스 출판(ドメス出版), 1990을 가필 수정'한 내용을 바탕으로 수정함

<u>식사의 향락과 금욕사상</u>

이시게 나오미치(石毛直道)(감수), 도요가와 히로유키(豊川裕之)(편), 『강좌 식문화 제6권 음식의 사상과 행동(講座食の文化 第六巻 食の思想と行動)』, 재단법인 아지노모토 식문화센터(財団法人味の素食の文化センター), 1999에 수록된 '구마쿠라 이사오(熊倉功夫)·이시게 나오미치(편), 『음식의 사상(食の思想)』, 도메스 출판(ドメス出版), 1992'를 바탕으로 수정함

### 영양의 사상

이시게 나오미치(石毛直道)(감수), 도요가와 히로유키(豊川裕之)(편), 1999, 전게서에 수록된 '도요가와 히로유키·이시게 나오미치(편), 『음식과 몸(食とからだ)』, 도메스 출판(ドメス出版), 1987을 보필'한 내용을 바탕으로 수정함

### 악식과 터부

후시키 도오루(伏木亨)(편), 『미각과 기호(味覚と嗜好)』, 도메스 출판(ドメス出版), 2006에 수록된 내용을 수정함

음식의 문화를 말하다

2017년 11월 20일 초판 인쇄
2017년 11월 27일 초판 발행

지은이      이시게 나오미치
옮긴이      한복진
펴낸이      김옥철
편집장      박의령
편집        정은주
편집 도움   박선이
디자인      김경범
마케팅      김헌준, 이지은, 강소현
인쇄        알래스카인디고
펴낸곳      (주)안그라픽스
등록번호    제2-236(1975.7.7)

편집/디자인
a.    03003 서울시 종로구 평창44길 2
t.    02.763.2303
f.    02.745.8065
m.    agedit@ag.co.kr

마케팅
a.    10881 경기도 파주시 회동길 125-15
t.    031.955.7755
f.    031.955.7744
m.    agbook@ag.co.kr

이 도서의 국립중앙도서관 출판예정도서목록(CIP)은
서지정보유통지원시스템 홈페이지(http://seoji.nl.go.kr)와 국가자료공동목록시스템
(http://www.nl.go.kr/kolisnet)에서 이용하실 수 있습니다.
CIP제어번호 : CIP2017030225

컬처그라퍼는 우리 시대의 문화를 기록하고 새롭게 짓는
(주)안그라픽스의 출판 브랜드입니다.
ISBN : 978-89-7059-931-1 (93590)